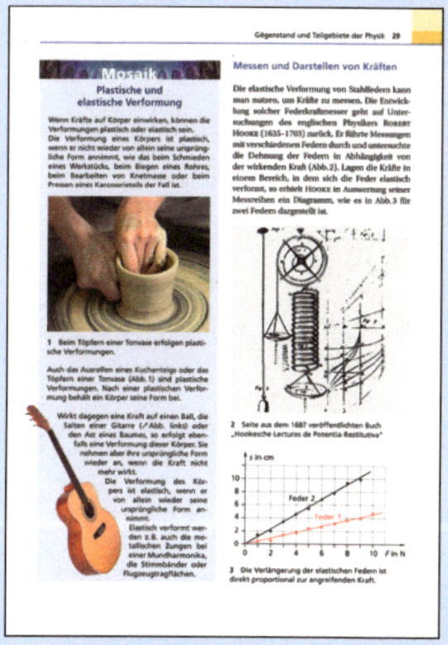

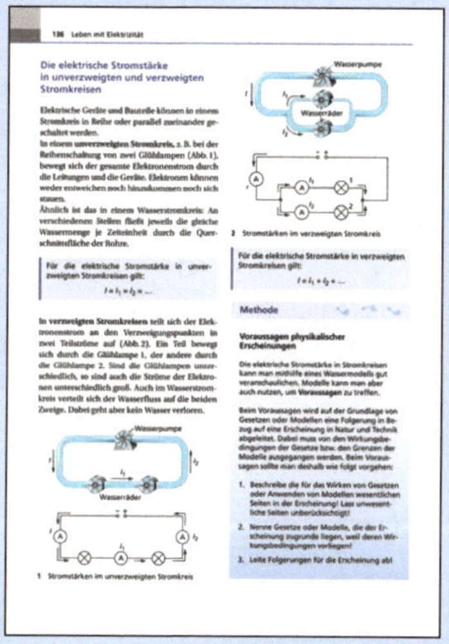

Inhaltsseiten
vermitteln dir – unterstützt durch **Merksätze,** Tabellen und Übersichten – physikalisches Grundlagenwissen über wichtige Begriffe, Gesetze, Erscheinungen und Zusammenhänge.

Das Mosaik
enthält zusätzliche Informationen aus Physik, Natur und Technik.

Denk- und Arbeitsweisen
sind durch eine farbige Unterlegung hervorgehoben.

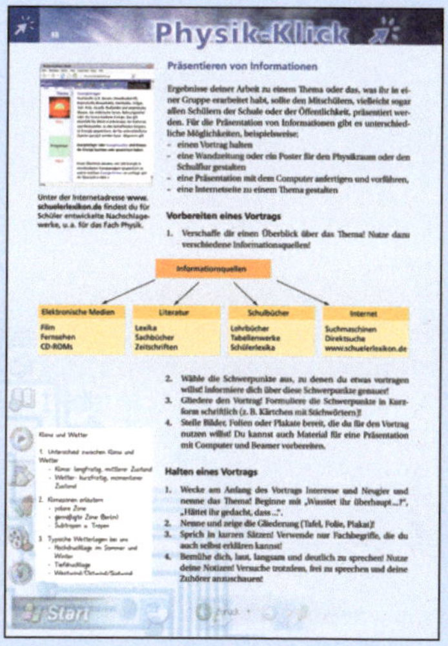

Physik-Klick
Beim Umgang mit neuen Medien, insbesondere mit dem Internet, ist ein planvolles Arbeiten sinnvoll. Auf diesen Seiten werden Hinweise und Anregungen zur zweckmäßigen Arbeit mit neuen Medien gegeben.

Wahlbereich
In den Wahlbereichen sind interessante Themen dargestellt, die in den Unterricht einbezogen werden können, mit denen du dich aber auch selbst beschäftigen kannst.

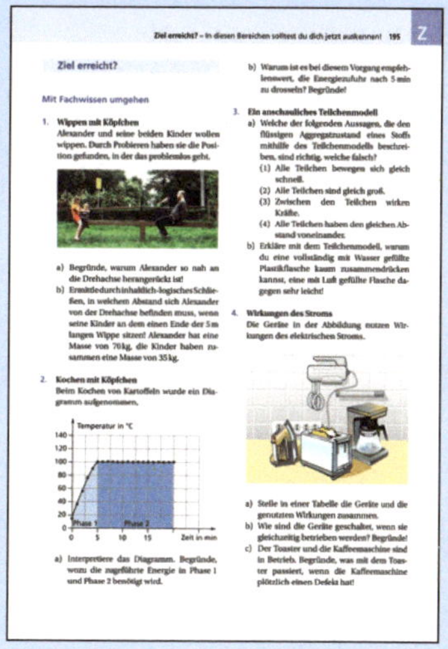

Ziel erreicht
Die Aufgaben am Ende des Lehrbuchs ermöglichen dir zu testen, ob du im Physikunterricht erfolgreich eine naturwissenschaftliche Handlungskompetenz erworben hast.

Inhaltsverzeichnis

3 Temperatur, thermische Energie und Wärme 71

4 Leben mit Elektrizität 113

Bildquellenverzeichnis

Adam Opel AG: 66/1a; adpic Bildagentur/B. Leitner: 162/1; adpic Bildagentur/M. Baumann: 190/02; AEG GmbH: 128/01a; AEG Hausgeräte GmbH: 69/1b; ARAL: 90/01; Archiv der Archenhold-Sternwarte Berlin: 74/01; BackArts GmbH: 43/01,61/01, 117/02, NS/07; BASF, Ludwigshafen: 131/01, NS/09; Biedermann, A., Berlin: 107/3; Bosch: 115/1b; Carl Zeiss Jena GmbH: 12/01; Corel Photo Inc.: 7/01, 12/03, 26/03, 27/3, 28/5, 36/01, 37/3, 46/03, 54/6, 57/1, 61/02, 66/1c, 68/1a, 71/01, 72/03, 80/1, 82/01, 83/1a, 86/1, 87/01, 101/1c, 143/2, 159/1, 167/06, 169/01, 175/02, 175/03, 176/3, 183/2, 188/01, NS/01; Cornelsen Experimenta: 20/1, 20/2, 24/02, 45/01, 45/02, 45/04, 75/1a, 75/1d, 75/3, 106/2, 124/1, 132/01, 132/03, 132/04, 132/08, 151/01, 173/1, 180/3, 196/01, 196/02; DB AG/Bernd Lammel: 189/05; DB AG/Jazbec: 160/1; DB AG: 160/01a; DB AG/Klarner: 165/1; DESY, Hamburg: 9/01; Deutscher Teeverband e.V.: 96/01; Deutsches Museum, München: 60/2, 126/3; DUDEN PAETEC GmbH: 29/2, 114/02, 176/2, 179/1, 179/01, NS/06, NS/08; ESA: 103/01, 189/06, NS/02; ESA/EUMETSAT: 189/01; Euro Speedway Lausitz: 159/2; Fotolia/ F. Kienas: 95/04; Comstock Images/Fotosearch: 186/02; Fulda Reifen GmbH & Co. KG: 40/02; G. Liesenberg: 53/2, 67/1b , 67/1c, 67/1d, 75/2, 78/1, 95/03, 100/02, 132/05, 132/06, 132/07, 167/03, 187/03, 189/02, NS/10; Gerst, Stuttgart, Neckarwerke NWS: 125/1; H.-J. Kuebsch: 115/3; Claus Bergmann/HBL GmbH: 27/2; Heinz-Günter Lau GmbH, Ahrensburg: 141/2; Hekatron Vertriebs GmbH, Sulzburg: 91/3; Held, Alfred, Falkensee: 66/1b; Hemera Photo Objects: 12/02, 24/04, 27/01, 29/01, 54/3, 62/01, 104/1, 160/02, 165/01, 167/04, 188/02; InfraTec GmbH, Dresden:108/1, 108/2, 109/2; iStockphoto: 131/02, 158/03; istockphoto/MH: 190/01; istockphoto/I. Wierink-van Wetten: 190/06; iStockphoto/K. Cline: 197/01; iStockphoto/Christian Waldegger: 157/01; iStockphoto/S. Yagci: 167/02; John Foxx Images: 25/01, 77/1a, 102/01; Katrin Bahro, Berlin: 53/4, 68/1c, 69/1d, 141/1; Kilian, Claudia: 36/1, 36/02, 49/2, 148/1; LD Didactic:75/1c, 78/3, 135/1; M. Liesenberg: 190/04; Lufthansa-Bildarchiv: 54/2; Werner Krüger/Deutsche Lufthansa AG: 131/03; M. Konrad: 80/3a; B. Mahler, Fotograf, Berlin: 19/1, 19/2, 30/1, 102/2, 153/01, 185/01, 189/03; H. Mahler, Fotograf, Berlin: 14/01, 15/2, 28/2, 28/3, 83/1b, 92/1, 101/1a, 101/1b, 101/2, 118/1a, 118/1b, 118/1c, 122/1, 128/02, 129/01, 129/02, 151/1, 172/1, 172/2, 187/01, 188/03, 192/01, 195/01; Mannesmann Dematic AG, Wetter: 28/1, 54/8, 127/1, 127/2; mauritius images/Douglas Peebles: 81/1 ; mauritius images/Bernhard Spöttel: 163/01; mauritius images/Uwe Umstätter: 186/01; MEKRUPHY GmbH, Pfaffenhofen: 16/1; Menzel, Juliane, Radewege: 29/1; Chris Sorensen/Messe Berlin GmbH und BDLI : NS/04; Meyer, L., Potsdam: 13/02, 28/8, 39/1, 48/04, 49/1, 51/1, 52/1, 52/2, 56/3, 67/1a, 72/01, 75/4, 75/5, 80/3b, 80/3c, 86/2, 87/04, 95/01, 95/02, 97/01, 112/03, 117/03, 117/04, 142/1, 154/01, 158/01, 178/3b, 183/1, 142/01, 147/1a, 166/1, 167/05; Mountain High Maps: 27/02, 34/1, 34/2, 125/3; NASA: 26/01, 34/3, 42/02, 45/03, 46/02, 54/5, 159/01, NS/05, NS/12; NASA/SOHO: 10/1; NASA/JPL: 42/2; NTL Austria: 16/2, 102/1, 115/1c, 115/2; ÖAMTC: 27/4, 53/3; Osram GmbH: 13/01, 69/1c, 128/01d, 132/02, 155/01; panthermedia: 28/6, 36/03, 171/01, 188/04; panthermedia/M. Pucher: 68/1b; panthermedia/D. Stübing: 100/01; panthermedia/H. Bechheim: 115/1a; panthermedia/F. Bayersdorfer: 125/2; panthermedia/R. Rebmann: 149/01; panthermedia/M. Wessel: 158/02; panthermedia/C. Rother: 190/05; panthermedia/H. Landshoeft: NS/03; J. Pettkus, Zepernick: 54/4; Photo Disc Inc: 8/01, 8/02, 10/2, 11/2, 26/02, 27/1, 28/4, 28/9, 35/01, 55/1, 59/1, 66/1d, 68/1d, 72/02, 76/1, 80/3d, 87/02, 160/03, 175/01, 175/04, 181/1a, 181/1b, 187/02, 189/04; PHYWE SYSTEME GmbH & Co. KG, Götttingen: 24/01, 24/03, 116/1; picture-alliance/dpa/Stockfood: 87/03; picture-alliance/akg-images: 176/1; picture-alliance: 55/2; picture-alliance/dpa: 100/03, 103/1; picture-alliance/ZB: 46/01, 83/1c, 180/1; Pro-Idee Versand GmbH u. Co: 112/02; Susanne Raake: 77/1c; Raum, B., Neuenhagen: 8/03, 54/1; rebelpeddler Chocolate Cards: 138/3; D. Ruhmke, Berlin: 104/2; RWE Power AG, Essen: 167/01; SCHOTT, Mainz: 69/1a, 190/03; Siemens AG/München: 9/03, 11/1, 14/02, 28/7, 53/1, 54/7, 54/9, 113/01, 114/03, 128/01b, 128/01c, 193/01; Gaby Sommer: 112/01; Technorama, Schweiz, www.technorama.ch: 114/01, 186/03; THW Neu-Ulm/Thomas Würth: 56/1; Dr. Michael Unger: NS/11; Universität Bremen, Fachgebiet Mineralogie: 139/2; Vattenfall AG/Bewag: 9/02; VEAG Hohenwarte/Photo-KÖnig, Lobenstein: 58/1; Vogt, Patrik, Landau: 14/03, 117/01, 121/2, 122/3, 133/1, 133/2, 133/3, 134/1, 44/1, 144/2, 145/1, 147/3; Volkswagen AG: 77/1b.

1 Die Physik – eine Naturwissenschaft

1.1 Gegenstand und Teilgebiete der Physik

Feuer und Flamme

Das Feuer hat Menschen schon immer in seinen Bann gezogen und tut es auch noch heute. Ein Lagerfeuer verbreitet eine angenehme und beruhigende Stimmung. Das Feuer spendet uns aber vor allem Licht und Wärme.

Woher kommen Licht und Wärme des Feuers? Warum geben unterschiedliche Brennstoffe unterschiedlich viel Licht und Wärme ab?

Blitz und Donner

Ein Gewitter ist eine beeindruckende Naturerscheinung. Viele Menschen fürchten sich davor.

Wie kommt es aber zu einem Blitz? Und wie gefährlich ist ein Blitz? Kann man sich vor einem Blitzschlag schützen? Warum hört man manchmal den Donner viel später, als man den Blitz sieht?

Die Spitze des Eisbergs

Häufig wird davon gesprochen, dass man nur die Spitze des Eisbergs sieht, und meint das in einem übertragenen Sinn. In der Natur entspricht es aber auch den Tatsachen. Etwa 90 % eines Eisbergs befinden sich unter Wasser.

Wie ist das zu erklären?

Warum gehen diese riesigen Eisberge eigentlich nicht unter?

Woraus besteht unsere Welt?

Alle Stoffe bestehen aus Atomen und Molekülen. Diese sind aus noch kleineren Teilchen zusammengesetzt. In der modernen physikalischen Forschung nutzt man riesige Beschleuniger, um die Struktur und die Eigenschaften der kleinsten Teilchen zu erforschen.

Wie sind Atome bzw. Moleküle aufgebaut? Welches sind die kleinsten Teilchen, die den Physikern heute bekannt sind? Wie kann man sie nachweisen?

Überall Halbleiter

Ohne Elektronik funktioniert heute weder ein Auto noch ein CD-Player, weder ein PC noch ein Handy. Sie alle besitzen komplexe elektronische Bauelemente, die Chips.

Was ist ein Chip? Welche Vorgänge gehen im Inneren eines solchen Halbleiterbauelements vor sich? Was sind überhaupt Halbleiter? Welche besonderen Eigenschaften haben sie?

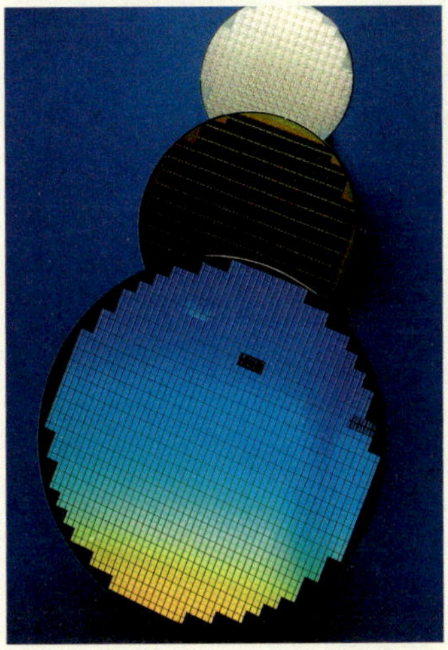

Energie aus der Steckdose

Elektrische Energie und auch Wärme werden meist von großen Kraftwerken zur Verfügung gestellt. Bei der Bereitstellung, der Übertragung und der Nutzung von Elektroenergie erfolgen zahlreiche Energieumwandlungen.

Was ist Energie? Welche Energieumwandlungen erfolgen in einem Kraftwerk? Wie funktionieren die Transformatoren in einem Umspannwerk? Geht uns irgendwann die Energie aus?

Die Naturwissenschaft Physik

Wenn wir unsere Umwelt aufmerksam betrachten, können wir viele interessante Erscheinungen beobachten:

- An einem wolkenlosen Tag ist der Himmel blau. Warum hat er diese Farbe?
- Der Mond am Abendhimmel verändert ständig seine Gestalt. Wir können manchmal eine schmale Sichel, manchmal einen Halbmond oder einen Vollmond sehen. Wie kommt das?
- Niederschläge fallen als Regen, Schnee oder Hagel. Was sind die Ursachen dafür?
- Die meisten Kunststoffe sind Nichtleiter. Metalle dagegen leiten den elektrischen Strom. Woran liegt das?

Mit diesen und vielen weiteren Problemen (Abb. 1, 2) beschäftigt sich die Naturwissenschaft Physik. Das Wort Physik kommt vom griechischen *physis* = Natur.

Die Physik ist eine Naturwissenschaft. Sie beschäftigt sich mit Erscheinungen und Gesetzen in unserer natürlichen Umwelt und ermöglicht die Erklärung und Voraussage vieler Erscheinungen in der Natur.

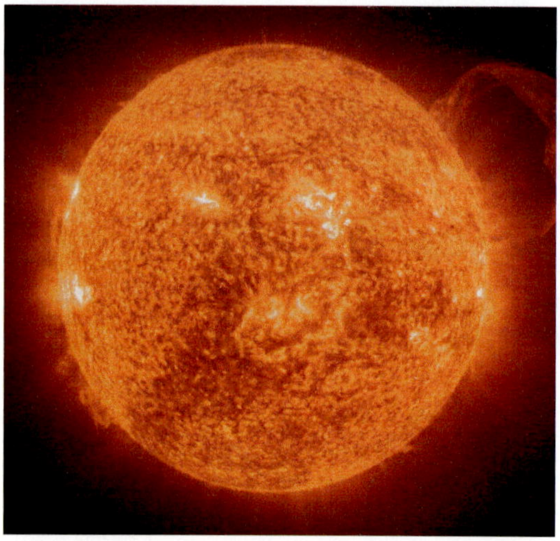

1 In der Sonne werden gewaltige Energiemengen frei, die auch die Erde mit Licht und Wärme versorgen. Die Prozesse der Energiefreisetzung kann man mithilfe der Atomphysik verstehen.

2 Wale und Delfine verständigen und orientieren sich mithilfe des Schalls. Um das zu verstehen, werden physikalische Erkenntnisse aus der Akustik angewendet.

Die **Physik** untersucht grundlegende Erscheinungen und Gesetze, die sowohl in der belebten als auch in der unbelebten Natur auftreten. Sie ist aber nicht die einzige Naturwissenschaft. Zwischen ihr und den anderen Naturwissenschaften gibt es zahlreiche Wechselbeziehungen.

Die **Biologie** untersucht Erscheinungen des Lebens von Pflanzen, Tieren und Menschen, wie z. B. die Ernährung, Fortpflanzung, Fortbewegung und Entwicklung (Abb. 2). Auch der Aufbau und die Wirkungsweise von menschlichen und tierischen Organen werden in der Biologie untersucht. Dabei werden ebenfalls physikalische Erkenntnisse angewendet, wenn man den Aufbau und die Wirkungsweise von Auge und Ohr verstehen will.

Die **Chemie** untersucht Erscheinungen, die mit dem Aufbau, den Eigenschaften und der Umwandlung von Stoffen unserer Umwelt verbunden sind. Auch dabei werden grundlegende physikalische Erkenntnisse angewendet, da sich die Physik ebenfalls mit den Stoffen und deren Eigenschaften beschäftigt.

Die **Astronomie** untersucht Erscheinungen im Weltall, u. a. die Bewegung und Entwicklung von Planeten und Sternen. Zu den Sternen zählt unsere Sonne (Abb. 1), um die sich alle Planeten unseres Sonnensystems bewegen. Untersucht wird auch der Aufbau des Weltalls insgesamt.

Physik, Technik und Alltag

Die Physik ist eine wichtige **Grundlage der Technik.** Dabei werden bewusst physikalische Erkenntnisse genutzt, um Geräte und Anlagen zu bauen, um Energie zweckmäßig zu verwenden, um unser Leben sicherer und angenehmer zu machen.
Wenn du den Lichtschalter betätigst, dann leuchtet die Deckenbeleuchtung im Zimmer auf. Elektronische Geräte wie Fernsehapparate, Computer oder Handys, Verkehrsmittel wie Züge, Flugzeuge oder Autos, medizinische Geräte wie Ultraschallgeräte, Röntgengeräte oder Kernspintomografen – alle diese Geräte hätte man ohne physikalische Kenntnisse nicht bauen können.

> Die Physik ist eine wichtige Grundlage der Technik. In der Technik werden physikalische Gesetze vom Menschen genutzt.

Physikalische Erkenntnisse spielen nicht nur in der Technik, sondern auch in unserem täglichen Leben eine wichtige Rolle. Die bewusste Nutzung physikalischer Erkenntnisse erleichtert unser Leben und erhöht unsere Sicherheit. Unkenntnis oder Nichtbeachtung kann zu Unfällen oder Schäden führen.

1 Die elektrische Energie, die wir im Haushalt nutzen, wird vorwiegend in Kraftwerken aus Kohle, Gas, Kernenergie, Wasser oder Wind gewonnen und gelangt über Leitungen in jeden Haushalt.

2 Beim Start einer Rakete wird Treibstoff verbrannt. Die Verbrennungsgase strömen mit großer Geschwindigkeit aus und treiben die Rakete an.

In einem anfahrenden oder bremsenden Bus musst du dich festhalten, um nicht umzufallen. Das gilt auch bei einer Kurvenfahrt.
Nach dem Baden sollte man die nasse Badebekleidung wechseln, weil man sich sonst leicht erkälten kann.
Ein Autofahrer weiß, dass sein Bremsweg bei eisglatter Fahrbahn wesentlich größer ist als auf trockener Straße, und erhöht den Sicherheitsabstand.
In allen diesen Beispielen nutzen wir – bewusst oder unbewusst – physikalische Erkenntnisse.

> Die Physik ist eine wichtige Grundlage unseres täglichen Lebens.
> Die bewusste Nutzung physikalischer Gesetze erleichtert unser Leben und erhöht unsere Sicherheit. Unkenntnis oder Nichtbeachtung physikalischer Gesetze kann zu Unfällen oder Schäden führen.

Die Teilgebiete der Physik

Traditionell wird die Physik in verschiedene Teilgebiete eingeteilt. Diese Einteilung hat sich historisch entwickelt und ermöglicht es, das umfangreiche Gebiet der Naturwissenschaft Physik besser zu überblicken.

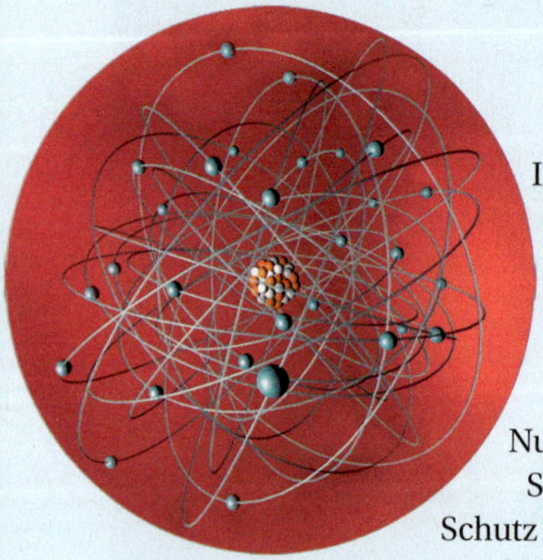

In der **ATOM- UND KERNPHYSIK** wird der Aufbau der Atome, ihre Umwandlung, die Entstehung und Nutzung radioaktiver Strahlung sowie der Schutz vor ihr untersucht. Auch die Gewinnung von Energie in Kernkraftwerken oder die Vorgänge der Kernverschmelzung im Inneren der Sonne werden in der Atom- und Kernphysik betrachtet.

In der **AKUSTIK,** die manchmal auch als Teilbereich der Mechanik betrachtet wird, geht es um die Entstehung und Ausbreitung von Schall, aber auch um gesundheitsgefährdenden Lärm und den Schutz vor ihm.

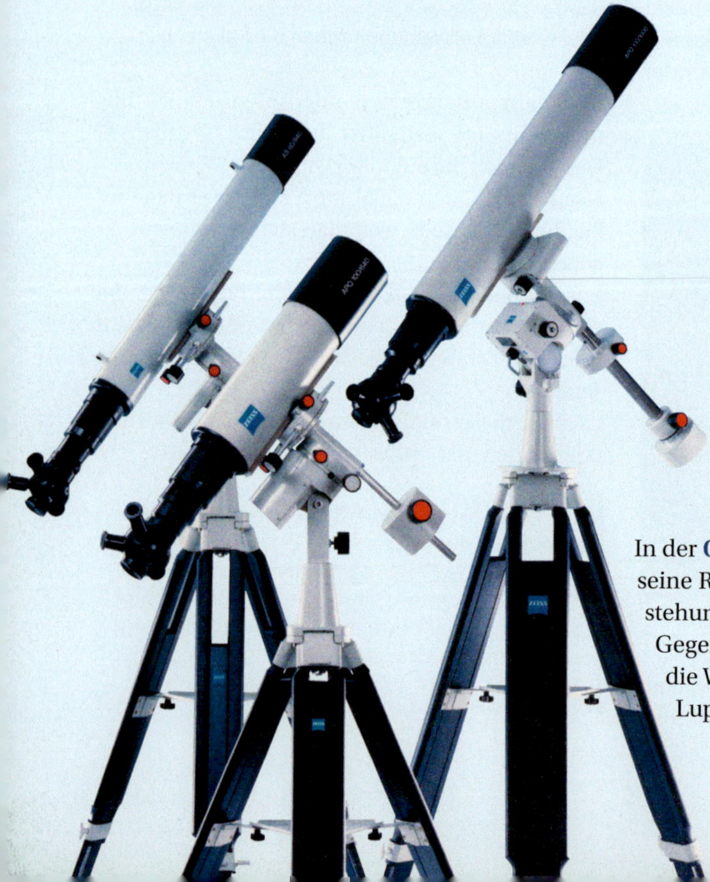

In der **OPTIK** werden die Ausbreitung des Lichts, seine Reflexion und Brechung sowie die Bildentstehung durch Spiegel und Linsen untersucht. Gegenstand der Optik ist auch der Aufbau und die Wirkungsweise von optischen Geräten, wie Lupen, Mikroskopen und Fernrohren.

Die **MECHANIK** beschäftigt sich mit der Bewegung von Körpern, den verschiedenen Kräften und ihren Wirkungen, den kraftumformenden Einrichtungen (Hebel, Rollen, geneigte Ebenen), dem Druck sowie dem Schwimmen, Schweben und Fliegen.

Im Mittelpunkt der **ELEKTRIZITÄTSLEHRE** stehen elektrisch geladene Körper, der elektrische Strom und seine Wirkungen, die Gewinnung elektrischer Energie, aber auch Naturerscheinungen wie Blitze und technische Anwendungen wie Generatoren, Transformatoren oder Chips, ohne die moderne elektronische Geräte nicht funktionieren würden.

Die **WÄRMELEHRE** oder **THERMODYNAMIK** beinhaltet alle Fragen, die mit der Temperatur, der Übertragung von Wärme, dem Schmelzen, Erstarren oder Sieden zu tun haben. Auch der Aufbau und die Wirkungsweise von Verbrennungsmotoren sind Teil der Wärmelehre.

1.2 Denk- und Arbeitsweisen in der Physik

Wie sage ich es in der Physik?

Das Hin- und Herwippen funktioniert gut, wenn die schwere Person näher an der Drehachse sitzt als die leichte. In der Umgangssprache bezeichnet man eine solche Anordnung als Wippe oder auch als Schaukel, aus physikalischer Sicht ist sie ein zweiseitiger Hebel.
Warum unterscheiden sich Alltags- und Fachsprache? Was ist ein Fachbegriff? Wer legt ihn fest?

Die Wirklichkeit vereinfacht

An einem Motormodell kann man gut den Aufbau eines Motors erkennen und auch seine Wirkungsweise erklären. Ein solches Modell für einen Motor ist aber viel einfacher als ein tatsächlicher Motor, so wie er in einem Pkw eingebaut ist.
Was ist in der Physik ein Modell? Wozu dienen Modelle? Wo liegen ihre Grenzen?

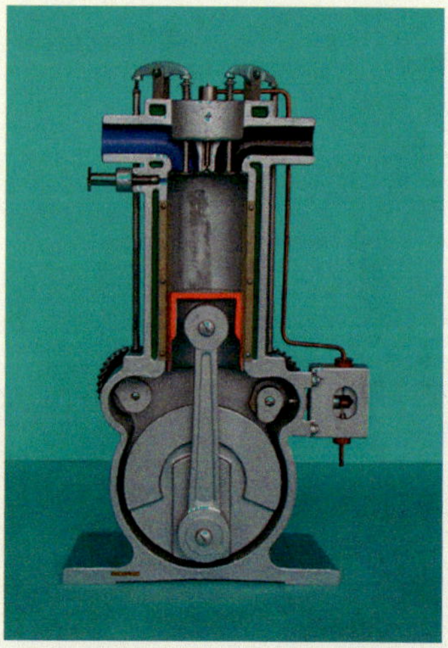

Das Experiment – eine Frage an die Natur

Das Vorbereiten, Durchführen und Auswerten von Experimenten gehört zu den grundlegenden Arbeitsweisen des Physikers und spielt auch im Physikunterricht eine wichtige Rolle. Mithilfe von Experimenten kann man Zusammenhänge erkennen und genauer erfassen.
Was muss man beim Experimentieren beachten? Wie werden Messwerte erfasst und ausgewertet? Welche Messfehler können auftreten und wie beeinflussen sie das Ergebnis?

Beobachten und Beschreiben

Beobachten und **Beschreiben** sind zwei Tätigkeiten, die nicht nur bei der Beschäftigung mit der Physik wichtig sind. Genaues Beobachten ist z. B. auch im Straßenverkehr oder bei der Beschäftigung mit Tieren von Bedeutung.
In der Physik geht es vor allem darum, Erscheinungen der Natur oder Experimente zu beobachten. Das kann mit den Augen geschehen, aber auch mit anderen Sinnesorganen. So kannst du beispielsweise beobachten, wie sich im Laufe eines Tages die Stellung der Sonne am Himmel verändert. Wenn du genau beobachtest, dann stellst du fest: Die Sonne geht im Osten auf, steigt dann immer höher und erreicht mittags ihren höchsten Stand. Sie steht dann genau im Süden. Anschließend sinkt sie immer tiefer und geht schließlich im Westen unter (Abb. 1). Bei einem Gewitter kann man beobachten: Zunächst ist ein Blitz zu sehen, erst später hört man den Donner.

Beim Beobachten können auch Hilfsmittel genutzt werden, z. B. eine Lupe oder ein Fernrohr. Häufig ist das Beobachten mit dem Beschreiben verbunden, etwa wenn du einem Mitschüler sagen willst, was du beobachtet hast. Beschreiben kann man Naturerscheinungen, Experimente, Geräte oder den Ablauf eines Vorgangs. Das kann mündlich oder schriftlich geschehen.

Ein einfaches Experiment ist in Abb. 2 dargestellt. Du kannst es über dem Waschbecken oder der Badewanne auch selbst ausprobieren.
Beschreibe den Ablauf dieses Experiments!

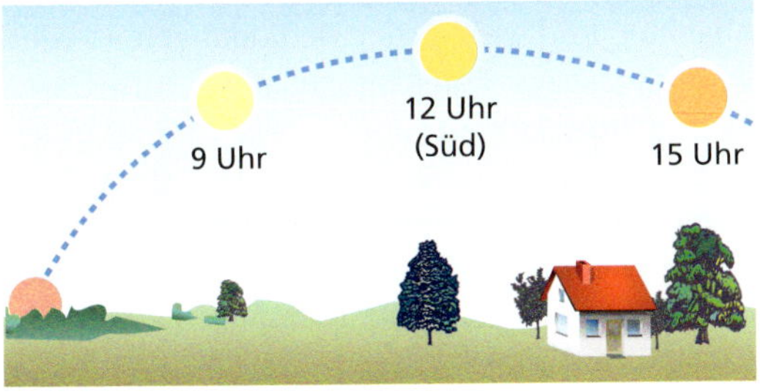

1 Die Stellung der Sonne verändert sich im Laufe eines Tages. Das kann man durch eine Beobachtung feststellen.

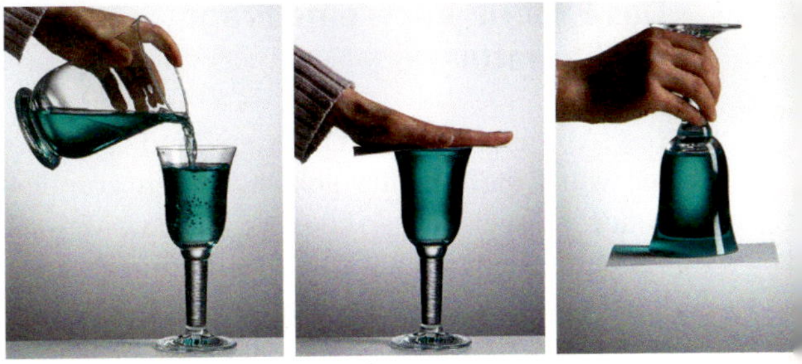

2 Mit einem Glas voll angefärbtem Wasser kann man ein interessantes Experiment machen.

Ein Glas wird randvoll mit Wasser gefüllt. Anschließend wird eine Karteikarte so aufgelegt, dass keine Luft zwischen Karteikarte und Wasser gelangt. Dann wird die Karteikarte mit einer Hand festgehalten und das Glas vorsichtig umgedreht. Die Karteikarte befindet sich dann unten. Wenn man die Hand wegnimmt, dann fällt die Karteikarte nicht ab und damit fließt auch kein Wasser aus dem Glas (Abb. 2). Die Beantwortung der Frage, warum das Wasser nicht ausfließt, gehört nicht zu der Beschreibung des Experiments. Es wäre eine Erklärung.

Methode

Beobachten und Beschreiben

Beim **Beobachten** werden gezielt Erscheinungen in der Natur mit den Sinnesorganen wahrgenommen.
Dabei kann man z. B. feststellen,
- welche Eigenschaften oder Merkmale eine Erscheinung oder ein Vorgang hat,
- welche zeitlichen Abfolgen vor sich gehen,
- welche räumlichen Änderungen zu erkennen sind.

Beim **Beschreiben** wird zusammenhängend und geordnet dargestellt, wie ein Gegenstand, eine Erscheinung oder ein Vorgang beschaffen ist.
Dabei kann man darstellen,
- welche Eigenschaften ein Körper besitzt,
- wie ein Vorgang abläuft,
- welche Erscheinungen auftreten,
- wie ein technisches Gerät aufgebaut ist,
- wie ein Experiment durchgeführt wird.

Das Experiment – eine Frage an die Natur

Das Vorbereiten, Durchführen und Auswerten von Experimenten gehört zu den grundlegenden Arbeitsweisen des Physikers. Mithilfe von Experimenten kann man Zusammenhänge erkennen und genauer erfassen. Es lassen sich Naturerscheinungen exakt untersuchen und Größen bestimmen. So kann man beispielsweise experimentell untersuchen, wie verschiedene Bauelemente (Glühlampen, Halbleiterbauelemente) funktionieren und welche Eigenschaften sie haben. An einer geneigten Ebene kann man ermitteln, welche Kräfte auf einen Körper wirken, der sich dort befindet.

Das Ziel eines Experiments besteht darin, eine Frage an die Natur zu beantworten. Dazu wird eine Erscheinung der Natur unter bestimmten Bedingungen beobachtet. Es werden Messungen durchgeführt und ausgewertet (Abb. 1).

> Beim Experimentieren wird eine Erscheinung der Natur unter ausgewählten, wiederholbaren und veränderbaren Bedingungen beobachtet und ausgewertet.

Dabei vereinfacht man häufig gegenüber der Wirklichkeit und nutzt Modelle. So kann man z. B. eine geneigte Ebene als Modell für eine ansteigende oder abfallende Straße ansehen.

1 Jedes Experiment muss wiederholbar und damit seine Ergebnisse überprüfbar sein. Deshalb müssen die gemessenen und die konstant gehaltenen Größen protokolliert werden.

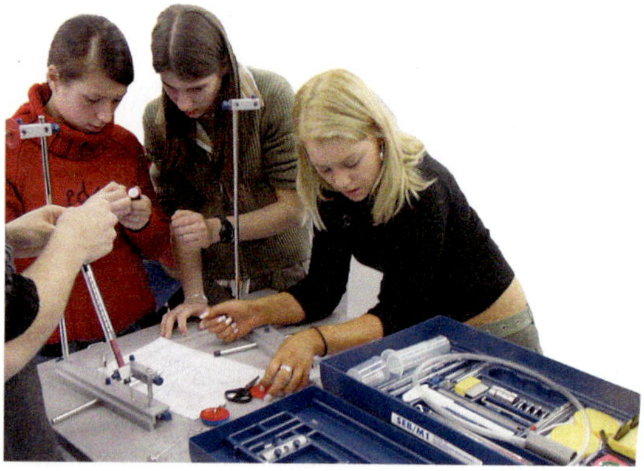

2 Der Aufbau eines Experiments muss sorgfältig geplant und systematisch durchgeführt werden.

Ist die Aufgabenstellung klar, dann laufen Experimente im Wesentlichen in drei Etappen ab: Vorbereitung, Durchführung und Auswertung.

Beim **Vorbereiten eines Experiments** ist zu überlegen:
- was zu beobachten ist, welche Größen zu messen sind und wie man sie messen kann,
- welche Messfehler auftreten und wie man sie klein halten kann,
- welche Größen verändert und welche konstant gehalten werden müssen,
- welche Geräte und Hilfsmittel erforderlich sind,
- wie die Experimentieranordnung gestaltet werden muss,
- wie die gewonnenen Beobachtungen bzw. Messwerte ausgewertet werden sollen.

Beim **Durchführen eines Experiments** wird die Experimentieranordnung aufgebaut. Es wird beobachtet und gemessen. Bedingungen werden verändert bzw. konstant gehalten. Alle Daten werden protokolliert.

Beim **Auswerten eines Experiments** werden Vergleiche durchgeführt, Diagramme angefertigt und Berechnungen vorgenommen. Es wird ein Ergebnis formuliert.

Bestandteil der Auswertung vieler Experimente sind Fehlerbetrachtungen zur Abschätzung der Genauigkeit der Messungen.

Protokoll eines Experiments (Muster)

Name: *Tobias Musterschüler* **Klasse:** *7a* **Datum:** *15.10. …*

Aufgabe:

Welcher Zusammenhang besteht zwischen der Dehnung s einer Feder und der an ihr angreifenden Kraft F?

Vorbereitung:

Zu messende Größen:

Größe 1: Kraft F

Größe 2: Dehnung s

Messgeräte:

Messgerät 1: Federkraftmesser

Messgerät 2: Lineal

Weitere Geräte und Materialien:

- eine Schraubenfeder
- verschiedene Hakenkörper
- Stativmaterial

Experimentieranordnung:

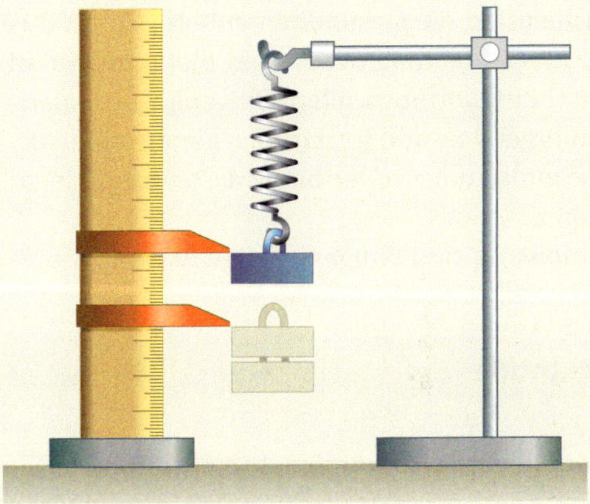

Durchführung und Auswertung:

Messwertetabelle:

F in N	s in cm	$\frac{F}{s}$ in $\frac{\text{N}}{\text{cm}}$
0	0	–
1	0,8	1,25
2	1,7	1,18
3	2,4	1,25
4	3,3	1,21
5	4,1	1,22
6	4,7	1,28

Aus der Messwertereihe und aus dem Diagramm kann man für die Feder erkennen:

$$s \sim F \quad \text{oder} \quad \frac{F}{s} = \text{konstant}$$

Diagramm:

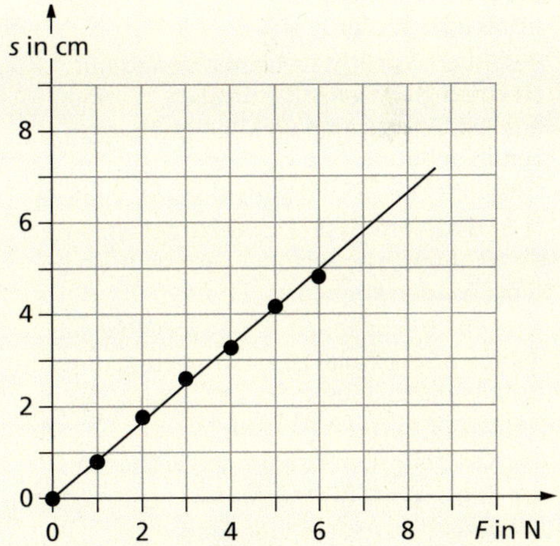

Ergebnis:

Zwischen der Dehnung der Feder s und der an ihr angreifenden Kraft F besteht ein direkt proportionaler Zusammenhang.

Sicheres Experimentieren

Beim Aufbau von Experimentieranordnungen, bei der Durchführung von Messungen und beim Umgang mit Geräten und Hilfsmitteln sind Regeln und Sicherheitsvorschriften zu beachten und einzuhalten.

Das ist wichtig, um nicht fahrlässig die eigene Gesundheit und die Gesundheit anderer zu gefährden. Die Einhaltung der Regeln dient außerdem dem verantwortungsvollen Umgang mit Experimentiergeräten und ist darüber hinaus eine Voraussetzung, um verwertbare Messergebnisse zu erhalten.
Nachfolgend sind einige wichtige Regeln zusammengestellt.

Methode

Regeln zum sicheren Experimentieren

1. Beim Aufbau einer Experimentieranordnung sind die Geräte so anzuordnen, dass der Versuchsaufbau überschaubar bleibt und die Messgeräte gut ablesbar sind.
2. Die Experimentieranordnungen sind standsicher aufzubauen.
3. Besondere Vorsicht ist beim Umgang mit elektrischem Strom, Chemikalien, Wärmequellen, Glasgeräten und heißen Flüssigkeiten geboten.
4. Offene Flammen und andere Wärmequellen (z. B. Heizplatten) sind so aufzustellen, dass sie nicht umgestoßen oder versehentlich berührt werden können.
5. Jede elektrische Schaltung ist vor Inbetriebnahme noch einmal zu kontrollieren, um Unfälle, Kurzschlüsse, die Zerstörung von Geräten u. Ä. zu vermeiden.
   Die Kontrolle von Schaltungen erfolgt in der Regel durch die Lehrkraft.
6. Bei defekten Geräten, unerklärlichen Effekten oder möglichen Gefahren ist die Lehrkraft sofort zu informieren.
   Bei elektrischen Schaltungen ist in einem solchen Fall die Spannung sofort abzuschalten bzw. der Netzstecker zu ziehen.

Rechnen mit physikalischen Größen

Diejenigen physikalischen Begriffe, die man größenmäßig erfassen kann, werden als **physikalische Größen** bezeichnet. Solche Größen sind z. B. die Länge, das Volumen oder die Temperatur. Für jede Größe sind ein **Formelzeichen** und eine **Einheit** festgelegt. Zur vollständigen Kennzeichnung einer physikalischen Größe gehört die Angabe eines **Messgerätes** oder die Beschreibung eines **Messverfahrens.**
Größen werden häufig durch Messungen ermittelt. Da jedes Messgerät nur eine bestimmte Messgenauigkeit hat, müssen Größen mit einer **sinnvollen Genauigkeit** angegeben werden. Das gilt auch, wenn mit Größen gerechnet wird. Subtrahiert man z. B. von der Länge $l_1 = 2{,}823\,\text{m}$ die Länge $l_2 = 1{,}2\,\text{m}$, dann lautet das formale Ergebnis:

$$2{,}823\,\text{m} - 1{,}2\,\text{m} = 1{,}623\,\text{m}$$

Ein Ergebnis kann aber nie genauer sein als die Genauigkeit der Einzelgrößen. 1,2 hat 2 zuverlässige Ziffern. 2,823 hat 4 zuverlässige Ziffern.
Deshalb ist das Ergebnis so zu runden, dass die Anzahl der zuverlässigen Ziffern nur so groß ist wie beim Ausgangswert mit der geringsten Anzahl. Da die Länge 1,2 m 2 gültige Ziffern hat, lautet das Ergebnis in sinnvoller Genauigkeit:

$$2{,}823\,\text{m} - 1{,}2\,\text{m} = 1{,}6\,\text{m}$$

Physikalische Größen sind stets mit sinnvoller Genauigkeit anzugeben. Das Ergebnis einer Rechnung mit Größen kann nie genauer als der ungenaueste Ausgangswert sein.

Das gilt auch beim Rechnen mit einem Taschenrechner.
So erhält man z. B. bei einem Rechteck mit den Kantenlängen $l_1 = 1{,}2\,\text{m}$ und $l_2 = 1{,}432\,\text{m}$ eine Fläche von:

$$1{,}2\,\text{m} \cdot 1{,}432\,\text{m} = 1{,}7\,\text{m}^2$$

Der vom Taschenrechner angezeigte Wert 1,7184 wäre nicht sinnvoll, weil der ungenaueste Ausgangswert nur 2 zuverlässige Ziffern hat. Es muss gerundet werden. Beachte dabei: Bei 0, 1, 2, 3 und 4 wird abgerundet, bei 5, 6, 7, 8 und 9 dagegen aufgerundet.

Messen bedeutet Vergleichen

Die Länge und die Breite eines Zimmers kannst du abschätzen. Wenn man aber neuen Fußbodenbelag kaufen will, muss man Länge und Breite genau kennen – es muss gemessen werden.
Ähnlich ist das bei der Zeit: Wenn du wissen willst, wie lange du von zu Hause bis zur Schule brauchst, musst du die Zeit messen.
Länge und Zeit sind physikalische Größen. Sie können mit unterschiedlichen Messgeräten gemessen werden. Messgeräte für die Länge sind z. B. ein Bandmaß, ein Lineal oder ein Messschieber (Abb. 1). Messgeräte für die Zeit sind Uhren unterschiedlicher Bauart (Abb. 2).

> Messen einer physikalischen Größe bedeutet immer ein Vergleichen mit einer Einheit der physikalischen Größe.

So wird beispielsweise die physikalische Größe Länge l in der Einheit ein Zentimeter (1 cm) gemessen. Bei der Messung einer Länge vergleichst du die Länge eines Körpers mit dieser Einheit, erhältst also z. B. als Ergebnis der Messung 7 cm. Das bedeutet: Die gemessene Größe ist das Siebenfache der Einheit:

$$l = 7 \cdot 1\,\text{cm}$$

Zur Vereinfachung lässt man in der Physik die Zahl 1 und das Malzeichen weg und schreibt:

$$l = 7\,\text{cm}$$

Weitere Einheiten für die Länge sind ein Kilometer (1 km), ein Meter (1 m), ein Dezimeter (1 dm) und ein Millimeter (1 mm). In der Schifffahrt wird die Einheit Seemeile (1 852 m) genutzt.

Dabei gilt:

$$1\,\text{km} = 1\,000\,\text{m}$$
$$1\,\text{m} = 10\,\text{dm} = 100\,\text{cm} = 1\,000\,\text{mm}$$
$$1\,\text{cm} = 10\,\text{mm}$$

Jedes Messgerät hat einen bestimmten **Messbereich.** So beträgt z. B. der Messbereich eines Lineals, wie du es verwendest, meist 0 bis 30 cm. Der Messbereich eines Zollstocks beträgt 0 bis 1 m oder 0 bis 2 m.
Darüber hinaus hat jedes Messgerät eine bestimmte **Messgenauigkeit.** Mit einem Lineal kannst du bis auf 1 mm genau messen und auf einen halben Millimeter genau abschätzen. Willst du genauer messen, so musst du ein anderes Messgerät verwenden, beispielsweise eine Schieblehre.

Messen der Zeit bedeutet ebenfalls Vergleichen mit den betreffenden Einheiten. Einheiten der Zeit sind eine Sekunde (1 s), eine Minute (1 min), eine Stunde (1 h) oder auch ein Tag (1 d).
Dabei gilt:

$$1\,\text{min} = 60\,\text{s}$$
$$1\,\text{h} = 60\,\text{min} = 3\,600\,\text{s}$$
$$1\,\text{d} = 24\,\text{h} = 1\,440\,\text{min} = 86\,400\,\text{s}$$

Auch für Uhren als Messinstrumente für die Zeit gilt: Jede Uhr hat einen bestimmten Messbereich und eine bestimmte Messgenauigkeit. Mit einer Armbanduhr ohne Sekundenzeiger kann man etwa auf eine Minute genau messen, mit einer Handstoppuhr bis auf eine Zehntelsekunde genau. Elektronische Zeitmessungen können noch wesentlich genauer sein.

1 Messgeräte für die Länge

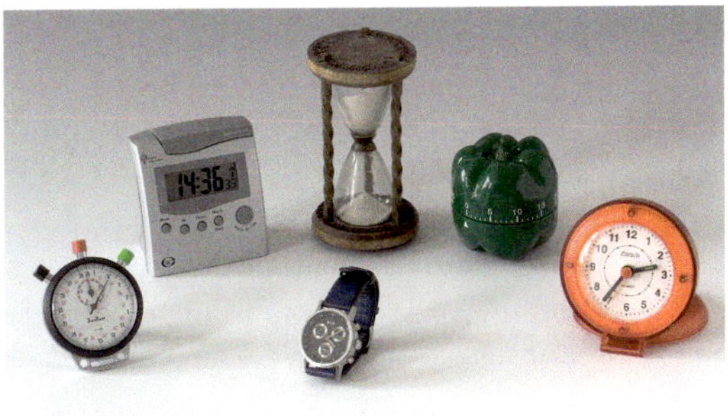

2 Uhren sind Messgeräte für die Zeit.

Arbeiten mit Modellen

Du kennst bereits viele unterschiedliche Modelle. So ist ein Spielzeugauto ein Modell für einen richtigen Pkw. Eine Modelleisenbahn sieht ähnlich aus wie eine tatsächliche Eisenbahn. Ein Globus ist ein Modell für unsere Erde. Vergleicht man das jeweilige reale Objekt (Pkw, Eisenbahn, Erde) mit dem entsprechenden Modell, dann zeigt sich:

> Ein Modell ist eine Vereinfachung der Wirklichkeit.

So sieht ein Spielzeugauto von der äußeren Form her fast so aus wie ein richtiges Auto. Es unterscheidet sich von einem Pkw aber z. B. dadurch, dass es keinen funktionierenden Motor hat und viele Einzelheiten, die es bei einem Pkw gibt, nicht vorhanden sind.
Ein Globus als Modell für die Erde eignet sich gut dazu, die Lage der Kontinente oder die Verteilung von Land und Meer auf der Erdoberfläche zu verdeutlichen. Es lässt sich auch gut die Drehung der Erde um ihre Achse zeigen. Nicht berücksichtigt sind aber viele Einzelheiten auf der Erdoberfläche, etwa Bäume, Häuser oder Straßen. Unbeachtet bleibt beim Globus auch der innere Aufbau der Erde.

> Zwischen einem realen Objekt (Pkw, Erde) und seinem Modell gibt es Gemeinsamkeiten, aber auch Unterschiede.

Es ist möglich, von einem realen Objekt unterschiedliche Modelle zu entwickeln. Solche Modelle können gegenständlich sein (Abb. 1, 2). Ein Modell kann aber auch aus einem System von Aussagen bestehen, so wie das beim Teilchenmodell (↗ S. 21) der Fall ist.
Modelle gibt es nicht nur für reale Objekte, sondern auch für solche Vorgänge wie die Entstehung von Luftströmungen (Wind), die Entstehung einer Sonnenfinsternis oder das Ausbrechen eines Vulkans.
In der Physik und damit auch im Physikunterricht werden Modelle in vielfältiger Weise genutzt:

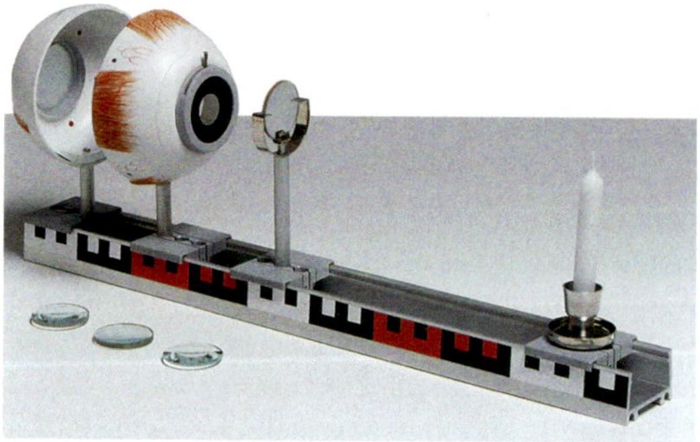

1 Modell eines menschlichen Auges: An einem solchen Modell kann man gut den Aufbau und die Wirkungsweise des Auges untersuchen.

- Modelle dienen zur Veranschaulichung des Aufbaus von realen Objekten (Abb. 1).
- Modelle eignen sich gut zum Verdeutlichen der räumlichen Beziehungen zwischen realen Objekten (Abb. 2).
- Mit Modellen kann die Wirkungsweise von technischen Geräten erklärt werden.
- Modelle helfen beim Verstehen von Erscheinungen und Vorgängen in Natur und Technik.
- Mithilfe von Modellen lassen sich Erscheinungen und Vorgänge erklären sowie Vorhersagen treffen.

In vielen Fällen kann man in der Physik auf bekannte Modelle zurückgreifen oder sich auch selbst ein Modell schaffen. Dabei gilt immer: Das Modell muss wichtige Merkmale des realen Objektes bzw. der Erscheinung besitzen und wird stets für einen bestimmten Zweck geschaffen.

2 Mit dem Modell (Tellurium) kann man die Stellung von Sonne, Erde und Mond zueinander verdeutlichen.

Das Teilchenmodell

Ein sehr anschauliches Modell, das in vielen Bereichen der Physik für Erklärungen und Vorhersagen genutzt wird, ist das **Teilchenmodell.** Dieses Modell beschreibt den Aufbau von Stoffen in Form eines Systems von Aussagen.

> Das Teilchenmodell:
>
> 1. Alle Stoffe bestehen aus Teilchen.
> 2. Die Teilchen befinden sich in ständiger Bewegung.
> 3. Zwischen den Teilchen wirken Kräfte.

Wir können diese Teilchen nicht sehen, stellen sie uns aber als kleine Kügelchen vor. In einem festen Körper kann man sich die Kräfte durch kleine Federn, die die Teilchen zusammenhalten, ausgeübt denken. In einer Flüssigkeit stellt man sich diese Kügelchen dicht aneinandersitzend, aber gegeneinander verschiebbar vor. In einem Gas haben die Teilchen einen großen Abstand voneinander und fliegen frei mit großer Geschwindigkeit herum (↗ Übersicht unten).

Mit diesem Modell kann man gut **erklären,** warum z. B. eine Flüssigkeit kaum zusammengedrückt werden kann, während das mit einem Gas sehr leicht geht. Man „versteht", warum ein Gas jeden verfügbaren Raum ganz einnimmt, und man kann sich gut vorstellen, wie sich eine Schwingung in einem festen Körper ausbreitet.

Auch **Vorhersagen** sind mit diesem Modell möglich. Wenn die Teilchen anziehende Kräfte aufeinander ausüben, dann benötigt man Energie, um sie voneinander zu entfernen. Daraus ergibt sich, dass Energie erforderlich ist, um eine Flüssigkeit zu verdampfen, weil die Teilchen im Gas wesentlich weiter voneinander entfernt sind.

Wenn ein Modell so tragfähig ist, dann neigt man leicht dazu, das Modell mit der Wirklichkeit zu verwechseln. Wir stellen uns die Körper nicht nur aus Kügelchen zusammengesetzt vor, sondern wir glauben, dass sie tatsächlich aus winzigen Kügelchen bestehen. Das ist aber nicht der Fall. Vielmehr gilt:

> Vom Menschen geschaffene Modelle sind nicht identisch mit der Wirklichkeit und dürfen mit dieser nicht verwechselt werden.

Wie jedes Modell hat das Teilchenmodell Grenzen für seine Anwendbarkeit. So lässt sich z. B. die elektrische Leitfähigkeit von Stoffen mit diesem einfachen Teilchenmodell nicht erklären. Dafür müsste es erweitert werden.

	Feste Körper	Flüssigkeiten	Gase
Aufbau und Eigenschaften	Die Teilchen liegen sehr eng und regelmäßig beieinander. Sie haben einen festen Platz.	Die Teilchen liegen dicht beieinander, haben aber keinen festen Platz. Sie sind gegeneinander verschiebbar. Ihr Abstand bleibt aber gleich.	Der Abstand der Teilchen ist groß. Sie haben keinen festen Platz.
	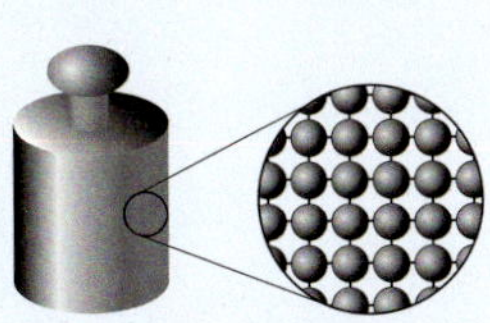	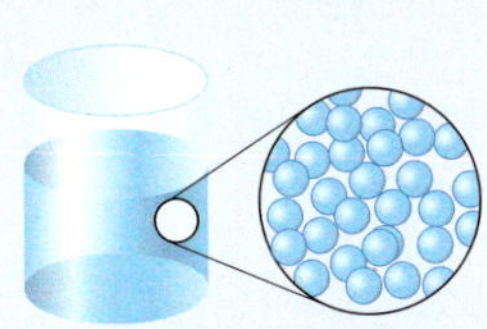	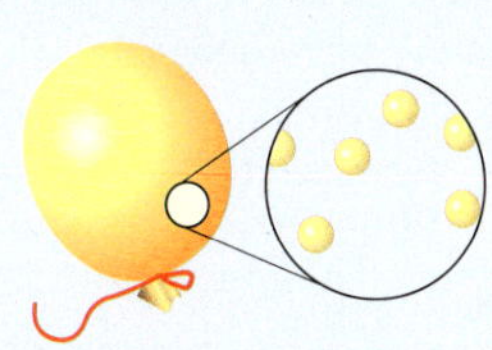
	Die Teilchen schwingen um ihren Platz hin und her. Zwischen ihnen wirken starke anziehende bzw. abstoßende Kräfte.	Die Teilchen bewegen sich an dem Platz hin und her, an dem sie sich gerade befinden. Die Kräfte zwischen ihnen sind kleiner als bei festen Körpern.	Die Teilchen bewegen sich frei im gesamten Raum, den sie zur Verfügung haben. Die Kräfte zwischen ihnen sind sehr klein.

Erklären in der Physik

In der Physik und auch im Physikunterricht geht es u. a. um solche Fragen wie:

- Warum haftet ein Magnet an einer Kühlschranktür?
- Weshalb ist der Himmel manchmal strahlend blau?
- Woran liegt es, dass eine Sonnenfinsternis an einem Ort nur maximal 7,6 Minuten lang zu beobachten ist?

Gefragt ist in allen Fällen nach der Erklärung eines Sachverhalts oder eines Vorgangs.

> In der Physik bedeutet einen Sachverhalt oder einen Vorgang erklären, ihn auf physikalische Gesetze oder auf Modelle zurückzuführen.

Die Erklärung dafür, dass ein Magnet haftet, ist: Die Kühlschranktür besteht aus Eisen. Ein Magnet und ein Körper aus Eisen ziehen sich an (Gesetz). Sorgfältig ist zwischen **Beschreiben** (↗ S. 15) und **Erklären** zu unterscheiden.
Während es beim Beschreiben meist um das Darstellen beobachtbarer Sachverhalte geht, erfordert Erklären die Einbeziehung von Gesetzen bzw. Modellen.

Methode

Erklären physikalischer Erscheinungen

Beim Erklären wird zusammenhängend und geordnet dargestellt, warum eine Erscheinung in Natur und Technik so und nicht anders auftritt.

Beim Erklären sollte man deshalb in folgenden Schritten vorgehen:

1. Beschreibe die für das Anwenden von Gesetzen oder Modellen wesentlichen Seiten in der Erscheinung! Lasse Unwesentliches unberücksichtigt!
2. Nenne Gesetze oder Modelle, mit denen die Erscheinung erklärt werden kann, weil deren Gültigkeitsbedingungen vorliegen!
3. Führe die Erscheinung auf physikalische Gesetze bzw. auf Modelle zurück!

Strukturen und Analogien nutzen

In vielen Bereichen von Natur und Technik gibt es ähnliche Strukturen. Ein Beispiel dafür zeigt Abb. 1: Licht wird von einer Lichtquelle (Sender) abgestrahlt. Als Empfänger dienen die Augen. Ähnlich ist das bei Schall. Der von einem Lautsprecher (Sender) abgegebene Schall wird mit den Ohren (Empfänger) wahrgenommen.

> Wenn sich bei zwei verschiedenen Sachverhalten Elemente und Zusammenhänge entsprechen, so haben sie eine ähnliche Struktur.

Im Physikunterricht werden wir eine ganze Reihe von Sachverhalten kennenlernen, bei denen ähnliche Strukturen auftreten, z. B. bei Schall und Licht oder beim Transport von Energie mit verschiedenen Energieträgern.

Eine ähnliche Struktur bedeutet auch, dass bei unterschiedlichen Sachverhalten Übereinstimmung hinsichtlich bestimmter Merkmale oder Eigenschaften besteht. Man spricht dann von einer **Analogie.** So braucht z. B. der Schall eine bestimmte Zeit, um vom Sender bis zum Empfänger zu gelangen. Analog gilt das auch für Licht (Abb. 1).
Analogien haben den Vorteil, dass man Erkenntnisse von bekannten Sachverhalten auf neue, ähnlich strukturierte Sachverhalte übertragen kann. Ob eine solche Übertragung zu richtigen Ergebnissen führt, muss allerdings experimentell geprüft werden.

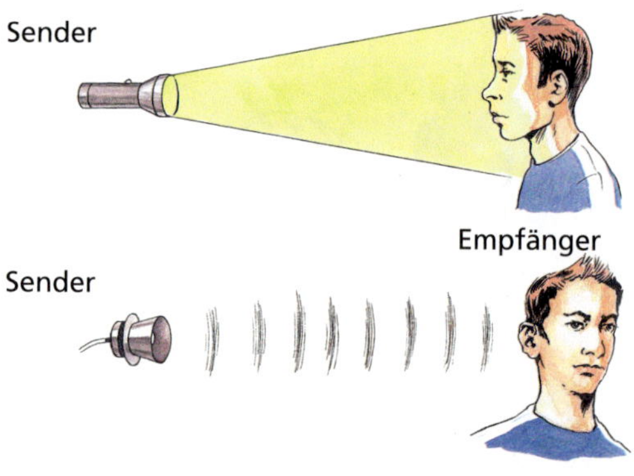

1 Ausbreitung von Licht und Schall im Vergleich

Physikalische Gesetze anwenden

In Naturerscheinungen lassen sich durch gezielte Beobachtungen und Experimente Zusammenhänge zwischen einzelnen Eigenschaften von Körpern, Stoffen oder Vorgängen erkennen. So kann man bei der Ausbreitung von Schall feststellen, dass seine Ausbreitungsgeschwindigkeit von der Lufttemperatur abhängt: Je höher die Lufttemperatur ist, desto schneller breitet sich der Schall in Luft aus.

Bei Gewittern kann man feststellen:
- Nach jedem Blitz kommt ein Donner.
- Je näher der Blitz ist, desto weniger Zeit vergeht, bis man den Donner hört.
- Für jeden Kilometer, den ein Blitz entfernt ist, vergehen etwa 3 Sekunden bis zum Donner.

Wenn sich Zusammenhänge unter bestimmten Bedingungen immer wieder einstellen, dann spricht man in der Physik von gesetzmäßigen Zusammenhängen oder **Gesetzen.**

> Physikalische Gesetze sind allgemeine und wesentliche Zusammenhänge in der Natur, die unter bestimmten Bedingungen stets gelten.

Diese Bedingungen werden auch **Gültigkeitsbedingungen** genannt. Sie werden bei manchen Gesetzen klar formuliert, manchmal aber auch weggelassen, wenn das zu keinen Missverständnissen führt. Mitunter sind sie auch nicht vollständig bekannt.

Naturvorgänge gehen unabhängig vom Willen und von den Wünschen des Menschen vor sich. Der Mensch kann aber Zusammenhänge erkennen und sie bewusst nutzen. Eine Nichtbeachtung oder Unkenntnis physikalischer Gesetze kann zu Schäden und Unfällen führen. Deshalb ist es ein wichtiges Ziel physikalischer Forschung, Gesetze immer genauer zu erkennen und sie zum Wohle des Menschen und seiner Umwelt zu nutzen.
Physikalische Gesetze können unterschiedlich genau erkannt und in verschiedener Weise formuliert bzw. dargestellt werden.

1 Der Taucher hört den Donner eines weit entfernten Blitzes eher als die Person auf dem Schiff.

Beispiele für unterschiedliche Formulierungen sind die drei links genannten Aussagen zu Blitz und Donner. Während die ersten beiden Aussagen **qualitativ** sind, ist die dritte Aussage **quantitativ,** stellt also einen mathematischen Zusammenhang zwischen Größen her.
An dem einfachen Beispiel von Blitz und Donner wird auch deutlich, welche Bedeutung die **Gültigkeitsbedingungen eines Gesetzes** haben können. Betrachten wir dazu das in Abb. 1 dargestellte Beispiel: Für die Person auf dem Schiff gelten alle drei links stehenden Formulierungen. Für den gleich weit vom Blitz entfernten Taucher trifft das nicht zu. Er hört den Donner wesentlich früher als die Person auf dem Schiff. Das hängt damit zusammen, dass sich der Schall in Wasser viel schneller als in Luft ausbreitet. Demzufolge ist die Formulierung „Für jeden Kilometer, den ein Blitz entfernt ist, vergehen etwa 3 Sekunden bis zum Donner" nicht allgemeingültig, sondern gilt nur unter der Bedingung, dass sich der Schall in Luft ausbreitet. Das bedeutet:

> Gesetze und ihre Gültigkeitsbedingungen müssen an die jeweiligen Beobachtungen angepasst werden.

Wichtig ist auch: Ein Gesetz kann von Menschen formuliert, aber nicht wie ein mathematischer Satz bewiesen werden. Ob unsere Erkenntnisse richtig sind, zeigt die Anwendung eines Gesetzes beim Erklären, Vorhersagen oder Konstruieren technischer Geräte.

Die Naturwissenschaft Physik

Die Physik ist eine **Naturwissenschaft.** In ihr werden bestimmte Denk-und Arbeitsweisen angewendet, die jeder kennen sollte, der sich mit Physik beschäftigt.

Wichtige Tätigkeiten sind das **Beobachten,** das **Beschreiben,** das **Messen** und das **Experimentieren.** Zur Beschreibung und Erklärung von Vorgängen nutzt man unterschiedliche **Modelle.**

Genaues Beobachten von Erscheinungen

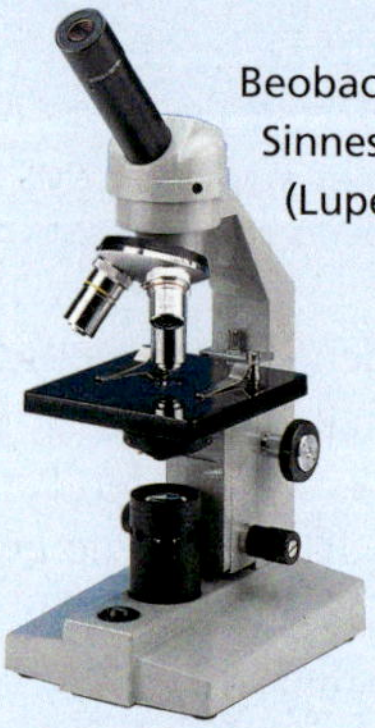

Beobachtungen erfolgen mit den Sinnesorganen und mit Hilfsmitteln (Lupe, Mikroskop, Fernglas).

Experimentieren und damit systematisches Untersuchen von Zusammenhängen

Experimente müssen sorgfältig protokolliert werden.

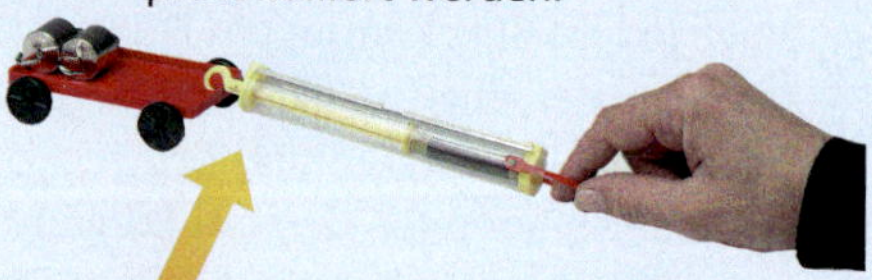

Erscheinungen in Natur und Technik

Messen physikalischer Größen wie Länge, Temperatur, Zeit

Zum Messen werden Messgeräte genutzt.

Exaktes Beschreiben von Gegenständen, Geräten, Erscheinungen

Beschreiben kann mündlich oder schriftlich, in Worten oder Skizzen erfolgen.

Nutzung von Modellen zur Beschreibung und Erklärung von Erscheinungen und Vorgängen

Messwerte können in **Messwertetabellen** erfasst und in **Diagrammen** dargestellt werden. Aus Diagrammen sind Zusammenhänge zwischen physikalischen Größen erkennbar. Es können auch Vorhersagen getroffen werden.

2 Kräfte, Arbeit, Energie

2.1 Kräfte und ihre Wirkungen

Große Sprünge leicht gemacht

Als erste Menschen betraten 1969 die Astronauten NEIL ARMSTRONG und EDWIN ALDRIN den Mond. Sie konnten dort mit ihren schweren Ausrüstungen (84 kg) große Sprünge ausführen. Auf der Erde wäre das nicht möglich gewesen.
Wie ist diese ungewöhnliche sportliche Leistung auf dem Mond zu erklären?

Immer hart am Wind

Damit ein Surfbrett so richtig „in Fahrt kommt", versucht der Surfer, es möglichst wirkungsvoll in den Wind zu stellen. Dabei beachtet er nicht nur die Stärke und Richtung des Windes, sondern auch Strömungen und Wellen.
Welche Kräfte hemmen die Bewegung eines Surfbretts, welche treiben es an?

Ein gekonnter Aufschlag

Um beim Tennis einen harten Aufschlag zu haben, besser noch, um ein Ass zu landen, muss der Spieler kräftig und geschickt gegen den Ball schlagen. Dadurch wird dieser beschleunigt, erhält seine Richtung und einen Drall. Sowohl der Ball als auch der Schläger werden verformt.
Um welche Kräfte geht es? Was bewirken sie?

Wirkungen von Kräften auf Körper

Im Alltag sagen wir über Vorgänge, bei denen Körper bewegt oder verformt werden, dass Kräfte wirken. **Naturkräfte,** die bei Erdbeben wirken, können Ortschaften zerstören. Mit **Muskelkräften** heben wir eine Tasche oder bewegen einen Ball. Die **Schubkraft** von Triebwerken setzt ein Flugzeug auf einer Startbahn in Bewegung.

Bei diesen und anderen Vorgängen wirken Körper aufeinander ein, wobei sich ihre Bewegung oder ihre Form oder beides ändert (Abb. 1–4). So wird z. B. beim Abschuss eines Fußballs nicht nur die Bewegung des Balls geändert, sondern kurzzeitig auch seine Form. Beim Aufprall eines Autos auf einen Baum wird es sowohl abgebremst als auch verformt.

Die Einwirkungen der Körper aufeinander sind wechselseitig. Man sagt auch: Die Kraft ist eine **Wechselwirkungsgröße:** Körper A übt eine Kraft auf Körper B aus; Körper B wirkt auf Körper A mit der gleichen Kraft.

Für das Beispiel mit dem Auto bedeutet das: Bei einem Unfall wirkt auch das Auto auf den Baum ein und verformt ihn.

Körper können Kräfte aufeinander ausüben. Die Kräfte sind an ihren Wirkungen erkennbar: Sie bewirken eine Änderung der Bewegung oder der Form von Körpern oder beides.

Körper können mehr oder weniger stark aufeinander einwirken und dadurch kleine oder große Wirkungen hinterlassen.

Wie stark verschiedene Körper aufeinander einwirken, wird durch die physikalische Größe Kraft beschrieben.

Die Kraft gibt an, wie stark ein Körper auf einen anderen einwirkt.

Formelzeichen: F
Einheit: ein Newton (1 N)

1 N ist etwa die Kraft, mit der die Erde einen Körper anzieht, der eine Masse von 100 g hat.

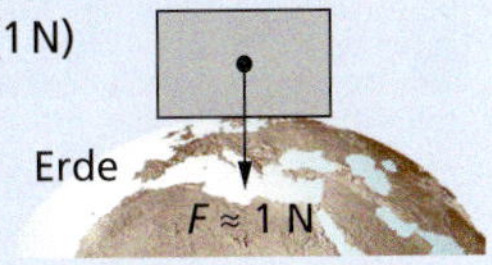

Die Einheit ein Newton (1 N) wurde nach dem englischen Physiker Isaac Newton (1643–1727) benannt, der wichtige Gesetze der Mechanik, der Elektrizitätslehre und der Optik entdeckt hat.

Isaac Newton war einer der bedeutendsten Physiker der Wissenschaftsgeschichte. Er fand nicht nur den grundlegenden Zusammenhang zwischen der Kraft und der Bewegungsänderung eines Körpers, sondern entdeckte auch, dass sich Körper aufgrund ihrer Masse gegenseitig anziehen und dass die Gesetze der Mechanik auch im Weltraum wirken.

Vielfache der Einheit 1 N sind ein Kilonewton (1 kN) und ein Meganewton (1 MN):

$$1\,\text{kN} = 1\,000\,\text{N}$$
$$1\,\text{MN} = 1\,000\,\text{kN} = 1\,000\,000\,\text{N}$$

1 Ein Radfahrer wirkt auf die Pedale ein und hält das Fahrrad in Bewegung.

2 Die Spieler wirken auf den Ball, bremsen ihn ab und geben ihm eine andere Richtung.

3 Der Sturm wirkt auf das Wasser, setzt es in Bewegung und türmt riesige Wellen auf.

4 Bei einem Crashtest wird das Auto bis zum Stillstand abgebremst und verformt sich.

Arten von Kräften

Magnetische Kraft

Durch einen Elektromagneten werden Körper aus Eisen angezogen. Zwischen Magnet und Eisenkörper wirken **magnetische Kräfte.**

Elektrische Kraft

Ein Kamm wird durch Reibung elektrisch geladen und zieht Kugeln aus Styropor an. Zwischen Styroporkugeln und Kamm wirken **elektrische Kräfte.**

Federspannkraft

Eine gespannte Feder übt eine Kraft aus. Diese Kraft wird als **Federspannkraft** bezeichnet. Die Feder kann dabei gedehnt oder gestaucht sein.

Gewichtskraft

Jeder Körper wird von der Erde angezogen und übt auf seine Unterlage eine Kraft aus, die man **Gewichtskraft** nennt.

Reibungskraft

Beim Fahren mit dem Fahrrad wirken immer auch Kräfte, die die Bewegung hemmen. Sie heißen **Reibungskräfte.**

Hangabtriebskraft

Auf einen Skifahrer wirkt hangabwärts eine Kraft, die seine Bewegung bewirkt. Man nennt sie **Hangabtriebskraft.**

Windkraft

In einer Windkraftanlage zur Gewinnung von Elektroenergie werden die Rotoren von Windrädern durch **Windkraft** in Bewegung versetzt.

Wasserkraft

In alten Mühlen wird **Wasserkraft** genutzt, um mithilfe von Wasserrädern Mahl- oder Schleifsteine anzutreiben. Man kann auch Elektroenergie gewinnen.

Schubkraft

Um eine Rakete in Bewegung zu setzen, werden Verbrennungsgase mit großer Geschwindigkeit ausgestoßen. Auf die Rakete wirkt dann eine **Schubkraft.**

Mosaik

Plastische und elastische Verformung

Wenn Kräfte auf Körper einwirken, können die Verformungen plastisch oder elastisch sein.
Die Verformung eines Körpers ist plastisch, wenn er nicht wieder von allein seine ursprüngliche Form annimmt, wie das beim Schmieden eines Werkstücks, beim Biegen eines Rohres, beim Bearbeiten von Knetmasse oder beim Pressen eines Karosserieteils der Fall ist.

1 Beim Töpfern einer Tonvase erfolgen plastische Verformungen.

Auch das Ausrollen eines Kuchenteigs oder das Töpfern einer Tonvase (Abb. 1) sind plastische Verformungen. Nach einer plastischen Verformung behält ein Körper seine Form bei.

Wirkt dagegen eine Kraft auf einen Ball, die Saiten einer Gitarre (↗ Abb. links) oder den Ast eines Baumes, so erfolgt ebenfalls eine Verformung dieser Körper. Sie nehmen aber ihre ursprüngliche Form wieder an, wenn die Kraft nicht mehr wirkt.
Die Verformung des Körpers ist elastisch, wenn er von allein wieder seine ursprüngliche Form annimmt.
Elastisch verformt werden z. B. auch die metallischen Zungen bei einer Mundharmonika, die Stimmbänder oder Flugzeugtragflächen.

Messen und Darstellen von Kräften

Die elastische Verformung von Stahlfedern kann man nutzen, um Kräfte zu messen. Die Entwicklung solcher Federkraftmesser geht auf Untersuchungen des englischen Physikers ROBERT HOOKE (1635–1703) zurück. Er führte Messungen mit verschiedenen Federn durch und untersuchte die Dehnung der Federn in Abhängigkeit von der wirkenden Kraft (Abb. 2). Lagen die Kräfte in einem Bereich, in dem sich die Feder elastisch verformt, so erhielt HOOKE in Auswertung seiner Messreihen ein Diagramm, wie es in Abb. 3 für zwei Federn dargestellt ist.

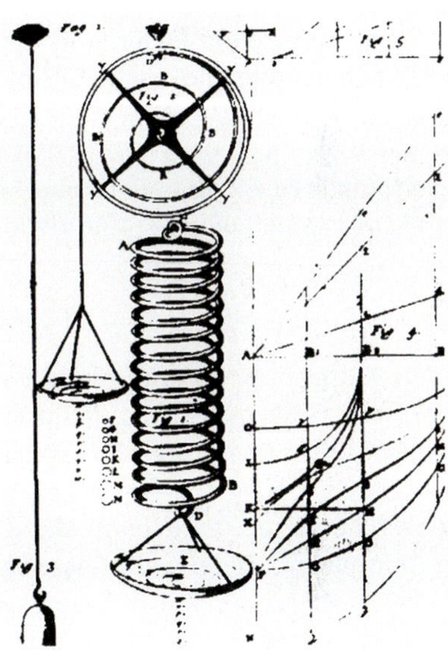

2 Seite aus dem 1687 veröffentlichten Buch „Hookesche Lectures de Potentia Restitutiva"

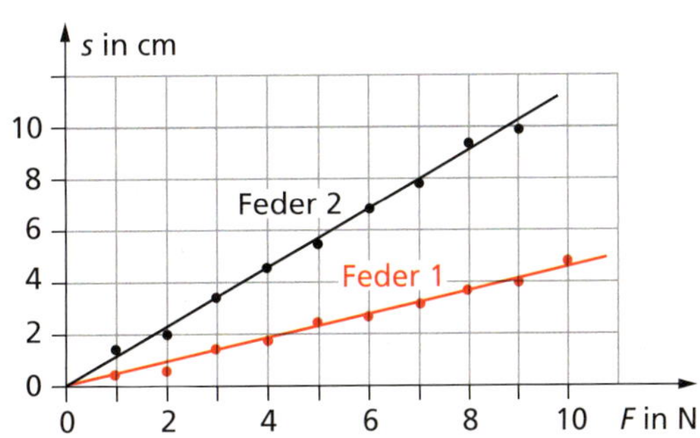

3 Die Verlängerung der elastischen Federn ist direkt proportional zur angreifenden Kraft.

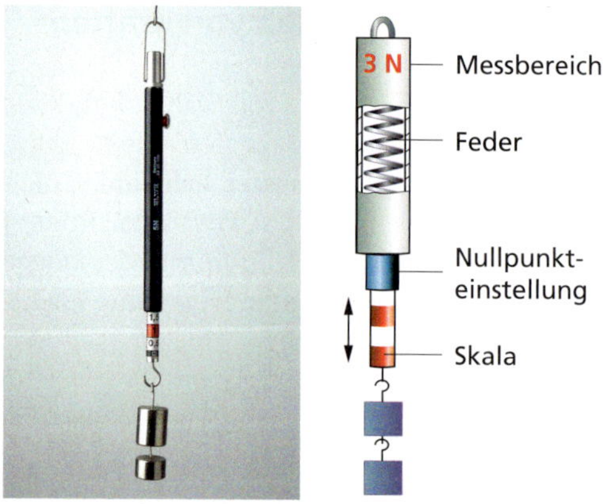

1 Ein Federkraftmesser und sein Aufbau

Für die Ausdehnung einer Feder fand R. HOOKE das nach ihm benannte **hookesche Gesetz:**

> Unter der Bedingung, dass eine Feder elastisch verformt wird, gilt: Die Verlängerung der Feder *s* ist der angreifenden Kraft *F* direkt proportional.
>
> $$s \sim F$$

Für andere Körper, z. B. für ein Gummiband, gilt das hookesche Gesetz nicht. Es dehnt sich bei bestimmten Kräften überproportional aus. Es gilt nicht $s \sim F$.

Das hookesche Gesetz wird zum Messen von Kräften mit einem **Federkraftmesser** genutzt (Abb. 1). Sein wichtigster Teil ist eine elastische **Feder.** Um an einer **Skala** die Kraft in Newton (N) ablesen zu können, muss diese Skala geeicht werden. Dazu lässt man z. B. eine Kraft von 1 N, 2 N usw. einwirken und markiert die jeweilige Dehnung der Feder.

Vor jeder Messung ist der **Nullpunkt** der Skala einzustellen. Je nach Bauart des Federkraftmessers kann man das durch Verschieben einer Hülse oder Verstellen einer Schraube machen.

Um kleine bzw. große Kräfte zu messen, verwendet man Federkraftmesser, die unterschiedliche Federn und damit einen verschiedenen **Messbereich** haben. Federkraftmesser für große Kräfte haben dicke Federn, solche für kleine Kräfte dagegen dünne Federn. Der Physiker spricht auch von harten und weichen Federn.

Methode

Vorgehen beim Messen von Kräften

1. Schätze die Kraft und wähle davon ausgehend einen geeigneten Federkraftmesser aus!
2. Stelle den Nullpunkt ein!
3. Lass die Kraft einwirken, und lies an der Skala den Betrag der Kraft ab!

Kräfte in Natur und Technik	
Gewichtskräfte	
10-Cent-Stück	0,04 N
Schokoladentafel (100 g)	1 N
1 l Wasser	10 N
Mensch	500–800 N
Pkw	≈ 10 000 N
Zugkräfte	
Pferd	400–750 N
Pkw	≈ 5 000 N
Lokomotive	≈ 200 000 N
Hubkräfte	
Gewichtheben	1 000–2 500 N
Eisenbahndrehkran	bis 2 500 000 N

Die Wirkung einer Kraft ist von ihrem **Angriffspunkt,** ihrem **Betrag** und ihrer **Richtung** abhängig. Die Kraft ist eine gerichtete (vektorielle) Größe. Kräfte werden deshalb durch Pfeile dargestellt (Abb. 2). Für genaue Zeichnungen muss man einen Maßstab vereinbaren, z. B. 5 N ≙ 1 cm. Gerichtete Größen werden durch einen Pfeil über dem Formelzeichen gekennzeichnet. Mit dem Kurzzeichen ohne Pfeil ist der Betrag der Kraft gemeint.

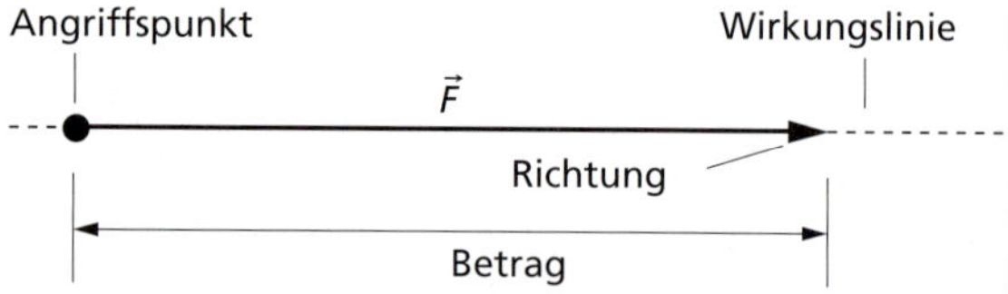

2 Darstellung einer Kraft durch einen Pfeil

Mosaik

Zusammensetzung von Kräften

Auf einen Körper können gleichzeitig mehrere Kräfte wirken. Das ist z. B. der Fall, wenn zwei Personen ein Auto anschieben, ein Radfahrer bergauf fährt oder Schüler beim Tauziehen ihre Kräfte messen (Abb. 1).

Wirken zwei Kräfte längs einer Wirkungslinie auf einen Körper in gleicher Richtung, so addieren sich ihre Beträge:

$$F = F_1 + F_2$$

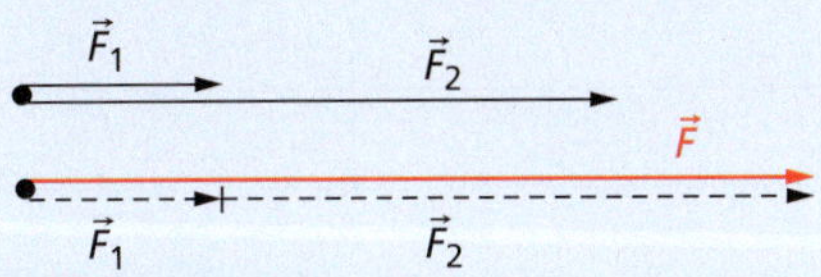

Ein Beispiel dafür ist ein Schwimmer, der in einem Fluss in Strömungsrichtung schwimmt.
Bei Kräften, die in entgegengesetzter Richtung wirken, gilt ein anderes Gesetz.

Wirken zwei Kräfte längs einer Wirkungslinie auf einen Körper in entgegengesetzter Richtung, so subtrahieren sich ihre Beträge:

$$F = F_1 - F_2$$

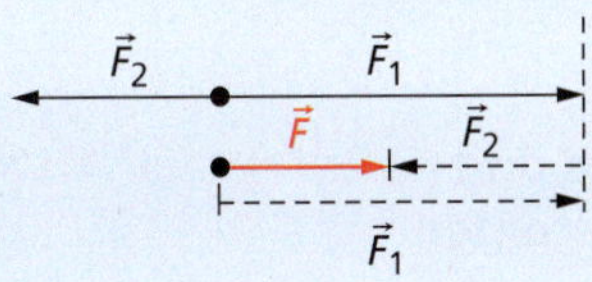

Die Richtung der Gesamtkraft ist gleich der Richtung der größeren der beiden Teilkräfte. Obwohl z. B. die Teilkräfte der beiden Schüler beim Tauziehen groß sind, ist die Gesamtkraft klein, wenn einer der Schüler gewinnt.
Sind beide Schüler gleich stark, so bewegt sich die Markierung des Taus nicht. Die beiden Kräfte gleichen sich aus. Die Gesamtkraft ist null. Man spricht dann von einem **Kräftegleichgewicht.**

Sind zwei entgegengesetzt gerichtete Kräfte längs einer Wirkungslinie auf einen Körper gleich groß, so ist die resultierende Kraft null. Es herrscht Kräftegleichgewicht:

$$F = 0\,\text{N}$$

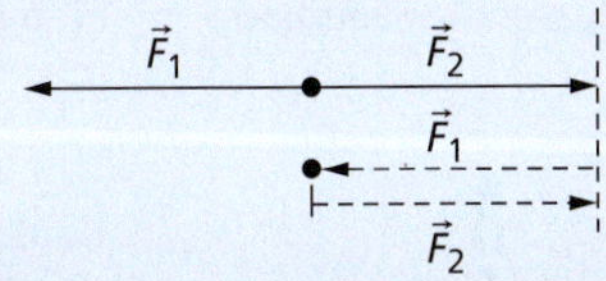

Zwei Kräfte auf einen Körper können auch in beliebigen anderen Richtungen wirken, z. B. auf ein Flugzeug die Antriebskraft in der einen und die Kraft des Windes in einer beliebigen anderen Richtung. In diesem Fall gilt für die Gesamtkraft:

Wirken zwei Kräfte mit gemeinsamem Angriffspunkt in unterschiedlichen Richtungen auf einen Körper ein, so erhält man die Gesamtkraft durch ein Kräfteparallelogramm.

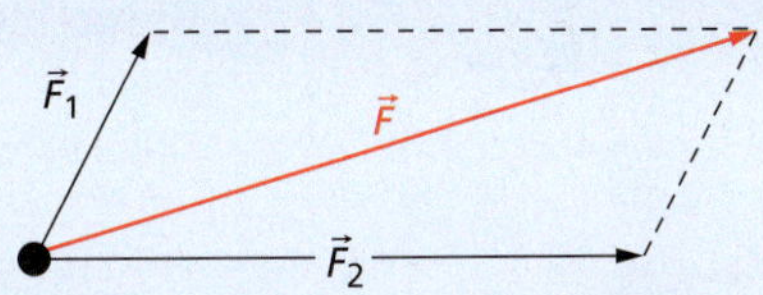

1 Zwei Kräfte wirken in entgegengesetzter Richtung auf das Seil ein.

Messen von Kräften und Dehnungen bei Federn und Gummibändern

Beachte!
Mithilfe von **Tabellenkalkulationsprogrammen** kann man Daten in Tabellen ordnen, in Diagrammen veranschaulichen und auch Berechnungen durchführen. Für die dargestellten Beispiele eignet sich jedes gängige Tabellenkalkulationsprogramm. Hier wurde das Programm **MS Excel** verwendet.

Stahlfedern sind in bestimmten Bereichen elastisch verformbar. Das bedeutet: Sie „gehorchen“ dem hookeschen Gesetz. Für Gummibänder gilt dieses Gesetz nicht. Für zwei verschiedene Federn und ein Gummiband wird die Dehnung in Abhängigkeit von der wirkenden Kraft untersucht. Die Messwerte sind in der folgenden Messwertetabelle erfasst:

F in N	0	0,5	1,0	1,5	2,0	2,5
s_1 in cm	0	0,9	1,7	2,4	3,1	4,1
s_2 in cm	0	0,35	0,75	1,15	1,55	1,95
s_3 in cm	0	0	0,25	0,5	0,75	0,8

Der Quotient aus der **Kraft F** und der **Dehnung s** ist die **Federkonstante D**:

$$D = \frac{F}{s}$$

Bei einer elastischen Feder ist die Federkonstante D immer gleich groß.

Die Formel $F = D \cdot s$ wird nach ihrem Entdecker Robert Hooke (1635–1703) **hookesches Gesetz** genannt.

Um zu erkennen, ob das hookesche Gesetz gilt, gibt es zwei Möglichkeiten:

a) Es wird der Quotient aus der wirkenden Kraft und der Verlängerung der Feder bzw. des Gummibandes gebildet. Ist dieser Quotient konstant, so gilt das hookesche Gesetz.
b) Es wird ein Dehnungsdiagramm gezeichnet. Ist der Graph eine Gerade, so gilt das hookesche Gesetz.

Beide Möglichkeiten kannst du mit einem Computer in einem Tabellenkalkulationsprogramm realisieren.

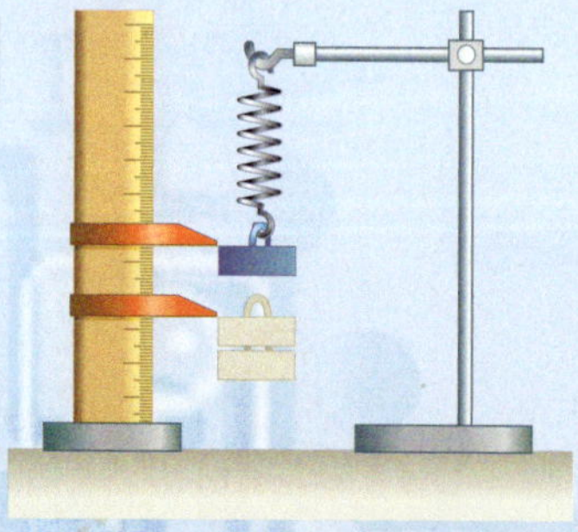

Darstellen der Messwerte und Berechnen der Federkonstanten

Dazu kannst du in folgenden Schritten vorgehen:

1. Öffne das Tabellenkalkulationsprogramm!
2. Trage in die erste Zeile den Kopf der Tabelle ein!
   Der Tabellenkopf kann farbig, die Schrift fett gestaltet werden. Dazu musst du die jeweiligen Zellen markieren und im Menü „Format“ die entsprechenden Einstellungen vornehmen.
3. Speichere die Daten, z. B. unter dem Dateinamen „Feder 1“!
4. Gib die Messwerte für die Kraft und die Dehnung ein!
5. Wenn du die Berechnung vornehmen willst, kannst du so vorgehen:
   - Markiere das Feld C3!
   - Klicke im Menü auf das Gleichheitszeichen und gib die Rechenoperation B3/A3 ein! Drücke „Enter“!
   - Wiederhole das für die Felder C4 bis C7!

Du erhältst die Tabelle, die auf S. 33 links dargestellt ist.

	A	B	C
1	Kraft F in N	Dehnung s in cm	Federkonstante D in N/cm
2	0	0	0
3	0,5	0,9	0,56
4	1,0	1,7	0,59
5	1,5	2,4	0,63
6	2,0	3,1	0,65
7	2,5	4,1	0,61

	A	B	C	D
1	Kraft F in N	Dehnung Feder 1 in cm	Dehnung Feder 2 in cm	Dehnung Gummi in cm
2	0	0	0	0
3	0,5	0,9	0,35	0
4	1,0	1,7	0,75	0,25
5	1,5	2,4	1,15	0,5
6	2,0	3,1	1,55	0,75
7	2,5	4,1	1,95	0,8

So kann man die Messwerte im Tabellenkalkulationsprogramm darstellen und die Federkonstante berechnen.

Darstellen der Messwerte in einem Dehnungsdiagramm

Die Messwerte können auch in einem Dehnungsdiagramm dargestellt werden, wenn man ein Tabellenkalkulationsprogramm nutzt. Dabei kann man den Graphen für eine oder auch für mehrere Messreihen in einem Diagramm darstellen:

1. Trage die Messwerte so in die Tabelle ein, wie es rechts oben dargestellt ist.
2. Markiere die Messwerte für die Dehnungen der beiden Federn und des Gummibandes!
3. Rufe den Diagrammassistenten durch Klicken auf das entsprechende Symbol in der Menüleiste auf! Wähle ein Liniendiagramm mit Datenpunkten aus! Drücke auf „Weiter“!
4. Gehe zum Bereich Reihe! Setze den Cursor in die Beschriftung der Rubrikenachse (X)! Markiere die Messwerte für die Kraft in der Tabelle! Mit „Weiter“ kommst du zum nächsten Schritt.
5. Nun kannst du das Diagramm und die Achsen beschriften und das Diagramm fertigstellen.
6. Die Graphen verlaufen nicht durch den Punkt (0;0). Um das zu ändern, bewege den Mauszeiger in die Nähe der Kraftachse. Wenn das Wort „Rubrikenachse“ erscheint, öffnet sich durch Doppelklick ein Menü. Öffne „Skalierung“ und entferne bei der Größenachse das Häkchen. Damit erhältst du das unten abgebildete Dehnungsdiagramm.

Der Diagramm-Assistent hat das Symbol: 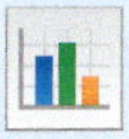

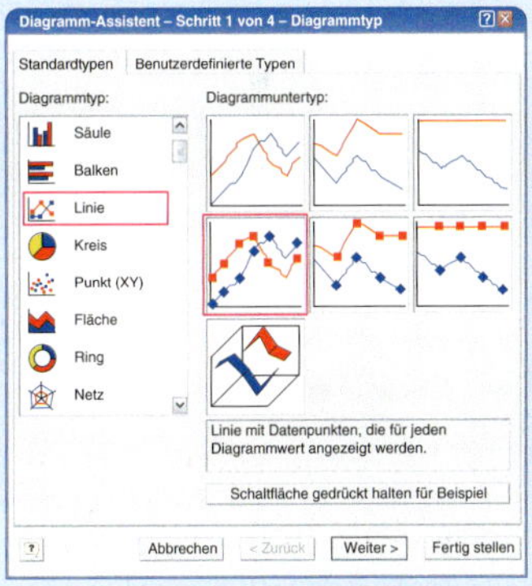

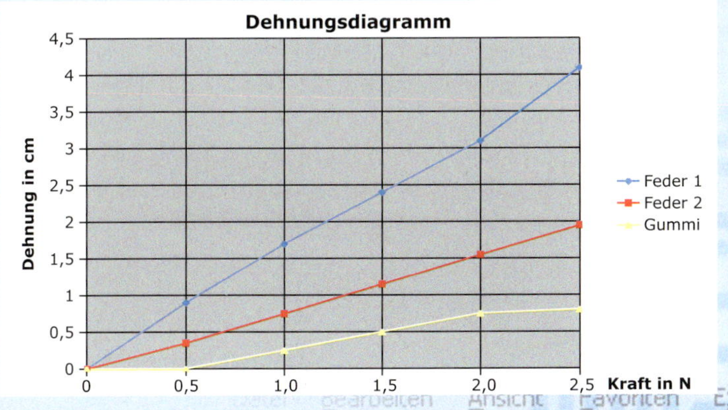

Die Farben der Graphen und der Flächen kannst du beliebig ändern!

Aus dem Diagramm ist erkennbar:

1. Beide Federn genügen näherungsweise dem hookeschen Gesetz.
2. Feder 1 ist weicher als Feder 2, weil sie bei der gleichen Kraft stärker gedehnt wird.
3. Das Gummiband genügt nicht dem hookeschen Gesetz.

Die Gewichtskraft von Körpern

Alle Körper ziehen sich aufgrund ihrer Massen gegenseitig an. Die Erde zieht alle Körper an, die sich auf ihr befinden. Hält man einen Gegenstand, z. B. ein Schulbuch, in der Hand, so spürt man eine Kraft, die nach unten zieht. Legt man das Schulbuch auf einen Tisch, so drückt es mit derselben Kraft auf diese Unterlage. Lässt man es los, fällt es nach unten, also in Richtung Erdmittelpunkt. Hängen wir es an einen Federkraftmesser, so zieht es mit derselben Kraft an der Aufhängung. Die Ursache dafür ist in allen Fällen die Erdanziehungskraft.

In der Physik wird die Kraft, die dadurch auf alle Körper auf der Erdoberfläche und in Erdnähe wirkt, als **Gewichtskraft** bezeichnet.

> Die Gewichtskraft F_G gibt an, wie stark ein Körper auf eine ruhende Unterlage drückt oder an einer Aufhängung zieht.

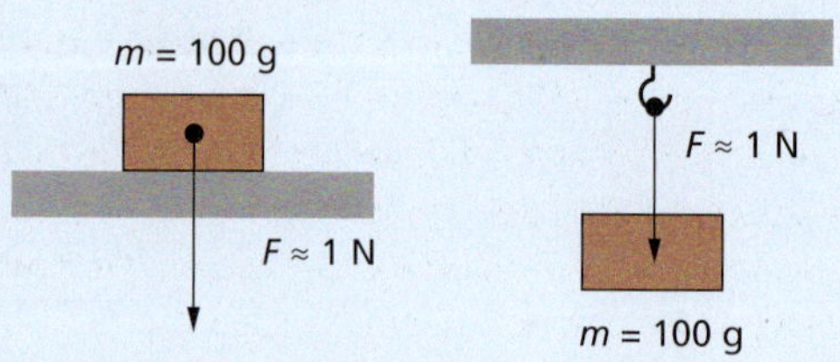

Die Gewichtskraft, die auf einen Körper wirkt, hängt ab

- von seiner Masse und
- von dem Ort, an dem er sich befindet.

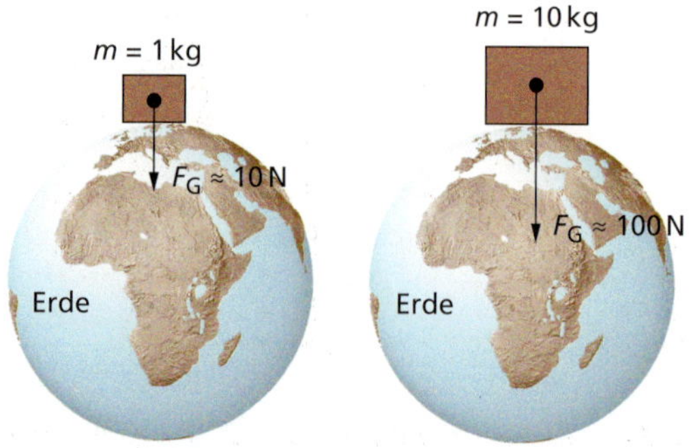

1 Je größer die Masse eines Körpers ist, desto größer ist am gleichen Ort auch seine Gewichtskraft.

Für relativ kleine Höhen, z. B. beim Aufstieg auf einen 3 000 m hohen Berg oder beim Flug mit einem Airbus in etwa 10 km Höhe, ist die Gewichtsverminderung so klein, dass man sie vernachlässigen kann.

In einer Entfernung von etwa 1 000 km über der Erdoberfläche ist die Gewichtskraft um etwa ein Viertel kleiner als auf ihr, in 10 000 km Höhe beträgt sie noch etwa ein Siebtel der Gewichtskraft auf der Erdoberfläche.

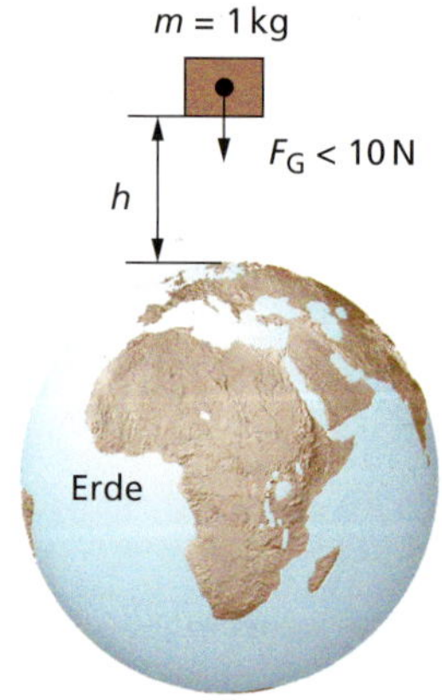

2 Je weiter ein Körper von der Erde entfernt ist, desto kleiner ist seine Gewichtskraft.

> Die Gewichtskraft kann berechnet werden mit der Gleichung:
>
> $F_G = m \cdot g$
>
> m Masse des Körpers
> g Ortsfaktor (Fallbeschleunigung)

Der Ortsfaktor ist eine Konstante, die vom jeweiligen Ort abhängig ist. Ihr durchschnittlicher Wert für die Erdoberfläche beträgt:

$$g = 9{,}81\,\frac{\mathrm{N}}{\mathrm{kg}}$$

Häufig ist es sinnvoll, mit dem Nährungswert $10\,\frac{\mathrm{N}}{\mathrm{kg}}$ zu rechnen.

Für den Mars (Abb. 3) beträgt der Wert $3{,}71\,\frac{\mathrm{N}}{\mathrm{kg}}$.

3 Die Gewichtskraft des Mars-Rovers ist auf diesem Planeten nur 0,4-mal so groß wie auf der Erde.

Masse und Gewichtskraft
In der Physik muss man die Masse und die Gewichtskraft eines Körpers voneinander unterscheiden.

Masse m	**Gewichtskraft F_G**
Die Masse ist eine Eigenschaft eines Körpers. Sie ist nur von diesem Körper abhängig. In der Technik spricht man auch vom Gewicht.	Die Gewichtskraft kennzeichnet die Kraft zwischen zwei Körpern. Sie ist von beiden Körpern abhängig.
Die Masse eines Körpers ist überall gleich groß.	Die Gewichtskraft eines Körpers ist abhängig vom Ort, an dem sich der Körper befindet.
Einheit der Masse ist ein Kilogramm (1 kg).	Einheit der Gewichtskraft ist ein Newton (1 N).
Messgerät für die Masse ist die Waage.	Messgerät für die Gewichtskraft ist der Kraftmesser.

Die Schwerelosigkeit

Die Schwere eines Körpers ist nicht nur davon abhängig, wo sich der betreffende Körper befindet. Sie hängt auch davon ab, ob und wie sich der Körper bewegt. Steht z. B. eine Person auf einer ruhenden Unterlage, so wirkt auf die Unterlage, z. B. den Fußboden, ihre „normale“ Gewichtskraft. Ursache dafür ist die Anziehungskraft zwischen Person und Erde. Diese Anziehungskraft zwischen Person und Erde wirkt auch, wenn sich die Person beliebig bewegt (Abb. 1). Bei einer Bewegung nach oben oder nach unten verändert sich aber die Kraft, die auf die Unterlage wirkt.
Beim Anfahren nach oben empfindet man eine größere Kraft als die „normale“ Gewichtskraft. Beim Anfahren nach unten ist das Gegenteil der Fall: Man fühlt eine kleinere Kraft als die „normale“ Gewichtskraft.
Auch in Flugzeugen kann man die Verminderung seiner eigenen Schwere spüren, wenn das Flugzeug in ein „Luftloch“ gerät.

Fällt ein Körper frei herunter, so übt er keine Kraft mehr auf eine Unterlage aus. Der Körper ist dann **gewichtslos** oder, wie man auch sagt, **schwerelos.** Das ist ebenfalls bei Körpern der Fall, die sich um die Erde herumbewegen, z. B. bei Astronauten in einer Raumstation.
Astronauten müssen sich auf diese speziellen Bedingungen einrichten. So unterliegen z. B. die Muskeln einer völlig anderen Belastung. Bei längeren Raumflügen sind deshalb Trainingsmaßnahmen erforderlich. Flüssigkeiten lassen sich nicht einfach ausschütten. Sie bilden vielmehr Tropfen, die sich frei im Raum bewegen.

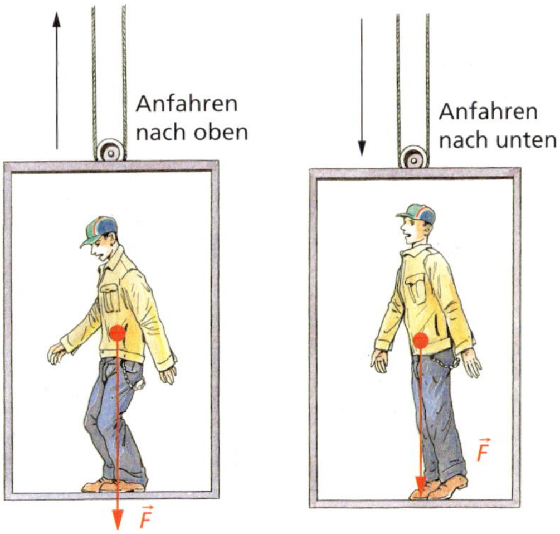

1 Beim Anfahren und Bremsen des Fahrstuhls kann man die unterschiedliche Kraft auf die Unterlage registrieren.

Reibungskräfte

Zwischen zwei Körpern, die sich berühren, wirken Reibungskräfte. Das spüren wir z. B., wenn wir einen schweren Schrank wegschieben wollen oder wenn wir mit dem Fahrrad einen sandigen Weg entlangfahren.

> Reibungskräfte sind immer so gerichtet, dass sie der Bewegung entgegenwirken und diese hemmen oder verhindern.

Sie sind u. a. die Ursache für Bremsvorgänge und für Erwärmungen bei sich bewegenden Körpern. Dabei wird zwischen der **Haftreibungskraft,** der **Gleitreibungskraft** und der **Rollreibungskraft** unterschieden (↗ Übersicht unten).

Die wesentliche Ursache für das Auftreten von Reibungskräften liegt in der Oberflächenbeschaffenheit der Körper begründet, die sich berühren. Diese Oberflächen sind mehr oder weniger rau. Liegen die Körper aufeinander oder bewegen sie sich gegeneinander, so „verhaken" sich die Unebenheiten der Flächen. Die Bewegung wird gehemmt oder verhindert (Abb. 1). Die Reibungskraft wirkt also stets entgegen der Bewegungsrichtung (Abb. 2).

1 Reibungskräfte wirken auch, wenn sich Körper in Wasser oder in Luft bewegen.

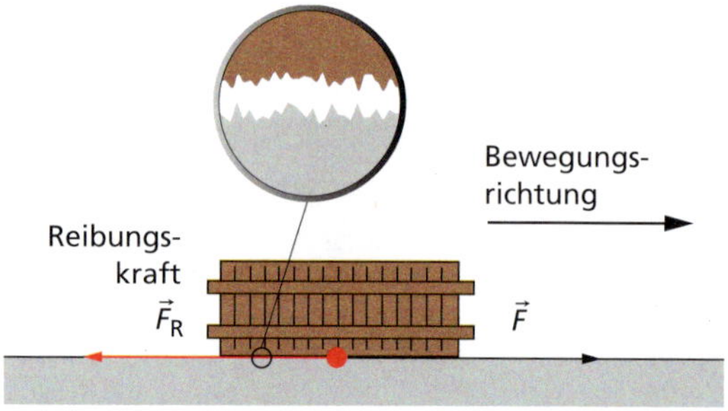

2 Die Reibungskraft wird durch die Rauheit der Oberflächen hervorgerufen.

Arten der Reibung

Haftreibung	Gleitreibung	Rollreibung
liegt vor, wenn ein Körper auf einem anderen haftet.	liegt vor, wenn ein Körper auf einem anderen gleitet.	liegt vor, wenn ein Körper auf einem anderen abrollt.

Die Kraft, die zwischen Reifen und Straße wirkt und das Rutschen der Räder verhindert, nennt man **Haftreibungskraft.**	Kinder rutschen oder gleiten auf der Rutsche herab. Die bewegungshemmende Kraft nennt man **Gleitreibungskraft.**	Die Kraft, die zwischen rollenden Rädern und dem Weg auftritt und die Bewegung hemmt, nennt man **Rollreibungskraft.**

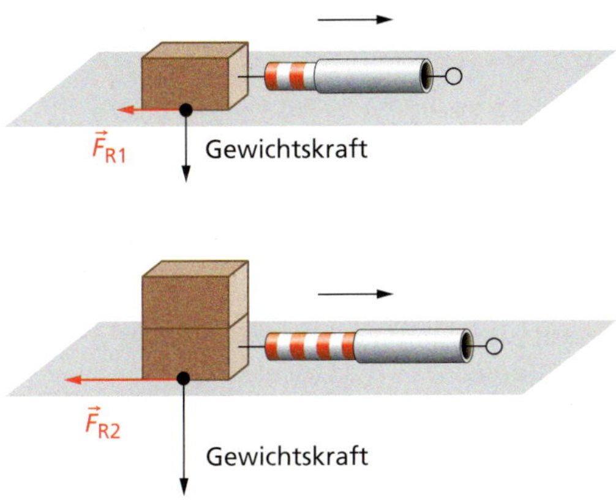

1 Reibungskraft auf einen Körper bei unterschiedlicher Gewichtskraft

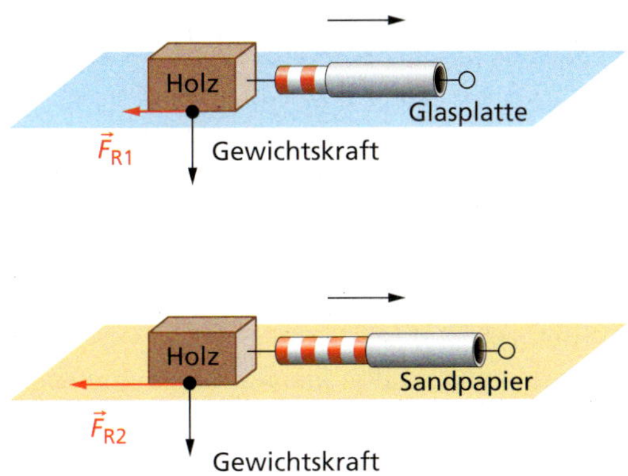

2 Reibungskraft auf einen Körper bei unterschiedlichen Oberflächen

Der Betrag der Reibungskraft ist umso größer, je größer die Kraft ist, mit der ein Körper senkrecht auf seine Unterlage drückt (Abb. 1, 2).
Bei waagerechter Unterlage ist diese Kraft gleich der Gewichtskraft.
Bei rauen Oberflächen ist die Reibungskraft größer als bei glatten Oberflächen.
Allgemein gilt:

> Der Betrag der Reibungskraft ist abhängig
> - von der Kraft, mit der die reibenden Körper aufeinandergepresst werden,
> - von der Art und Beschaffenheit der Berührungsflächen.

Die Reibungskraft hängt nicht davon ab, wie groß die Berührungsfläche der beiden Körper ist.
Die **Haftreibungskraft** verhindert z. B., dass ein Buch vom Tisch rutscht, auch wenn die Tischplatte etwas schräg ist. Zugleich ermöglicht die Haftreibung zwischen unseren Schuhsohlen und dem Boden überhaupt erst eine Fortbewegung. Ohne Haftreibung zwischen Reifen und Fahrbahn könnte ein Auto weder anfahren noch bremsen.
In den meisten Fällen gilt für einen Körper, der sich auf einer bestimmten Unterlage befindet:

> Die Haftreibungskraft ist größer als die Gleitreibungskraft und diese ist größer als die Rollreibungskraft.

Reibungskräfte sind an manchen Stellen erwünscht, an anderen aber unerwünscht.
Die Reibungskraft kann vergrößert werden durch
- Vergrößerung der Kraft, mit der die Körper aufeinandergepresst werden,
- Aufrauung der Oberflächen.

Die Reibungskraft kann verringert werden durch
- Verkleinerung der Kraft, mit der die Körper aufeinandergepresst werden,
- Glättung der sich berührenden Oberflächen,
- Schmiermittel (Fett, Öl, Wasser).

Auch Luft kann als Schmiermittel wirken, etwa bei Luftkissenfahrzeugen (Abb. 3). Das gilt ebenfalls für dünne Wasserschichten (Gefahr des Ausrutschens bei Fliesen, Aquaplaning).

3 Durch ein Luftkissen kann die Reibungskraft wesentlich verringert werden. Das wird z. B. bei Schiffen genutzt.

Hinweise für die Arbeit an Projekten

Beim Bearbeiten von Projekten geht es darum, eigene Ideen zum Thema zu entwickeln und sich Aufgaben zu stellen, die im Team möglichst selbstständig bearbeitet werden. Dabei wird das Thema von unterschiedlichen Seiten aus betrachtet. Folgende Schritte sind zweckmäßig:

1. Schritt

Ideenmarkt
Am besten veranstaltet man zuerst einmal einen Markt der Ideen und wählt daraus den Themenbereich und die Schwerpunkte aus, die die jeweilige Gruppe bearbeiten möchte.

2. Schritt

Arbeitsplan
Die Gruppe erstellt einen Arbeitsplan. Die Punkte, die unbedingt geklärt und klar abgesprochen werden sollten, sind auf der Pinnwand unten zu finden.

3. Schritt

Arbeit am Projekt
Es erfolgt die Umsetzung des Arbeitsplans. Treten bei der Arbeit am Projekt Fragen auf, kann man sich an den Lehrer wenden.
Bei umfangreichen Projekten ist es zweckmäßig, eine Zwischenbilanz zu ziehen und daraus Folgerungen für die weitere Arbeit abzuleiten.

4. Schritt

Präsentation der Ergebnisse vor den Mitschülern
Nach Beendigung der Gruppenarbeit werden die Ergebnisse präsentiert. Dabei muss man beachten, dass sich die Mitschüler meistens mit anderen Fragestellungen beschäftigt haben.
Die Art der Darstellung muss also in kurzer und übersichtlicher Form erfolgen, sodass alle Mitschüler die Versuche und Ergebnisse verstehen und die gewonnenen Erkenntnisse nachvollziehen können. Hinweise zum Präsentieren von Informationen findest du auf den Seiten 88 und 89.

5. Schritt

Präsentation der Ergebnisse im Schulhaus oder in der Öffentlichkeit
Abschließend kann eine Wandzeitung angefertigt werden, die einen Gesamtüberblick über die Arbeit der Klasse gibt. Diese wird an gut sichtbarer Stelle im Schulhaus ausgehängt. Möglich ist auch eine Präsentation im Internet, die mit speziellen Programmen gestaltet werden kann.

Welche Fragen sollen in der Gruppe zum ausgewählten Themenbereich beantwortet werden?

Welche Materialien und Medien sollen genutzt werden?

Wer ist für welchen Bereich bzw. für welche Frage zuständig?

Welche Experimente möchte die Gruppe durchführen?

Welcher zeitliche Rahmen steht zur Verfügung?

Wie sollen die Ergebnisse präsentiert werden?

Welche Methoden sollen bei der Informationsbeschaffung angewendet werden?

Reibung im Straßenverkehr

Reibung und Straßenbelag

Wir fahren mit unseren Fahrrädern auf Straßen, Radwegen, Feld- und Waldwegen. Auf die verschiedenen Fahrbahnen müssen wir uns mit unserem Fahrverhalten einstellen. Besonders wichtig ist das beim Anfahren und Bremsen sowie bei Kurvenfahrten.
Das Fahren auf sandigen Böden strengt uns auch viel mehr an, als wenn wir auf einer asphaltierten Straße fahren, weil auf Sandboden die Reibungskraft größer ist.
Straßen sind heute meistens mit Beton oder Asphalt überzogen. Früher wurden Straßen gewöhnlich mit Kopfsteinpflaster gebaut (Abb. 1), was man auch heute gelegentlich in Nebenstraßen noch sehen kann.

1. *Untersuche in einem Experiment die Abhängigkeit der Haft-, Roll- und Gleitreibung eines Fahrzeugs von der Beschaffenheit der jeweiligen Unterlage!*

   Vorbereitung:
   Die zu untersuchenden Abhängigkeiten sollen mithilfe eines Spielzeugautos als Modell auf verschiedenen Unterlagen untersucht werden.

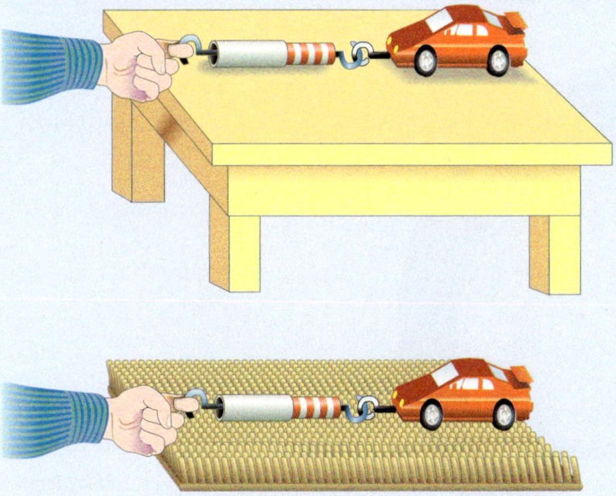

   Geräte und Materialien:
   Spielzeugauto, Federkraftmesser, verschiedene Unterlagen

1 Kopfsteinpflaster findet man heute noch in Nebenstraßen und in Fußgängerzonen.

   Durchführung:
   Mit dem Federkraftmesser wird die jeweilige Reibungskraft gemessen.
   a) Bestimme die Haftreibungskraft jeweils dann, wenn sich das Auto zu bewegen beginnt!
   b) Bestimme die Rollreibungskraft, wenn das Auto gleichmäßig über die Tischplatte bzw. den Teppichboden rollt!
   c) Bestimme die Gleitreibungskraft! Klebe dazu die Räder so fest an die Karosserie des Autos, dass sie sich nicht drehen können! Ziehe das Auto gleitend über die Tischplatte bzw. den Teppichboden und lies jeweils die Kraft ab!

   Auswertung:
   Vergleiche die Reibungskräfte! Leite Folgerungen für den Straßenverkehr ab!

2. *Stelle in einer Übersicht Materialien für Straßen- und Gehwegbeläge zusammen! Erkunde, wie lange der Belag durchschnittlich hält!*
   Bei welchen Belägen ist die Haftreibungskraft zwischen Fahrradreifen und Fahrbahn am größten?

3. *Im Herbst und Winter hört man häufig, dass sich Fahrzeugführer auf die veränderten Fahrbahnverhältnisse einstellen sollen. Welche Verhältnisse sind das? Was ändert sich aus physikalischer Sicht?*

Regen, Schnee und Glatteis

Nasse bzw. schnee- oder eisbedeckte Fahrbahnen können die Reibung eines Fahrzeuges auf der Straße erheblich verringern.
Wenn man diese äußeren Bedingungen nicht beachtet, kann es im Straßenverkehr zu schweren Unfällen kommen. Es wird empfohlen, bei Schnee und Eis vor allem Fahrräder und Zweiradfahrzeuge gar nicht erst zu benutzen.

4. *Erkunde, welchen Einfluss Regen, Schnee und Eis auf die Reibung und damit auf den Bremsweg von Fahrzeugen haben! Was ändert sich dabei jeweils physikalisch?*

5. *Untersuche experimentell den Einfluss von Nässe auf die Reibung eines Fahrzeuges mit dem Boden!*
   Entwirf eine Experimentieranordnung! Führe Untersuchungen durch!

6. *Stelle Verhaltensregeln für Fahrzeugführer bei Regen, Schnee und Glatteis auf!*

7. *Für Pkw gibt es Sommer-, Winter- und Allwetterreifen. Stelle deren Eigenschaften, Profilformen und Einsatzgebiete zusammen!*

Antischlupf, ABS und Aquaplaning

Damit Fahrzeuge sicher anfahren und bremsen können, müssen Motorkraft und Bremskraft optimal auf die Straße übertragen werden. Ist die Haftreibungskraft zwischen Straße und Reifen zu klein, dann drehen beim Anfahren die Räder durch. Beim Bremsen blockieren sie.
Eine **Antischlupfregelung** sorgt bei modernen Autos dafür, dass die Räder beim Anfahren nicht durchdrehen.

8. *Erkunde, wie eine Antischlupfregelung in modernen Pkw funktioniert!*

9. *Warum kann man zügiger anfahren, wenn die Reifen nicht durchdrehen? Warum kommt man schneller zum Stehen, wenn beim Bremsen die Räder nicht blockieren?*

10. *Informiere dich im Internet über die Wirkungsweise von ABS! Fertige dazu eine kurze Präsentation an!*

11. *Bei starkem Regen wird vor der Gefahr eines Aquaplaning gewarnt. Was bedeutet Aquaplaning? Wie entsteht das Aquaplaning? Welche Folgen kann es haben?*

Wintersicherheitsgrenze
Volle Sicherheit bei Frost, Schnee und Matsch gewährleisten Winterreifen nur bis zu einer Profiltiefe von 4 mm.

Sommersicherheitsgrenze
Besonders bei Breitreifen vergrößert sich bei dieser Profiltiefe die Gefahr des Aquaplaning erheblich.

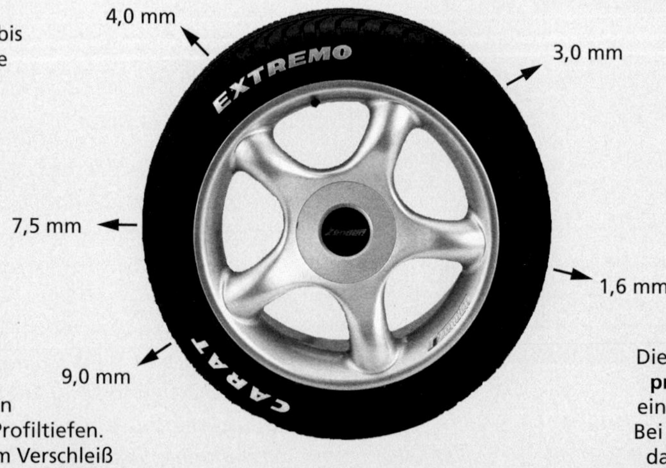

Neue Reifen
Neue Reifen haben unterschiedliche Profiltiefen. Mit zunehmendem Verschleiß steigt die Aquaplaninggefahr.

Die **gesetzliche Mindestprofiltiefe** gewährt nur einen Rest an Sicherheit. Bei geringerer Profiltiefe darf das Fahrzeug nicht mehr gefahren werden.

Physik in Natur und Technik

Verschiedene Kräfte – unterschiedliche Wirkungen

Beim Wasserspringen (Abb. 1) biegt sich das Sprungbrett durch die Gewichtskraft des Springers durch. Bei verschiedenen Springern biegt sich das Brett unterschiedlich stark durch. Die Gewichtskräfte haben unterschiedliche Wirkungen auf das Sprungbrett.
Wovon ist die Wirkung der Gewichtskraft auf ein Sprungbrett abhängig?
Wie ändert sich die Verformung des Sprungbretts, wenn es schräg nach oben gestellt wird?

Die Kraft, die auf das Sprungbrett einwirkt, ist die Gewichtskraft des Springers. Wir müssen herausfinden, ob Betrag, Richtung und Angriffspunkt die Wirkung dieser Kraft beeinflussen. Dazu untersuchen wir systematisch die Wirkung von Kräften auf eine biegsame Holzleiste anstelle des Sprungbrettes. Wir führen also für den gegebenen Fall ein Experiment am Modell durch.
Damit wenden wir eine für die Physik typische Arbeitsweise an: An einem vereinfachten Beispiel (Modell) werden Zusammenhänge untersucht und die Ergebnisse auf das Original, das elastische Sprungbrett, übertragen.

1 Die Verformung eines elastischen Bretts hängt u. a. von der Gewichtskraft des Jungen ab.

1. Fall:
Wir untersuchen, ob die Wirkung einer Kraft vom Betrag abhängig ist. Angriffspunkt und Richtung der Kraft bleiben konstant.
Die Experimente (Abb. 2a, b) zeigen:

> Die Wirkung einer Kraft ist von ihrem Betrag abhängig.

Je größer die Gewichtskraft eines Springers ist, desto stärker biegt sich das Sprungbrett durch, wenn er an einer bestimmten Stelle auf dem Brett steht und die Richtung der Kraft auf das Brett jeweils gleich ist.

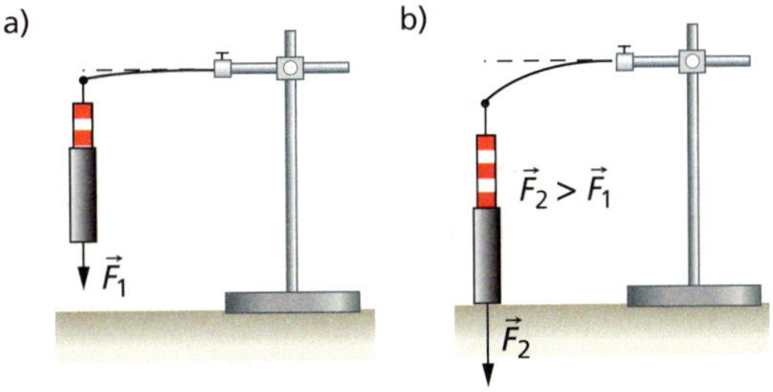

2 Abhängigkeit der Wirkung einer Kraft von ihrem Betrag

2. Fall:
Wir untersuchen die Abhängigkeit der Wirkung einer Kraft vom Angriffspunkt und lassen Betrag und Richtung der Kraft konstant. Die Experimente (Abb. 3a, b) zeigen:

> Die Wirkung einer Kraft ist von ihrem Angriffspunkt abhängig.

Je weiter nach vorn ein Springer auf das Sprungbrett geht, desto stärker biegt es sich durch.

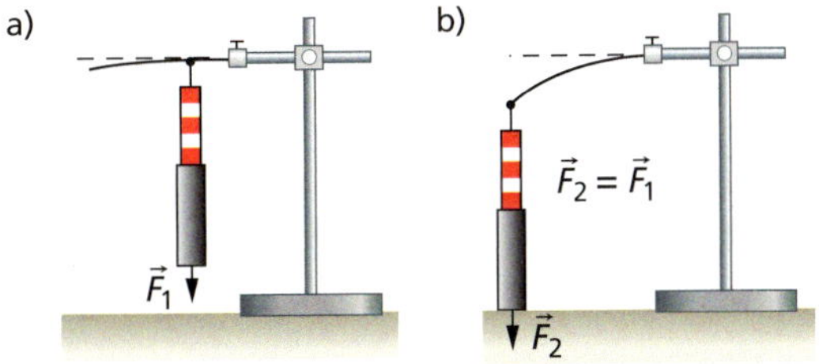

3 Abhängigkeit der Wirkung einer Kraft vom Angriffspunkt

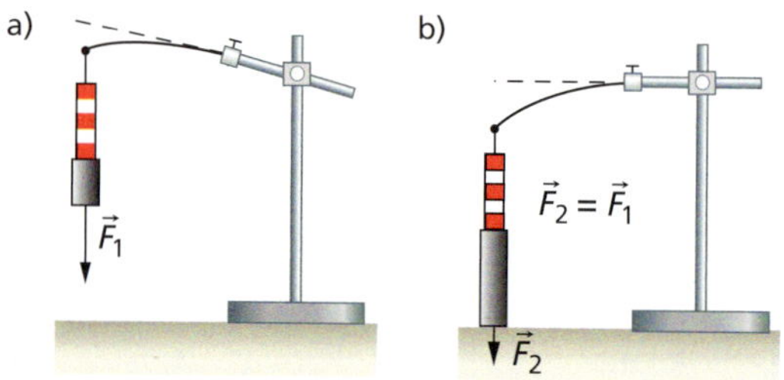

1 Abhängigkeit der Wirkung einer Kraft von ihrer Richtung

3. Fall:
Wir untersuchen die Abhängigkeit der Wirkung einer Kraft von ihrer Richtung und verändern die Richtung der angreifenden Kraft (Abb. 1). Angriffspunkt und Betrag lassen wir konstant. Die Experimente (Abb. 1a, b) zeigen:

Die Wirkung einer Kraft ist von ihrer Richtung abhängig.

Würde man das Sprungbrett beim Wasserspringen schräg nach oben stellen, so würde es sich bei gleicher Gewichtskraft nicht so stark durchbiegen wie bei horizontaler Lage.

Auf dem Mond ist alles leichter

In den Jahren 1969–1972 landeten amerikanische Astronauten auf dem Mond. Im Rahmen des Apollo-Mondlandeprogramms betrat NEIL ARMSTRONG im Juli 1969 als Erster die Mondoberfläche. Die Ausrüstung eines Astronauten hatte auf der Erde eine Masse von 84 kg und damit auf der Erdoberfläche eine Gewichtskraft von etwa 840 N. So viel wiegt auf der Erde ein ausgewachsener Mann. Auf dem Mond führten die Astronauten aber mit dieser Ausrüstung ohne Schwierigkeiten große Sprünge über Meter hinweg aus.

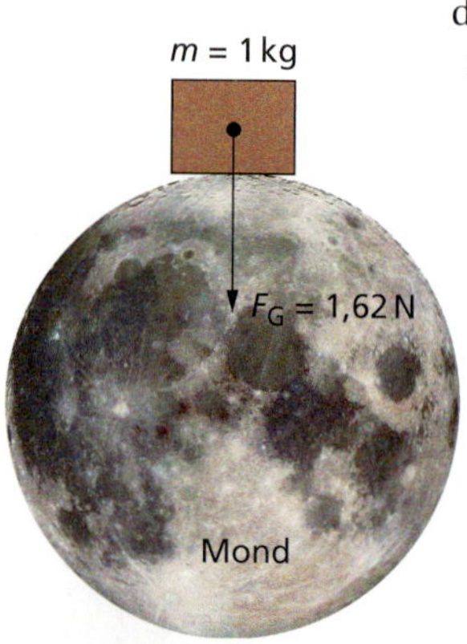

2 Die Gewichtskraft auf dem Mond ist nur etwa 1/6 so groß wie auf der Erde.

3 Der amerikanische Astronaut J. IRWIN landete 1971 mit „Apollo 15“ auf dem Mond. Im Hintergrund ist die Mondlandeeinheit zu sehen.

Wie ist das zu erklären? Welche Masse und welche Gewichtskraft hatte die Ausrüstung eines Astronauten auf dem Mond?

Die Masse der Ausrüstung ist auf dem Mond genauso groß wie auf der Erde. Sie beträgt 84 kg und ist nicht vom Ort abhängig.

Die Gewichtskraft eines Körpers ist jedoch vom Ort abhängig. Während der Ortsfaktor auf der Erde g = 9,81 N/kg beträgt, ist sein Wert auf dem Mond 1,62 N/kg. Demzufolge ist die Gewichtskraft auf dem Mond nur etwa 1/6 der Gewichtskraft auf der Erde. Die Ausrüstung eines Astronauten hat auf dem Mond nicht mehr eine Gewichtskraft von 840 N wie auf der Erde, sondern nur von 140 N. Auch die Gewichtskraft des Astronauten selbst verringert sich auf dem Mond auf 1/6.
Da die Muskelkräfte der Astronauten die gleichen waren wie auf der Erde, konnten sie auf dem Mond große Sprünge ausführen und ihre schwere Ausrüstung ohne Probleme transportieren.
Auf unserem Nachbarplaneten Mars beträgt der Ortsfaktor 3,71 N/kg. Die Gewichtskraft eines Körpers würde also etwa 1/3 der Gewichtskraft auf der Erde sein.

Gewusst · Gekonnt

1. Gib jeweils an, welche Körper in den folgenden Situationen aufeinander einwirken und welche Kräfte wirken!

a) Eine Handballspielerin wirft den Ball ab.
b) Ein Baum biegt sich im Wind.
c) Du bremst mit deinem Fahrrad an einer Kreuzung.
d) Du biegst eine Büroklammer aus Metall auf.
e) Ein Turmspringer taucht ins Wasser ein.

2. Erläutere an Beispielen, wie durch das Wirken von Kräften

a) die Bewegung von Körpern,
b) die Form von Körpern,
c) die Bewegung und die Form von Körpern

gleichzeitig geändert werden!

3. Von Ronaldo sagen seine Mitschüler, er sei ein Kraftprotz.
Was meinen sie wohl damit? Versuche eine physikalische Interpretation!

4. Bei einem Experiment wurde die Verlängerung einer Schraubenfeder und eines Gummibands durch verschiedene Wägestücke gemessen.

Kraft in N	**Verlängerung in cm**	
	Feder	**Gummiband**
0	0	0
0,1	2,1	2,4
0,2	3,9	5,6
0,3	6,0	8,1
0,4	8,0	12,1

a) Um wie viel länger sind die Feder und das Gummiband bei jedem Wägestück von 0,1 N geworden?
b) Stelle die Messwerte für Feder und Gummiband in einem Diagramm dar!
c) Warum nutzt man zum Bau von Kraftmessern kein Gummiband, sondern elastische Federn aus Stahl?

5. Suche und erläutere Beispiele, wo im Alltag von Kräften gesprochen wird, aber damit nicht eine Kraft im physikalischen Sinne gemeint ist!

6. Die Knautschzone eines Pkw dient dem Schutz der Fahrzeuginsassen.

a) Erläutere die Funktion einer solchen Knautschzone! Erfolgt bei einem Unfall eine elastische oder plastische Verformung eines Pkw?
b) Wie würde ein Unfall im dichten Straßenverkehr verlaufen, wenn die Karosserien aller Autos elastisch wären?

7. Ein Federkraftmesser hat noch keine Skala.

a) Wie könnte man sich eine solche Skala herstellen? Als Hilfsmittel stehen dir Wägestücke und ein Lineal zur Verfügung.
b) Stelle selbst eine solche Skala her!

8. Untersuche experimentell, wie sich ein langes Lineal in Abhängigkeit von seiner Belastung durchbiegt (↗ Abb.)!
Dazu wird ein langes und biegsames Lineal so angeordnet, wie es die Skizze zeigt. An einem Ende wird es durch 10-Cent-Münzen belastet. Eine 10-Cent-Münze hat eine Gewichtskraft von 0,04 N.

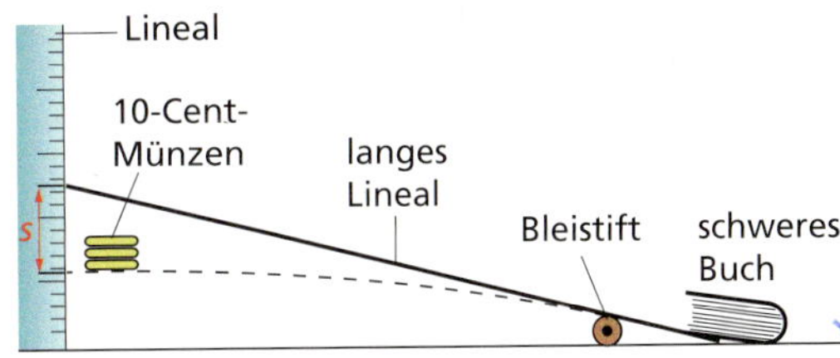

a) Bestimme die Durchbiegung s in Abhängigkeit von der Belastung F!
b) Trage die Messwerte in eine Tabelle ein! Übernimm dazu das Muster ins Heft!

***F* in N**	0,04	0,08	0,12	…
***s* in cm**				

c) Stelle die Messwerte in einem Diagramm dar! Interpretiere es ! Gilt $s \sim F$?

***9.** Das hookesche Gesetz kann auch als Gleichung in der Form $F = D \cdot s$ geschrieben werden. Erkunde, welche physikalische Bedeutung D hat! Nutze die Internetadresse **www.schuelerlexikon.de!**

10. Zwei Autos sind vom gleichen Typ, aber unterschiedlich alt. Wenn beide mit je zwei Kästen Limonade beladen werden, sinkt das ältere Auto tiefer als das neue. Was könnte der Grund sein?

11. Nachfolgend sind einige Kräfte dargestellt. Als Maßstab wurde vereinbart: 0,5 cm entsprechen 1 N. Welche Beträge haben die dargestellten Kräfte F_1 bis F_5? Welche Beträge hätten sie, wenn gilt: 2 cm ≙ 10 N?

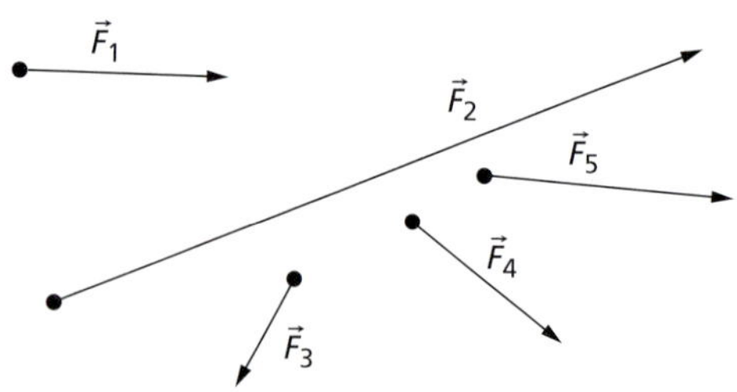

12. Zwei Mannschaften tragen einen Wettkampf im Tauziehen aus. Nach links ziehen drei Schüler mit den Kräften 380 N, 400 N und 360 N. Auf der anderen Seite ziehen zwei Schüler mit 410 N und 400 N. Nun kommt den beiden ein dritter Schüler zu Hilfe.
Mit welcher Kraft muss er mindestens ziehen, damit seine Mannschaft gewinnt?

***13.** Im Märchen klettern die Bremer Stadtmusikanten aufeinander, um den Räubern auf die Schliche zu kommen. Wie setzt sich die Kraft zusammen, die von Hund, Katze und Hahn auf den Esel ausgeübt wird?

14. Beatrice wird auf einem Schlitten gezogen. Begründe, welche Zugrichtung am Seil für den Ziehenden am vorteilhaftesten ist!

15. An der Skala eines Federkraftmessers kannst du nur noch die Werte 0 N und 8 N erkennen, die übrigen sind nicht mehr lesbar.
Wie könntest du die Skala ergänzen, um auf 1 N genau ablesen zu können? Begründe!

16. Verschiedene Körper haben folgende Masse: 2,5 g; 36 g; 1,5 kg; 7,8 kg; 3,2 t. Gib ihre Gewichtskräfte auf der Erdoberfläche an!

17. Verschiedene Körper haben auf der Erdoberfläche folgende Gewichtskraft: 0,5 N; 5,8 N, 3,1 N; 25 kN; 680 N. Gib ihre Masse an!

***18.** Ein Schüler mit der Masse 42 kg wird von der Erde mit der Gewichtskraft 420 N angezogen. Zieht auch der Schüler die Erde an? Wenn ja, mit welcher Kraft?

19. Die Mondlandeeinheit, mit der Menschen im Jahre 1969 erstmals zum Mond gelangten, hatte eine Masse von 14 700 kg.

a) Wie groß war die Gewichtskraft der Mondlandeeinheit auf der Erde und auf dem Mond?

*b) Vergleiche die Gewichtskraft der Mondlandeeinheit mit der eines Pkw auf der Erde!

***20.** Experimentiere „in Gedanken“: Am Südpol beträgt die Gewichtskraft einer Packung Reis genau 10 N. Musst du am Äquator Reis dazugeben oder ausschütten, um wieder genau 10 N zu erhalten? Was musst du im Flugzeug in 10 000 m Höhe tun?

Kräfte und ihre Wirkungen

Kräfte können bewirken

- eine Änderung der Form von Körpern (plastische oder elastische Verformung)
- eine Änderung der Bewegung von Körpern (Betrag oder Richtung der Bewegung)

Erkennbar ist eine Kraft an ihren Wirkungen. Sie ist umso größer,
- je stärker ein Körper verformt wird und
- je mehr sich die Bewegung eines Körpers ändert.

Gemessen wird die Kraft in der Einheit ein Newton (1 N). Das Messgerät für die Kraft ist der Federkraftmesser.

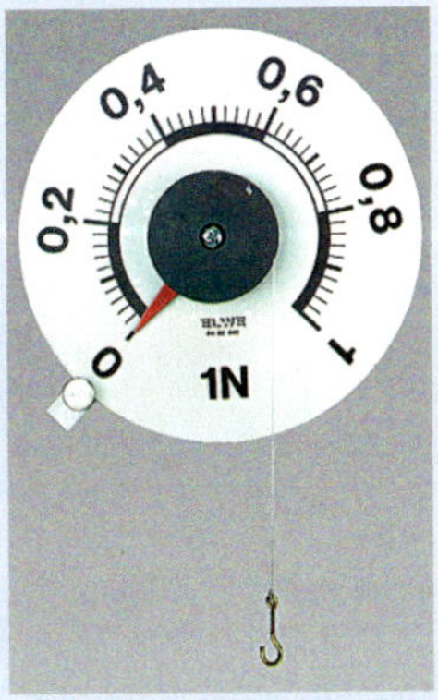

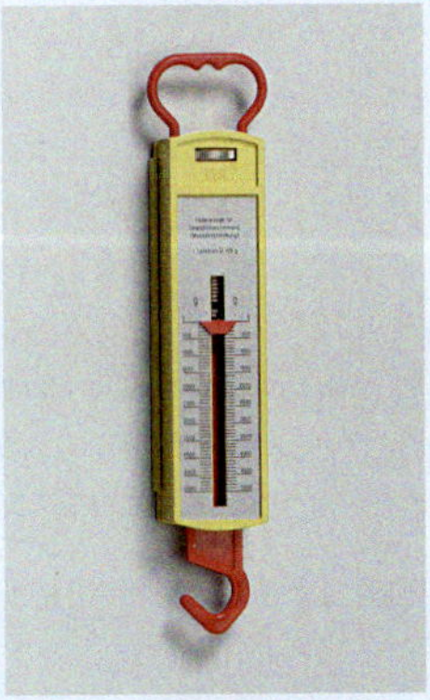

Die Wirkung einer Kraft auf einen Körper ist abhängig
- vom Betrag der Kraft,
- von der Richtung der Kraft,
- vom Angriffspunkt der Kraft.

Die **Darstellung einer Kraft** erfolgt durch einen Pfeil.

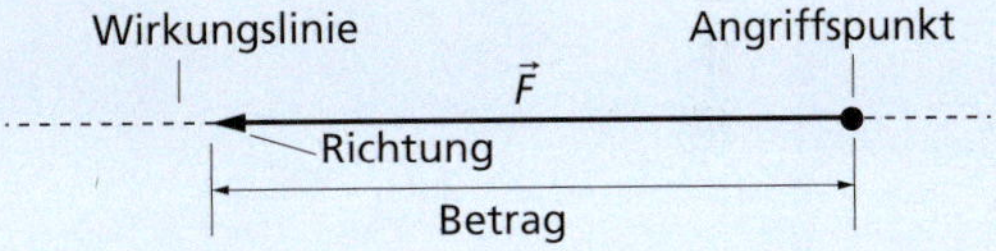

Es gibt vielfältige Arten von Kräften. Wichtige Arten sind die **Gewichtskraft** und **Reibungskräfte.**

Die Gewichtskraft F_G
gibt an, wie stark ein Körper auf eine ruhende Unterlage drückt oder an einer Aufhängung zieht.

$$F_G = m \cdot g$$

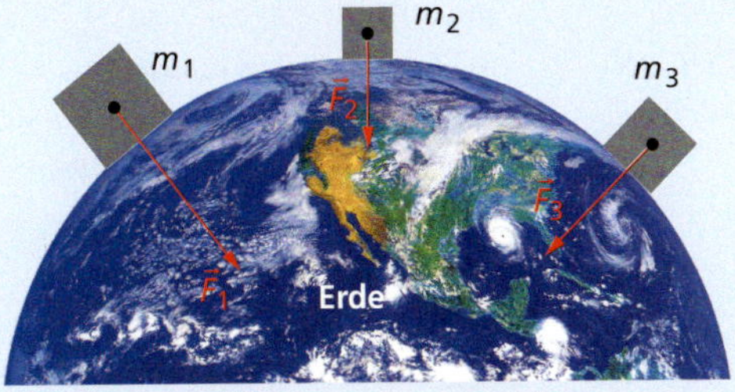

Die Reibungskraft F_R
wirkt immer so, dass sie die Bewegung von Körpern hemmt oder verhindert. Sie ist von der Anpresskraft und von der Beschaffenheit der Oberflächen abhängig.

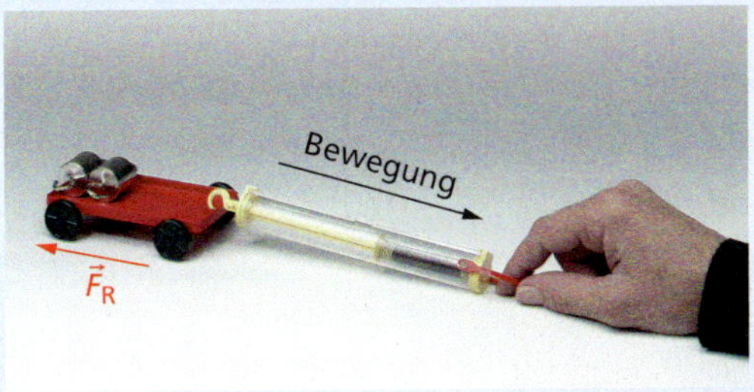

2.2 Mechanische Arbeit und Energie

So schwer und doch ...

In jedem Hafen gibt es riesige Krananlagen. Es werden große Lasten bewegt und Frachtschiffe be- und entladen. Allein mit Muskelkräften wäre das nicht möglich.
Was ist das Besondere an einem Kran? Welche physikalischen Gesetze werden genutzt?

Energie und Arbeit

Nach dem Start eines Abfahrtsläufers vergrößert sich zunächst seine Geschwindigkeit und kann bis über 100 km/h erreichen. In Kurven verringert sich die Geschwindigkeit, bei Schussfahrten vergrößert sie sich. Hinter dem Ziel bremst der Fahrer auf einer kurzen Strecke bis zum Stillstand ab.
Welche Energieumwandlungen gehen vom Start bis zum Ziel vor sich? Welche Arten von Arbeit werden verrichtet?

Energieumwandlungen

Beim Start einer Rakete muss in kurzer Zeit eine gewaltige Menge Treibstoff verbrannt werden, damit die Rakete von der Startrampe abheben kann. Bei großen Raketen, z. B. beim Start eines Spaceshuttles, werden in jeder Sekunde etwa 10 Tonnen Treibstoff verbrannt. Die Verbrennungsgase strömen mit ca. 2 300 m/s aus den Düsen der Triebwerke. Aus der Ruhe heraus erreicht die Rakete nach wenigen Minuten eine Geschwindigkeit von etwa 8 km/s.
Welche Energieumwandlungen treten beim Start einer Rakete auf? Welche Arten von Arbeit werden verrichtet?

Mechanische Arbeit

In der Umgangssprache wird der Begriff Arbeit in unterschiedlicher Weise verwendet. In der Physik ist es ein genau festgelegter Begriff. **Mechanische Arbeit** oder einfach **Arbeit** wird verrichtet, wenn ein Körper durch eine Kraft bewegt oder verformt wird. Die mechanische Arbeit ist eine physikalische Größe, die einen Vorgang beschreibt.

Mechanische Arbeit wird verrichtet, wenn ein Körper durch eine Kraft bewegt oder verformt wird.

Formelzeichen:	W	
Einheiten:	ein Newtonmeter	(1 N · m)
	ein Joule	(1 J)

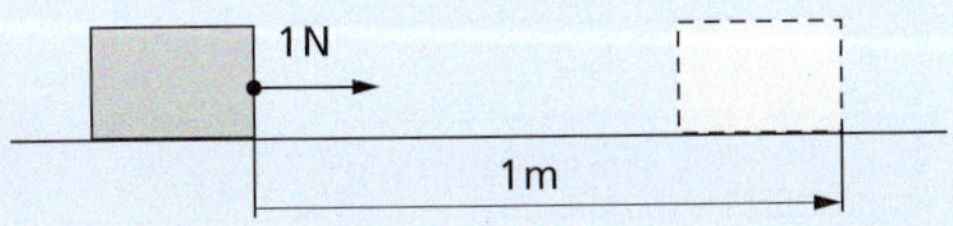

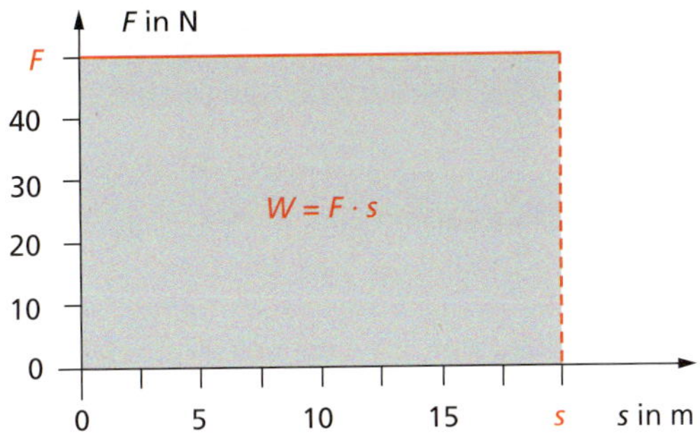

1 Kraft-Weg-Diagramm bei F = konstant. Die konstante Kraft beträgt hier $F = 50\,\text{N}$, der Weg $s = 20\,\text{m}$.

Die Arbeit ist umso größer, je größer die wirkende Kraft und der zurückgelegte Weg sind.

Unter der Bedingung, dass die Kraft konstant ist und in Richtung des Weges wirkt, gilt:

$W = F \cdot s$ $\quad$ F wirkende Kraft, s zurückgelegter Weg

Die bei einem Vorgang verrichtete mechanische Arbeit kann man aus dem Betrag der einwirkenden Kraft F und dem zurückgelegten Weg s berechnen, wobei die Richtungen von Kraft und Weg zu beachten sind.
Wir betrachten immer nur den Fall, dass die Kraft in Richtung des Weges wirkt und immer den gleichen Betrag hat.

Stellt man Kraft und Weg in einem Diagramm dar, so kann aus einem solchen F-s-Diagramm ebenfalls die Arbeit ermittelt werden (Abb. 1). Das Produkt aus der einwirkenden Kraft und dem zurückgelegten Weg entspricht der Fläche unter dem Graphen. Dabei müssen die jeweiligen Einheiten beachtet werden. Im betrachteten Fall (Abb. 1) ergibt sich $W = 50\,\text{N} \cdot 20\,\text{m} = 1\,000\,\text{N} \cdot \text{m}$.

Heben eines Körpers

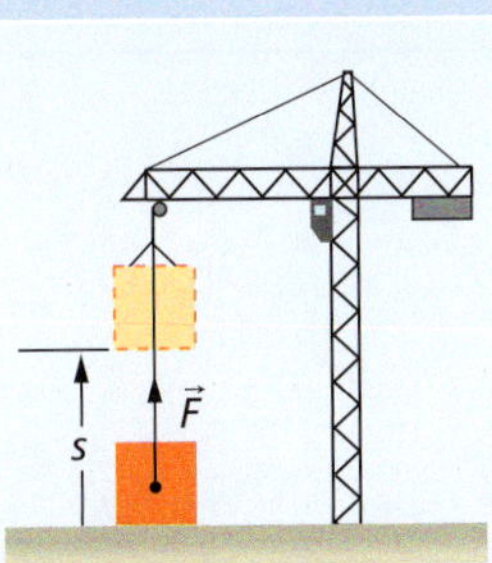

Wird ein Körper gehoben, so wird **Hubarbeit** verrichtet. Die dazu erforderliche Kraft ist die Gewichtskraft.

Verformen (Spannen) einer Feder

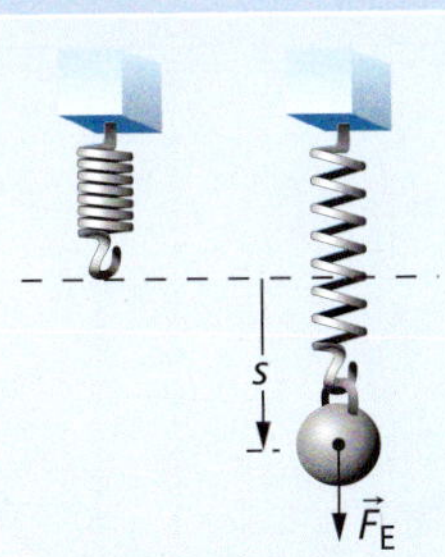

Wird ein Körper, z. B. eine Feder, verformt, so wird **Verformungsarbeit** (Spannarbeit) verrichtet.

Anfahren eines Autos

Wird ein Körper, z. B. ein Fahrzeug, beschleunigt, so wird an diesem Fahrzeug **Beschleunigungsarbeit** verrichtet.

Fahren eines Schiffs

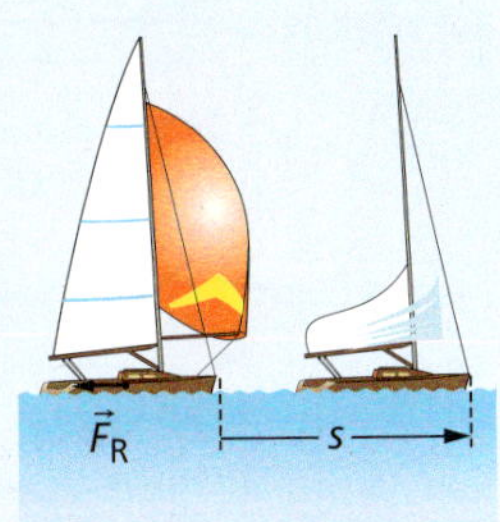

Wird die Bewegung eines Körpers durch Reibungskräfte gehemmt, so wird **Reibungsarbeit** verrichtet.

Mosaik

Diagramme in Wissenschaft und Technik

Zur Veranschaulichung von Zusammenhängen sowie zur Darstellung von Verläufen oder von Abhängigkeiten werden in vielen Bereichen von Wissenschaft und Technik Diagramme genutzt. Wichtige Arten von Diagrammen sind **Kreisdiagramme, Säulendiagramme** und **Liniendiagramme** (↗ Übersicht unten).

Die sinnvolle Interpretation von Diagrammen ist in vielen Bereichen von Wissenschaft und Technik eine wichtige Aufgabe. So muss z. B. ein Mediziner ein EKG (↗ Übersicht) richtig interpretieren oder ein Techniker aus dem Diagramm einer Schwingungsdämpferprüfung die richtigen Folgerungen ableiten. Physikalische, chemische oder biologische Zusammenhänge lassen sich häufig nur in Diagrammen sinnvoll und sehr anschaulich darstellen. Bei der Interpretation eines Diagramms ist sorgfältig zu prüfen, welche Aussagen aus ihm ableitbar sind. In vielen Fällen reicht es aus, den Kurvenverlauf zu interpretieren. So geben z. B. in der Medizin und in der Technik Abweichungen vom „Normalverlauf" Hinweise auf Erkrankungen bzw. Defekte.

In der Physik ist nicht nur der Verlauf des Graphen von Interesse. Bei einer Reihe von Diagrammen hat auch die Fläche unter dem Graphen bzw. der Anstieg des Graphen eine physikalische Bedeutung (↗ Übersicht).

Arten von Diagrammen

Kreisdiagramm

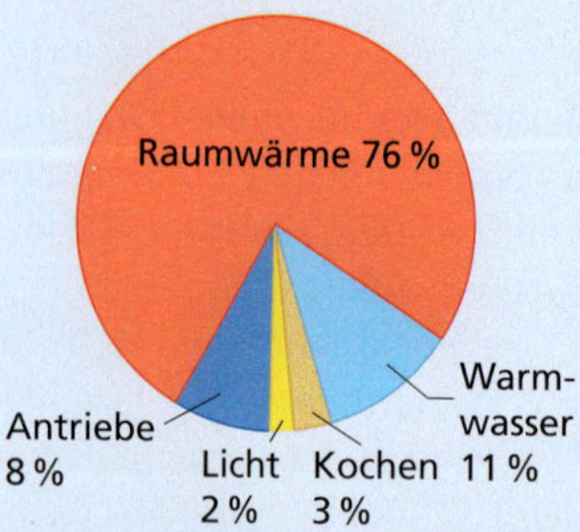

Aufteilung des Energieverbrauchs in deutschen Privathaushalten

Säulendiagramm

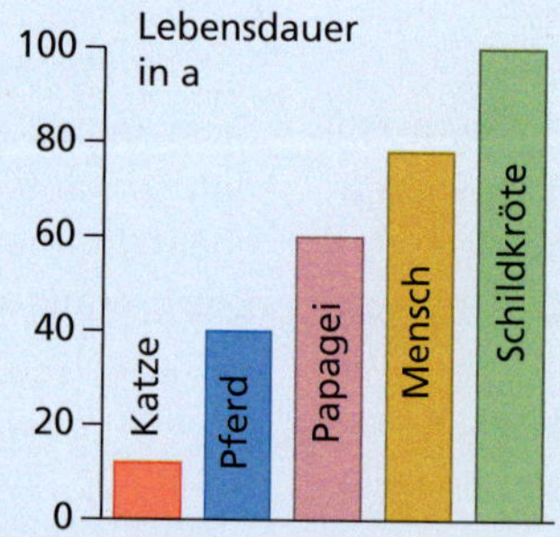

Durchschnittliche Lebensdauer einiger Lebewesen

Liniendiagramm

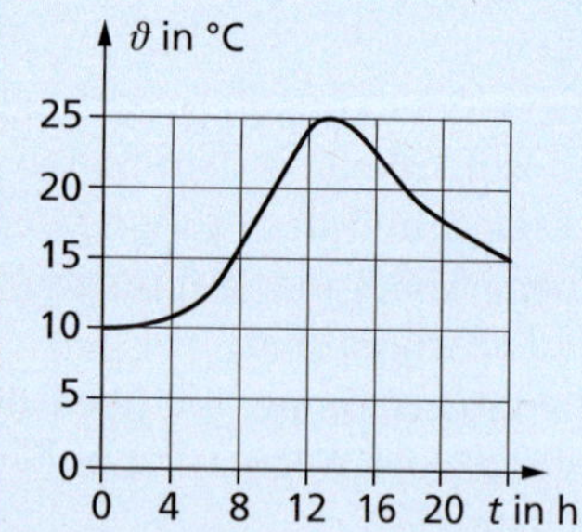

Abhängigkeit der Temperatur von der Tageszeit

Interpretation von Diagrammen

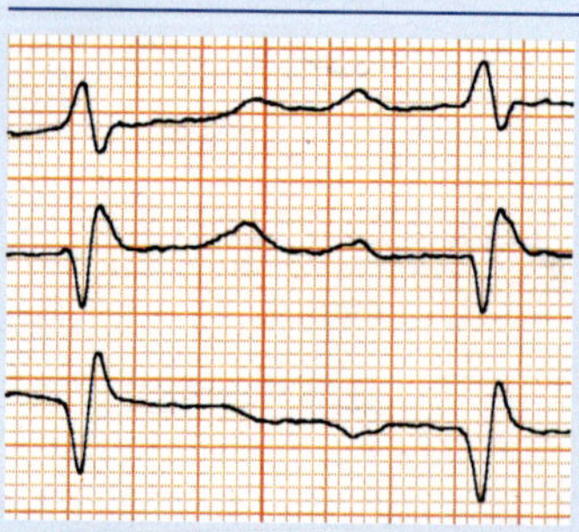

EKG: Aus dem Kurvenverlauf können Aussagen über die Herztätigkeit abgeleitet werden.

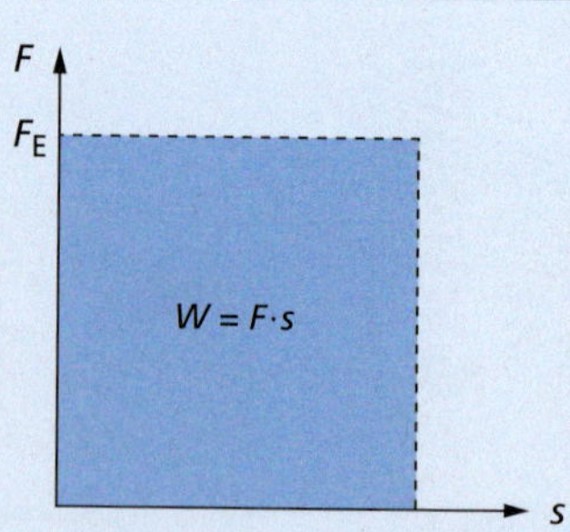

Im Kraft-Weg-Diagramm hat die Fläche eine physikalische Bedeutung.

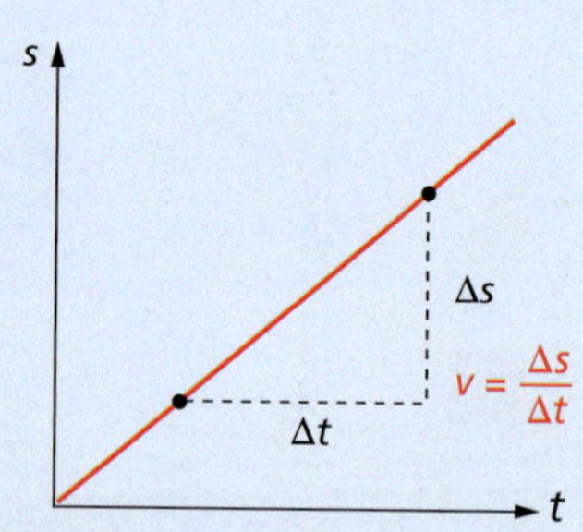

Im Weg-Zeit-Diagramm hat der Anstieg eine physikalische Bedeutung

Was sind kraftumformende Einrichtungen?

Die menschliche Muskelkraft reicht in vielen Fällen nicht aus, um Körper zu bewegen oder zu verformen. Deshalb nutzen die Menschen schon seit Jahrtausenden Hilfsmittel, die die menschliche Muskelkraft vergrößern und die Arbeit erleichtern. Zu solchen Hilfsmitteln gehören Hebel, Rollen, Flaschenzüge und geneigte Ebenen. Auch in der modernen Technik können wir auf diese Hilfsmittel nicht verzichten. Der Physiker bezeichnet sie als **kraftumformende Einrichtungen** oder **Kraftwandler,** weil mit ihrer Hilfe der Betrag oder die Richtung der Kraft oder beides verändert werden kann.

Hebel

Hebel können je nach ihrem Verwendungszweck unterschiedliche Formen und Anordnungen haben (Abb. 1). Alle Hebel besitzen eine **Drehachse** und zwei **Kraftarme.** Je nach Lage der Kraftarme zur Drehachse unterscheidet man zwischen **einseitigen** und **zweiseitigen Hebeln** (Abb. 3, 4). Beispiele für einen einseitigen Hebel sind Flaschenöffner, Nussknacker, Pinzetten oder Schraubenschlüssel. Beispiele für einen zweiseitigen Hebel sind Zangen, Scheren, Wippen oder Balkenwaagen.

1 Verschiedene Hebel

2 Die Ruder eines Ruderboots sind zweiseitige Hebel.

Befindet sich ein einseitiger oder zweiseitiger Hebel im Gleichgewicht, so gilt das **Hebelgesetz.** Es lautet:

> Je länger der gewählte Kraftarm ist, desto kleiner ist die aufzuwendende Kraft und desto größer ist der Weg, der zurückzulegen ist.
>
> Für Kräfte und Kraftarme gilt:
>
> $F_1 \cdot l_1 = F_2 \cdot l_2$

Diesen Zusammenhang kann man z. B. feststellen, wenn man mit einer Brechstange eine schwere Kiste anheben oder mit einem Schraubenschlüssel eine Radmutter lösen will.

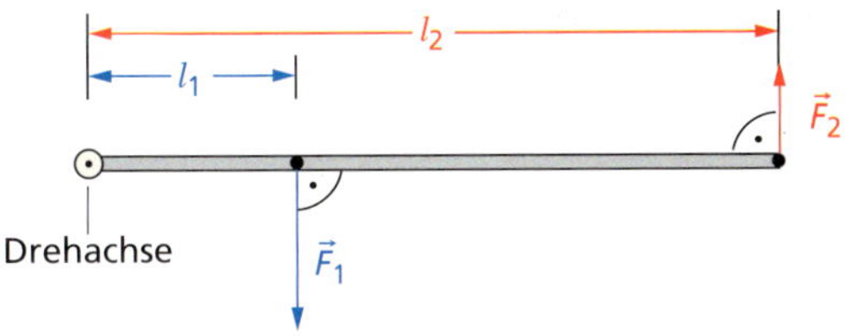

3 Einseitiger Hebel: Die Kräfte greifen, von der Drehachse aus gesehen, auf **einer** Seite an.

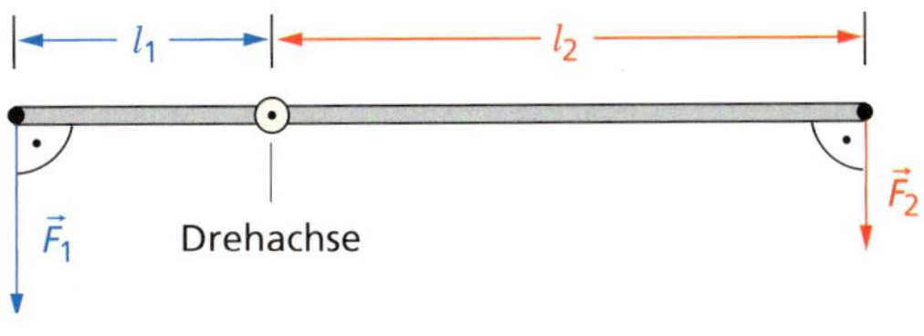

4 Zweiseitiger Hebel: Die Kräfte greifen, von der Drehachse aus gesehen, auf **verschiedenen** Seiten an.

Rollen und Flaschenzüge

Rollen und **Flaschenzüge** ermöglichen es, den Angriffspunkt einer Kraft zu verschieben, ihre Richtung zu ändern oder den Betrag der aufzubringenden Kraft zu verringern. Dazu werden **feste Rollen** und **lose Rollen** verwendet.

Bei einer festen Rolle (Abb. 1) ist die Zugkraft genauso groß wie die Gewichtskraft der Last. Zugweg und Lastweg sind ebenfalls gleich groß. Man kann aber die Kraft in eine andere Richtung umlenken. Dabei ist es egal, ob man senkrecht oder schräg am Seil zieht. Deshalb wird eine feste Rolle auch als **Umlenkrolle** bezeichnet.

1 Mit einer festen Rolle wird nur die Richtung der Kraft verändert.

Bei einer losen Rolle (Abb. 2) verteilt sich die Gewichtskraft der Last auf zwei Seile. Auf jedes Seilstück wirkt nur die halbe Kraft. Um die Last zu bewegen, ist also nur die halbe Gewichtskraft der Last erforderlich. Die feste Rolle in Abb. 2 dient lediglich zur Umlenkung dieser Kraft. Der Zugweg ist allerdings doppelt so groß wie der Lastweg.

Eine Anordnung von mehreren festen und losen Rollen bezeichnet man als **Flaschenzug.** Bei einem Flaschenzug verteilt sich die Gewichtskraft der Last auf die Anzahl der tragenden Seile. Die aufzubringende Kraft ist damit noch kleiner als bei einer losen Rolle, der Zugweg dafür aber größer. Für lose Rollen und Flaschenzüge gilt:

> Je größer die Anzahl der tragenden Seile ist, desto kleiner ist die aufzuwendende Kraft und desto größer ist der Zugweg.

2 Mit einer losen Rolle wird der Betrag der aufzubringenden Kraft verkleinert.

Mosaik

Unser Arm – ein Hebel

Unsere Arme und Beine wirken ebenfalls wie Hebel. Wenn wir den Unterarm waagerecht halten, dann gilt für die Kraftarme etwa:

$$l_1 : l_2 = 1 : 8$$

Das bedeutet: Um in dieser Stellung eine bestimmte Last zu halten, muss durch die Muskeln etwa die achtfache Kraft aufgebracht werden. Für größere Lasten reicht die Muskelkraft nicht aus.

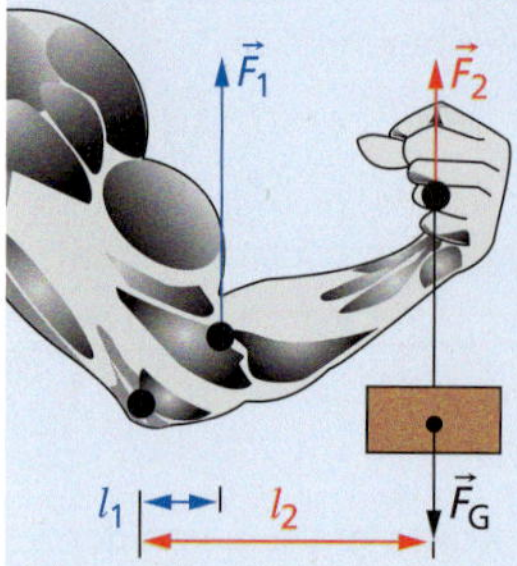

Um solch eine größere Last, z. B. eine schwere Tasche, zu halten, muss der Kraftarm l_2 verkürzt werden. Das geschieht dadurch, dass man den Unterarm in eine fast senkrechte Stellung bringt.

Die Wirkung einer Kraft auf einen drehbaren Körper beschreibt man in der Physik auch mit der Größe **Drehmoment.** Wirkt eine Kraft F senkrecht zum Kraftarm l, dann gilt für das Drehmoment M:

$$M = F \cdot l$$

Bei allen Hebeln wirken Drehmomente. Befindet sich z. B. ein zweiseitiger Hebel im Gleichgewicht, dann sind die links und rechts wirkenden Drehmomente gleich groß. Man kann das Hebelgesetz (↗ S. 49) auch so formulieren:

Im Gleichgewicht ist das linksdrehende Drehmoment genauso groß wie das rechtsdrehende Drehmoment:

$$M_{\text{links}} = M_{\text{rechts}}$$

Geneigte Ebenen

Auch eine geneigte Ebene ist eine kraftumformende Einrichtung, da mit ihrer Hilfe der Betrag der aufzubringenden Kraft verringert werden kann. Beispiele für geneigte Ebenen sind Straßen mit Anstieg oder Gefälle, Treppen, Rollbänder (Abb. 1), schräge Rampen oder entsprechend gestaltete Bauaufzüge. Der Betrag der aufzuwendenden Kraft zum Bewegen eines Körpers hängt von der Neigung der Ebene ab. Es gilt:

> Je weniger eine Ebene geneigt ist, desto kleiner ist die erforderliche Zugkraft und desto länger ist der Weg s, um eine bestimmte Höhe h zu erreichen.

Die Zusammenhänge sind in Abb. 2 dargestellt. Bei einer stark geneigten Ebene ist die erforderliche Zugkraft größer, der Weg kleiner.
Bei einer wenig geneigten Ebene ist die erforderliche Zugkraft kleiner, der Weg aber größer, um die Höhe h zu erreichen.

1 Das Rollband ist ein Beispiel für eine geneigte Ebene.

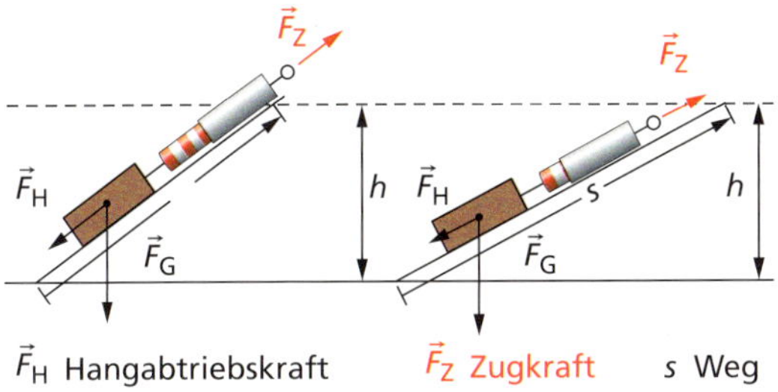

2 Die aufzubringende Kraft an der geneigten Ebene ist umso geringer, je weniger sie geneigt ist.

Die Goldene Regel der Mechanik

Vergleicht man Kräfte und Wege bei Rollen, Hebeln oder geneigten Ebenen miteinander, so stellt man fest, dass sich der Weg stets vergrößert, wenn die aufzuwendende Kraft kleiner wird (Abb. 3).
Dieser Zusammenhang zwischen Kraft und Weg gilt für alle kraftumformenden Einrichtungen und wird als **Goldene Regel der Mechanik** bezeichnet. Diese Regel wurde vor ca. 400 Jahren von dem italienischen Physiker GALILEO GALILEI (1564–1642) wie folgt formuliert:

> Was man an Kraft spart, muss man an Weg zusetzen.

Die Goldene Regel der Mechanik lässt sich auch in Form einer Proportionalität ausdrücken.

> Für alle kraftumformenden Einrichtungen gilt unter der Bedingung, dass die Reibung nicht berücksichtigt wird:
>
> $F \sim \frac{1}{s}$ F Kraft
> s zurückgelegter Weg

Das bedeutet: Eine Verdopplung der Kraft verringert den Weg auf die Hälfte, eine Verdreifachung der Kraft auf ein Drittel.
Vergleicht man die mechanische Arbeit, dann zeigt sich: Die mechanische Arbeit, die verrichtet wird, ist bei der Nutzung einer kraftumformenden Einrichtung genauso groß wie ohne eine solche Einrichtung. Es wird also bei Nutzung einer kraftumformenden Einrichtung keine Arbeit gespart. Man kann aber mit Muskelkraft schwere Körper heben.

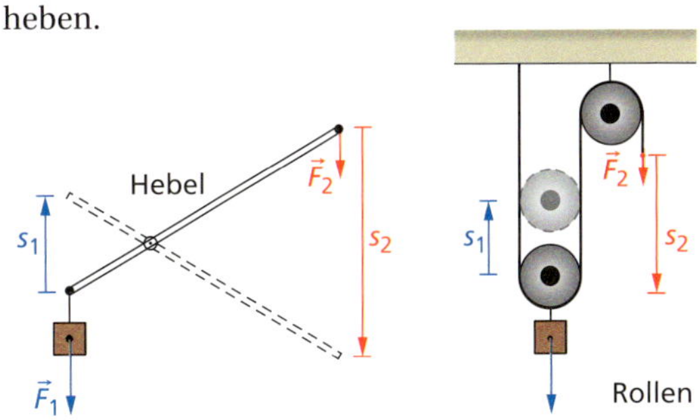

3 Bei Hebeln und Rollen ist die Kraft umso kleiner, je größer der Weg ist.

Mosaik

Rollen spannen Drähte

Die Fahrdrähte für Straßenbahnen oder Elektrolokomotiven müssen immer straff gespannt sein. Das erreicht man mithilfe von Rollen und angehängten schweren Körpern. Für die technische Realisierung solcher Spannvorrichtungen gibt es unterschiedliche Möglichkeiten.

Abb. 1 zeigt eine Variante, wie sie bei der Deutschen Bahn genutzt wird.
Die Spannvorrichtung besteht aus einer festen und einer losen Rolle. Durch die Gewichtskraft F_G von Betonscheiben und mithilfe einer festen und einer losen Rolle werden die Fahrdrähte gespannt. Die zum Spannen erforderliche Kraft wird durch die angehängten Körper bewirkt. Der Fahrdraht ist mit der losen Rolle verbunden. Die angehängten Körper haben eine bestimmte Gewichtskraft F_G. Diese Gewichtskraft wird durch die feste Rolle umgelenkt und wirkt auf die lose Rolle. Nach den Gesetzen an der losen Rolle wirkt diese Kraft F in beiden Seilstücken und spannt den Fahrdraht mit einer Kraft, die etwa doppelt so groß ist wie die Gewichtskraft der angehängten Körper.
Die Spannkraft muss dabei so groß sein, dass die Fahrdrähte nicht durchhängen. Hier ist sie etwa gleich der doppelten Gewichtskraft F_G der angehängten Körper.

Eine andere Variante ist in Abb. 2 dargestellt.
Wenn man die Spannkraft des Fahrdrahts noch weiter vergrößern will, nutzt man anstelle der festen und losen Rolle eine Stufenrolle (Abb. 2).

1 Spannvorrichtung für Fahrdrähte an einer Bahnstrecke

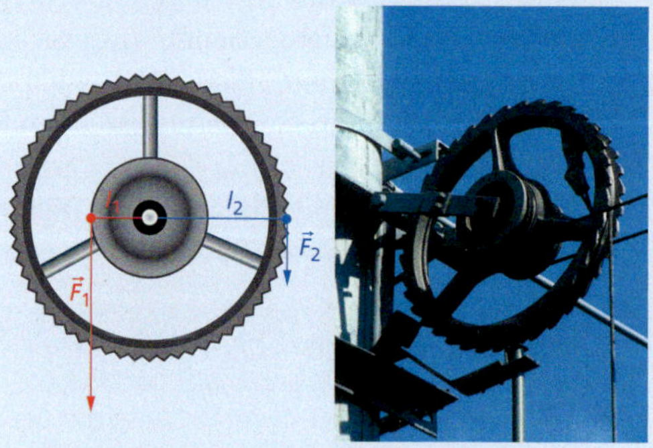

2 Stufenrolle zum Spannen von Fahrdrähten

Für eine solche Stufenrolle (Wellrad) im Gleichgewicht gilt das Hebelgesetz:

$$F_1 \cdot l_1 = F_2 \cdot l_2$$

Macht man den Kraftarm l_1 sehr klein und den Kraftarm l_2 groß, so kann man mit einer kleinen Kraft F_2 eine große Kraft F_1 hervorrufen.

Auch jede Winde ist vom Prinzip her eine Stufenrolle. Damit gilt auch dort das Hebelgesetz. Bei solchen Brunnen hängt ein Eimer an einem Seil, das über einen Zylinder gewickelt wird. Mit einer Kurbel kann man den Eimer hinablassen oder heraufziehen. Welche Kraft dabei aufzuwenden ist, hängt u. a. vom Verhältnis des Zylinderumfangs zum Kurbelradius ab. Solche Winden findet man z. B. bei Bauaufzügen und bei alten Brunnen.

Was ist Energie?

Im Alltag spricht man viel über Energie, Energieverbrauch, Energiegewinnung und Energieumwandlung, wenn man Brennstoffe (z. B. Kohle, Öl und Gas), Kraftstoffe (z. B. Benzin und Diesel) oder elektrischen Strom nutzt, um Räume zu beheizen oder zu beleuchten, Fahrzeuge zu bewegen oder Maschinen anzutreiben. Überall nutzen wir die verschiedensten Formen der Energie. Wie wichtig z. B. elektrische Energie für uns ist, merkt man erst, wenn die Elektroenergieversorgung unterbrochen ist: Computer, Kühlschrank oder Radio funktionieren nicht mehr. Der Bildschirm des Fernsehapparats bleibt dunkel. Straßenbahnen können nicht mehr fahren.

Lampen, Geräte und Maschinen funktionieren nur, wenn man ihnen Energie zuführt.
In einer Glühlampe wird elektrischer Strom genutzt, um Licht zu erzeugen (Abb. 1).
Bei einem Elektroherd wird die zugeführte elektrische Energie in Wärme umgewandelt, die zum Backen und Kochen verwendet wird (Abb. 2).
Im Motor eines Fahrzeugs wird Benzin verbrannt. Dadurch kann der Motor das Auto in Bewegung setzen und in Bewegung halten (Abb. 3).

Auch der Mensch muss Energie in Form von Nahrung zu sich nehmen, um die notwendige Körpertemperatur aufrechtzuerhalten und alle Lebensfunktionen zu sichern. Bei schwerer körperlicher Arbeit muss die Energiezufuhr erhöht werden. Bei leichten Tätigkeiten kann die Energiezufuhr geringer sein.

4 Zu einer ausgewogenen Ernährung gehören Vitamine, Eiweiße und Fette. Nahrung besitzt Energie. Sie wird u. a. zur Aufrechterhaltung der Körpertemperatur und zum Verrichten von Arbeit benötigt.

> Energie ist die Fähigkeit eines Körpers, mechanische Arbeit zu verrichten, Wärme abzugeben oder Licht auszusenden.
>
> Formelzeichen: E
> Einheit: ein Joule (1 J)

Ein Joule ist die Energie, die man braucht, um einen Körper der Masse 100 g um 1 m zu heben. Benannt ist die Einheit nach dem bedeutenden englischen Physiker JAMES PRESCOTT JOULE (1818–1889).

Vielfache der Einheit 1 J sind ein Kilojoule (1 kJ) und ein Megajoule (1 MJ). Es gilt:

$$1\,\text{kJ} = 1\,000\,\text{J}$$
$$1\,\text{MJ} = 1\,000\,\text{kJ} = 1\,000\,000\,\text{J}$$

Als Einheit der elektrischen Energie wird eine Kilowattstunde (1 kWh) verwendet. Es gilt:

$$1\,\text{kWh} = 3{,}6\,\text{MJ}$$
$$1\,\text{MJ} = 0{,}28\,\text{kWh}$$

1 Bei einer Glühlampe wird elektrische Energie auf das Licht umgewandelt.

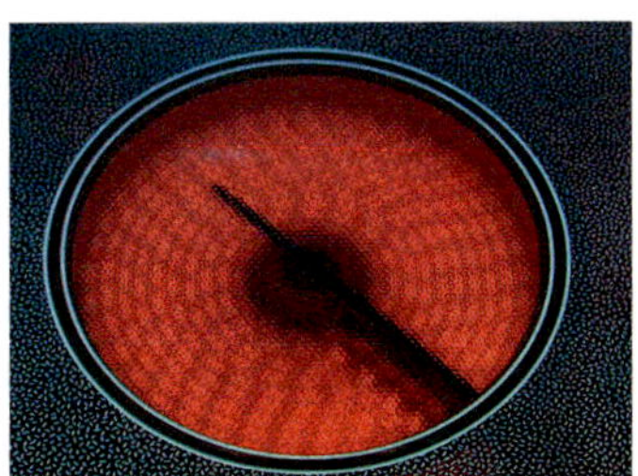

2 Bei einem Elektroherd wird elektrische Energie in Wärme umgewandelt.

3 Bei einem Pkw wird durch die im Benzin gespeicherte Energie das Auto bewegt.

Energieformen in Natur und Technik

Lageenergie

Körper, die aufgrund ihrer Lage mechanische Arbeit verrichten können, besitzen **potenzielle Energie.** Die Felsen besitzen potenzielle Energie.

Bewegungsenergie

Körper, die aufgrund ihrer Bewegung mechanische Arbeit verrichten können, besitzen **kinetische Energie.** Ein Flugzeug besitzt kinetische Energie.

Rotationsenergie

Körper, die aufgrund ihrer Rotation Arbeit verrichten können, besitzen **Rotationsenergie.** Der Rotor eines Hubschraubers besitzt Rotationsenergie.

Thermische Energie

Körper, die aufgrund ihrer Temperatur Wärme abgeben oder Licht aussenden können, besitzen **thermische Energie.** Eine Kerzenflamme besitzt thermische (innere) Energie.

Chemische Energie

Körper, die bei chemischen Reaktionen Wärme abgeben, Arbeit verrichten oder Licht aussenden, besitzen **chemische Energie.** Beim Verbrennen von Treibstoff entstehen Wärme und Licht.

Strahlungsenergie

Die Sonne und andere Lichtquellen senden Licht aus. Licht und auch andere Strahlung besitzten Energie.
Sie wird manchmal auch als **Strahlungsenergie** bezeichnet.

Elektrische Energie

Körper, die aufgrund elektrischer Vorgänge Arbeit verrichten, Wärme abgeben oder Licht aussenden, besitzen **elektrische Energie.** Elektrischer Strom und damit auch ein Blitz besitzt elektrische Energie.

Magnetische Energie

Körper, die aufgrund ihrer magnetischen Eigenschaften mechanische Arbeit verrichten können, besitzen **magnetische Energie.** Das Magnetfeld eines Lasthebemagneten besitzt magnetische Energie.

Kernenergie

Bei der Spaltung von Atomkernen und bei ihrer Verschmelzung wird Energie frei, die als **Kernenergie** bezeichnet wird. Kernenergie wird z. B. bei der Spaltung von Atomkernen des Urans und in der Sonne frei.

Arten der mechanischen Energie

Die Energie, die Körper aufgrund ihrer Lage oder ihrer Bewegung haben, wird als **mechanische Energie** bezeichnet. Formen der mechanischen Energie sind die **Lageenergie (potenzielle Energie)** und die **Bewegungsenergie (kinetische Energie)**.
Potenzielle Energie besitzen z. B. die Kinder auf dem Klettergerüst bezüglich des Erdbodens (Abb. 1), eine am Kranhaken hängende Last oder ein Wasserspringer auf dem 10-m-Brett bezüglich der Wasseroberfläche.
Die potenzielle Energie, die ein Körper besitzt, hängt ab

- von seiner Höhe über einem Bezugsniveau und
- von seiner Gewichtskraft.

> Die potenzielle Energie eines Körpers ist umso größer,
> - je höher der Körper gehoben wird und
> - je größer seine Gewichtskraft ist.

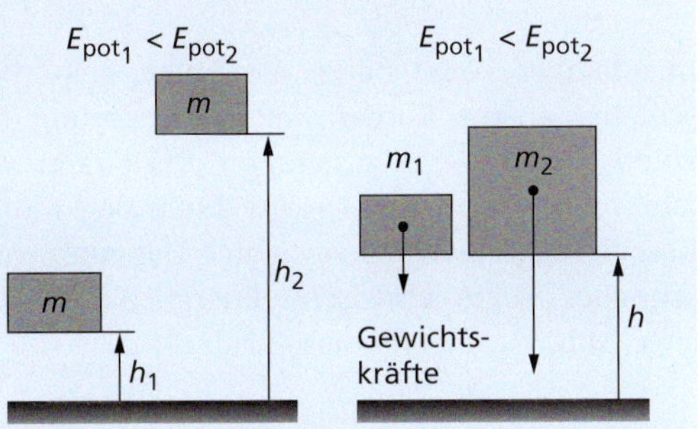

1 Ein gehobener Körper besitzt potenzielle Energie.

2 Bewegte Körper besitzen Bewegungsenergie (kinetische Energie).

Bewegte Körper (Abb. 2) besitzen kinetische Energie E_{kin}. Die Bewegungsenergie eines Körpers ist genauso groß wie die an ihm zuvor verrichtete Beschleunigungsarbeit.

> Die kinetische Energie eines bewegten Körpers ist umso größer,
> - je größer die Masse des Körpers ist und
> - je größer die Geschwindigkeit des Körpers ist.

Dabei gilt: Verdoppelt sich die Geschwindigkeit eines Körpers, so vervierfacht sich seine kinetische Energie.

Mechanische Energien in Natur und Technik	
potenzielle Energie	
Ziegelstein (m = 3,5 kg), um 1 m gehoben	35,0 J
Mensch (55 kg) auf 10-m-Sprungbrett	5,5 kJ
Rammbär (m = 1 000 kg), um 1 m gehoben	10 kJ
kinetische Energie	
Apfel (m = 100 g) bei 1 m freiem Fall	1 J
Mensch (m = 55 kg) beim normalen Gehen	50 J
Pkw (m = 1 000 kg) bei 100 km/h	386 kJ

Zusammenhang zwischen Arbeit und Energie

Beim Heben einer Tasche wird Arbeit verrichtet. Dabei vergrößert sich die potenzielle Energie der Tasche. Ähnlich ist das bei einem Gabelstapler (Abb. 1): Beim Heben der Kisten vergrößert sich deren potenzielle Energie, bei Verringerung der Höhe wird ihre potenzielle Energie kleiner. Dabei gilt für den Zusammenhang zwischen der verrichteten Hubarbeit und der Änderung der potenziellen Energie: Die Hubarbeit ist gleich der Änderung der potenziellen Energie.

$$W_{\mathrm{Hub}} = \Delta E_{\mathrm{pot}}$$

Dieser Zusammenhang ist in Abb. 2 dargestellt. Das Heben eines Körpers um die Höhe h führt zu einer entsprechenden Vergrößerung seiner potenziellen Energie. Umgekehrt kann die Verringerung der potenziellen Energie mit dem Verrichten von Arbeit verbunden sein.

1 Beim Heben der Kisten wird Arbeit verrichtet. Dadurch vergrößert sich ihre potenzielle Energie.

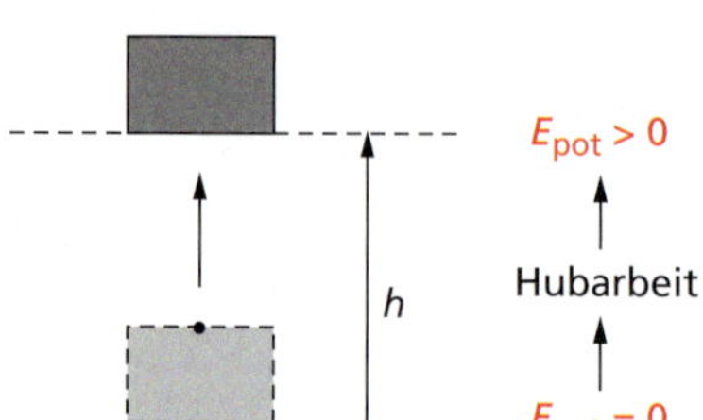

2 Hubarbeit führt zu einer Änderung der potenziellen Energie.

3 Beim Anfahren von Autos wird Arbeit verrichtet. Mit wachsender Geschwindigkeit vergrößert sich ihre kinetische Energie.

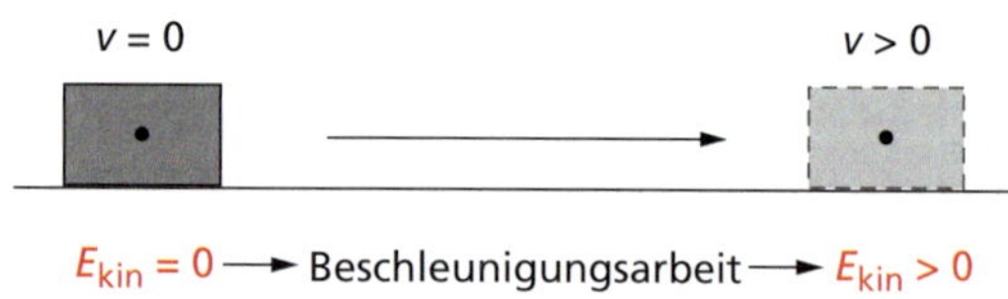

4 Beschleunigungsarbeit führt zu einer Änderung der kinetischen Energie.

In analoger Weise hängt die Arbeit beim Beschleunigen von Körpern mit der Änderung der kinetischen Energie zusammen. Bei einem anfahrenden Auto (Abb. 3) wird durch den Motor Beschleunigungsarbeit verrichtet. Das Auto wird schneller, seine kinetische Energie vergrößert sich (Abb. 4). Auch für diesen Fall gilt:

$$W_{\mathrm{B}} = \Delta E_{\mathrm{kin}}$$

Der Zusammenhang zwischen der an einem Körper oder von einem Körper verrichteten Arbeit und der Änderung seiner Energie gilt für beliebige Vorgänge:

> Die an einem Körper oder von einem Körper verrichtete mechanische Arbeit ist gleich der Änderung seiner Energie:
>
> $W = \Delta E$

Wird z. B. eine Feder gespannt, so ist dazu Arbeit erforderlich, die dann als Energie in der Feder gespeichert ist.

Energie und Leistung

Energie kann unterschiedlich schnell von einem Energieträger auf einen anderen übertragen werden. So bekommt z. B. ein 1 000-W-Staubsauger in jeder Sekunde 1 000 J an elektrischer Energie. Bei einem kleinen Handstaubsauger sind es beispielsweise nur 250 J je Sekunde.
Beim Hochsprung (Abb. 1) ändert sich in kurzer Zeit die potenzielle Energie des Hochspringers. Bei einem Radfahrer wird während der gesamten Fahrt Energie umgesetzt. Er muss sie aufbringen, um in Bewegung zu bleiben. Wie viel Energie in einer bestimmten Zeit umgesetzt wird, beschreibt man in der Physik mit der Größe **Leistung.**

> Die Leistung eines Geräts, einer Anlage oder eines Lebewesens gibt an, wie viel Energie in der Zeiteinheit durch das Gerät, die Anlage oder das Lebewesen umgesetzt wird.
>
> Formelzeichen: P
> Einheit: ein Watt (1 W)

Die Einheit 1 W ist nach dem britischen Ingenieur JAMES WATT (1736–1818) benannt, der die erste für die Wirtschaft brauchbare Dampfmaschine entwickelt hat.
Vielfache der Einheit 1 W sind ein Kilowatt (1 kW), ein Megawatt (1 MW) und ein Gigawatt (1 GW):

1 kW = 1 000 W
1 MW = 1 000 kW = 1 000 000 W
1 GW = 1 000 MW = 1 000 000 000 W

Leistungen in Natur und Technik	
Mensch (Dauerleistung) Glühlampe im Haushalt	80–100 W bis 100 W
Radfahren Dauerleistung eines Pferds	100–200 W ca. 500 W
kurzzeitige sportliche Höchstleistung (Mensch)	1,5 kW
mittlerer Automotor Formel-1-Rennwagen	50 kW ca. 500 kW
Strahlungsleistung der Sonne	$3{,}85 \cdot 10^{26}$ W

1 Kurzzeitig kann der Mensch eine Leistung von etwa 1,5 kW vollbringen. Seine Dauerleistung ist wesentlich geringer.

Manchmal wird auch noch die gesetzlich nicht mehr zugelassene Einheit eine Pferdestärke (1 PS) verwendet: 1 PS = 736 W
Ein 100-PS-Motor leistet demnach 74 kW, ein 100-kW-Motor hat eine Leistung von 136 PS.
Dabei ist zu beachten: Bei Motoren wird in der Regel die Höchstleistung angegeben. Beim „normalen“ Fahren im Straßenverkehr ist die Leistung, also die notwendige Energie je Zeiteinheit, wesentlich geringer.

> Die mechanische Leistung kann berechnet werden mit den Gleichungen:
>
> $P = \frac{\Delta E}{t}$ ΔE umgesetzte Energie
>
> $P = \frac{W}{t}$ W verrichtete mechanische Arbeit
>
> t Zeit

Für die Einheiten gilt:

$$1\ \text{W} = 1\ \frac{\text{J}}{\text{s}} = 1\ \frac{\text{Nm}}{\text{s}}$$

Eine Leistung von 1 W wird vollbracht, wenn eine Arbeit von 1 J in 1 s verrichtet wird. Anschaulicher ist: 1 W wird vollbracht, wenn ein Körper mit einer Gewichtskraft von 1 N (Masse ca. 100 g) in 1 s um 1 m gehoben wird. Daraus ist erkennbar: 1 W ist eine relativ kleine Leistungseinheit. Häufig werden die Vielfachen 1 kW (1 000 W) und 1 MW (1 000 kW = 1 000 000 W) verwendet.
Beim Menschen muss man zwischen Dauerleistung und Höchstleistung unterscheiden (Abb. 1).

Speicherung und Transport von Energie

Energie kann in unterschiedlicher Weise gespeichert werden. Sie steckt immer in einem sogenannten **Energieträger.** Solche Energieträger sind z. B.:

- Brennstoffe (Kohle, Holz, Erdöl)
- Treibstoffe (Benzin, Diesel)
- Nahrungsmittel aller Art
- Batterien und Akkumulatoren
- bewegte Körper (Schwungrad, fließendes Wasser, fahrendes Auto)
- gehobene Körper (angestautes Wasser, Person auf Sprungbrett)
- erwärmte Körper (heiße Herdplatte, Wärmflasche, Wasser im Heizkörper)
- Licht und elektrischer Strom

> Energie ist in Energieträgern gespeichert. Mit dem jeweiligen Energieträger kann die Energie auch transportiert werden.

Ein Liter siedendes Wasser hat etwa 340 kJ mehr Energie als ein Liter Wasser bei Zimmertemperatur. Der Energiegehalt von 1 kg trockenem Holz beträgt etwa das 30-Fache davon. Man kann damit also etwa 30 Liter Wasser zum Sieden bringen. In der Praxis wird es weniger sein, weil ein beträchtlicher Teil der Energie am Wassertopf vorbei ins Zimmer strömt.

1 Angestautes Wasser besitzt Energie. Es kann z. B. zur Gewinnung von Elektroenergie genutzt werden.

> Energie kann von einem Energieträger auf einen anderen übertragen werden.

Energie von verschiedenen Energieträgern

Energieträger	Energie
Fußgänger (m = 50 kg) bei 5 km/h	48 J
Auto (m = 1 t) bei 30 km/h	35 kJ
1 Tafel Milchschokolade	2,2 MJ
1 kg trockenes Holz	9–15 MJ
1 m^3 Wasserstoff-Gas	12 MJ
1 l Benzin	35 MJ

Beispiele für solche Energieübertragungen zeigen die Abbildungen 2 und 3. So sind z. B. Elektromotor und Generator ähnlich aufgebaut. Man kann einen Elektromotor als Generator verwenden und umgekehrt.
Der entscheidende Unterschied besteht zwischen den beiden Geräten in der Richtung des Energieflusses durch den Energiewandler.

2 In Sonnenkollektoren wird die Energie im Sonnenlicht genutzt, um damit Wasser zu erwärmen.

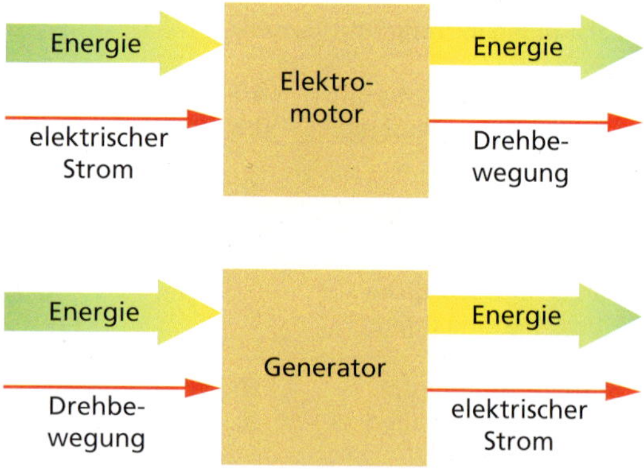

3 Energieübertragung beim Elektromotor und beim Generator (z. B. Fahrraddynamo)

1 Die wichtigste Energiequelle ist für uns die Sonne. Nur infolge der Strahlung, mit der Wärme zur Erde gelangt, konnte auf der Erde Leben entstehen und sich entwickeln.

Durch Licht und andere Strahlung wird ebenfalls Energie von einem Körper zu einem anderen transportiert. Ein Beispiel dafür ist die Strahlung der Sonne (Abb. 1). Auch von Heizkörpern wird Energie in Form von Wärme abgegeben. Damit gilt für den Transport von Energie:

> Energie kann durch Arbeit, Wärme, Licht oder elektrischen Strom von einem Körper zu anderen Körpern transportiert werden.

Umwandlung von Energie

Die Energie, die ein Körper besitzt, kann in andere Energieformen umgewandelt werden (Abb. 2). So wird z. B. die chemische Energie von Kohle beim Verbrennen in thermische Energie umgewandelt. In Windkraftanlagen wird die kinetische Energie der Luft in elektrische Energie umgewandelt.
Einer Leuchtstofflampe wird elektrische Energie zugeführt. Sie sendet Licht aus. Die für unser Leben notwendige Energie nehmen wir in Form von Nahrung zu uns. Für beliebiege Energieumwandlung gilt:

> Bei physikalischen, chemischen oder biologischen Vorgängen kann Energie von einer Energieform in andere Energieformen umgewandelt und von einem Körper auf andere Körper übertragen werden.

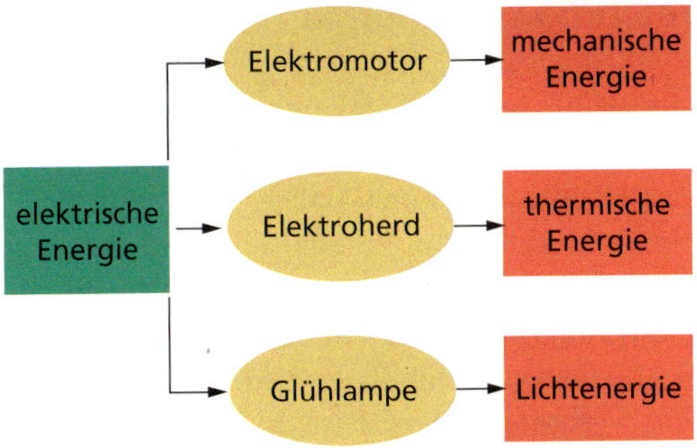

2 Elektrische Geräte sind Energiewandler. Die zugeführte elektrische Energie wird zum Teil in nutzbare Energie umgewandelt. Der andere Teil wird ungenutzt an die Umgebung abgegeben.

Entwertung von Energie

Energie soll möglichst effektiv genutzt werden. Bei jeder Energieumwandlung treten aber auch Energieformen auf, die nicht gewünscht sind. So werden z. B. bei einer Energiesparlampe etwa 25 % der zugeführten elektrischen Energie in Licht umgewandelt. Der „Rest" von 75 % wird in Form von Wärme an die Umgebung abgegeben und ist für uns nicht mehr nutzbar. Die durch den Energiewandler Energiesparlampe entstehende Energie wird im Weiteren nicht mehr genutzt. Die Energie hat damit für uns an Wert verloren.

> Die einem Energiewandler zugeführte hochwertige Energie wird häufig in minderwertigere Energie umgewandelt und damit für eine weitere Nutzung entwertet.

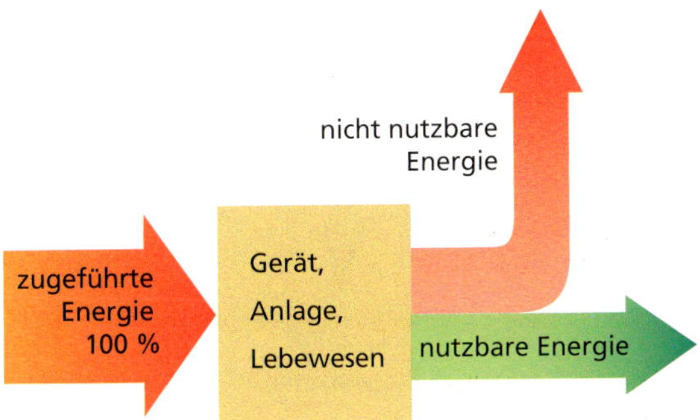

3 Bei Geräten, Anlagen und Lebewesen wird nur ein Teil der zugeführten Energie genutzt.

Erhaltung von Energie

Beim Hin- und Herschwingen eines Pendels (Abb. 1), beim Herabfallen eines Steines oder beim Hochwerfen eines Balles wird potenzielle Energie in kinetische Energie umgewandelt und umgekehrt. Die Gesamtenergie bleibt aber immer gleich groß. Das gilt auch beim Spannen einer Feder. Die Energie bleibt in der Feder gespeichert.
Beim Verbrennen von Benzin in einem Motor entsteht Wärme und es wird Arbeit verrichtet.
Auch hier ist die im Kraftstoff gespeicherte Energie vor der Verbrennung genauso groß wie die Energie, die insgesamt nach der Verbrennung vorhanden ist.
Heißer Tee gibt Energie in Form von Wärme an seine Umgebung ab. Bei allen Reibungsvorgängen wird mechanische Energie in thermische Energie umgewandelt und als Wärme an die Umgebung abgegeben. Bei einem fahrenden Auto erwärmen sich z. B. die Reifen. Die Gesamtenergie bleibt aber auch hier immer gleich groß.
Für beliebige Vorgänge in Natur und Technik gilt das **Gesetz von der Erhaltung der Energie,** auch **Energieerhaltungssatz** genannt.

> In einem abgeschlossenen System ist die Summe aller Energien stets konstant.
> Die Gesamtenergie bleibt erhalten.
>
> $E_1 + E_2 + E_3 \ldots = \text{konstant}$
>
> $E_1, E_2 \ldots$ = verschiedene Energieformen

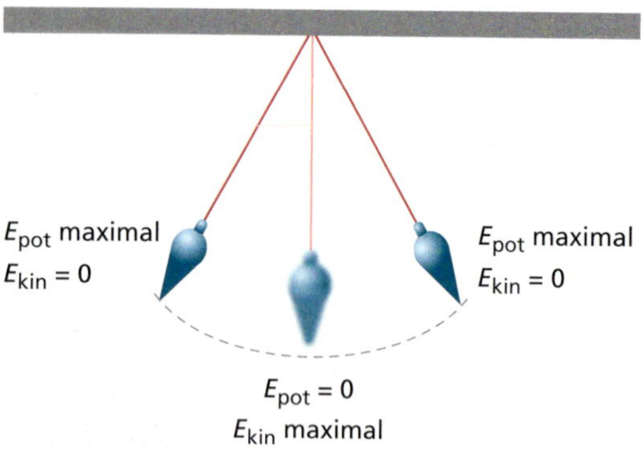

1 Die Umwandlung von kinetischer in potenzielle Energie und umgekehrt kann man gut bei einem Fadenpendel verfolgen.

Dieses wichtige Naturgesetz wurde zuerst von dem deutschen Arzt JULIUS ROBERT MAYER (1814 bis 1878) und von dem englischen Physiker JAMES PRESCOTT JOULE (1818–1889) um 1840 entdeckt. Eine besonders klare Formulierung des Energieerhaltungssatzes stammt von dem deutschen Arzt und Physiker HERMANN VON HELMHOLTZ (1821–1894), der den Energieerhaltungssatz so angab:

> Energie kann weder erzeugt noch vernichtet werden. Sie kann nur von einer Form in andere Formen umgewandelt werden.

Das gilt für beliebige Vorgänge in Natur, Technik und Alltag.

Mosaik

J. R. MAYER – Arzt und Entdecker

Wesentlichen Anteil an der Entdeckung des Energieerhaltungssatzes hatte neben dem englischen Physiker JAMES PRESCOTT JOULE (1818–1889) der deutsche Arzt JULIUS ROBERT MAYER (Abb. 2).
JULIUS ROBERT MAYER wurde am 25. November 1814 als Sohn eines Apothekers in Heilbronn geboren. Schon während seiner Schulzeit wurde er von seinem Vater mit physikalischen und chemischen Pro blemen vertraut gemacht. Nach einer Apothekerlehre studierte MAYER ab 1832 in Tübingen Medizin und war ab 1838 als Arzt tätig.

2 JULIUS ROBERT MAYER (1814–1878)

1845 veröffentlichte er den Aufsatz „Die organische Bewegung in ihrem Zusammenhang mit dem Stoffwechsel", in dem erstmals der Satz von der Erhaltung der Energie formuliert war, nach dem Energie weder entstehen noch verschwinden kann. MAYER übertrug dieses Prinzip auch auf Lebewesen.
Eine wissenschaftliche Anerkennung seiner Leistungen blieb dem Nichtphysiker MAYER lange versagt. Erst nach 1860 wurden seine Leistungen allgemein anerkannt.

Physik in Natur und Technik

Bälle für alle Fälle

Bälle, die man aus gleichen Höhen fallen lässt, springen nicht nur unterschiedlich hoch, sondern können auch wie im Fall eines Wasserballs oder Medizinballs fast sofort am Boden liegen bleiben. Offensichtlich finden unterschiedliche Energieumwandlungen statt.

Beschreibe die Energieumwandlungen, wenn ein Superball, ein Tischtennisball und ein Medizinball aus gleichen Höhen fallen! Welche Gemeinsamkeiten und welche Unterschiede gibt es?

Während der Superball A nach dem ersten Aufprall auf dem Boden fast wieder seine ursprüngliche Höhe erreicht und noch lange springt, bleibt der Tischtennisball B deutlich unter dessen Höhe und springt nur noch einige Male immer weniger hoch. Der Medizinball C bleibt sofort liegen (Abb. 1).

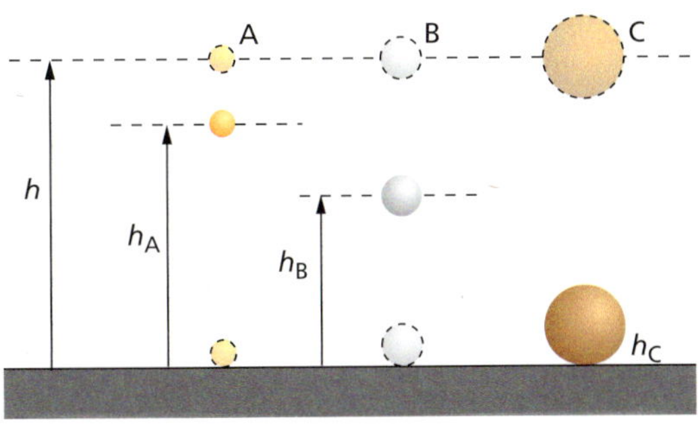

1 Nach dem Aufprall gilt: $h > h_A > h_B$ und $h_C = 0$

In allen drei Fällen wird die potenzielle Energie beim Fallen in kinetische Energie umgewandelt. Am Boden ist die kinetische Energie am größten und die potenzielle Energie ist null.
Mit dem Aufprall auf dem Boden unterscheiden sich die drei Vorgänge.
Beim **Medizinball** führt die kinetische Energie zur unelastischen Verformung. Ein Teil der Energie wird durch Reibung in thermische Energie umgewandelt. Der Ball erhöht geringfügig seine Temperatur und die seiner Umgebung.
Das **Gemeinsame** in den Energieumwandlungen beim **Superball** und beim **Tischtennisball** zeigt sich beim Aufprall auf dem Boden:
Der größte Teil der kinetischen Energie wird zur elastischen Verformung der Bälle genutzt. Die Spannenergie erhöht sich und wird dann wieder in kinetische Energie umgewandelt. Beide Bälle springen nach oben, wobei ihre potenzielle Energie in dem Maße zunimmt, wie ihre kinetische Energie abnimmt. Im obersten Punkt ist die kinetische Energie null, die potenzielle Energie hat dann ihren höchsten Wert erreicht. Sie ist aber kleiner als am Anfang, weil bei jedem Aufprall ein Teil der Energie durch unelastische Verformung in thermische Energie umgewandelt und als Wärme an die Umgebung abgegeben wird.
Der **Unterschied** in den Energieumwandlungen beim Superball und beim Tischtennisball liegt im Grad ihrer Elastizität begründet.

Auch ein Bergsteiger verrichtet Arbeit

Klettern ist eine beliebte Sportart (Abb. 2). Um einen bestimmten Höhenunterschied zu überwinden, ist mechanische Arbeit erforderlich.
Wovon hängt die Arbeit ab, die ein Bergsteiger verrichtet?

Der Bergsteiger verrichtet Hubarbeit. Sie ist abhängig

- von der Gewichtskraft des Bergsteigers und seiner Ausrüstung sowie
- vom Höhenunterschied, den der Bergsteiger überwindet.

Die mechanische Arbeit ist unabhängig davon, wie schnell der Bergsteiger sich nach oben bewegt. Die Schnelligkeit des Verrichtens von Arbeit wird durch die Größe Leistung erfasst.

2 Ein Bergsteiger verrichtet Hubarbeit.

Wie groß ist die verrichtete Arbeit, wenn der Bergsteiger eine Masse von 68 kg hat, seine Ausrüstung 12 kg wiegt und er aus einer Höhe von 785 m in eine Höhe von 1 685 m klettert?

Analyse:
Aus der Masse des Bergsteigers und seiner Ausrüstung muss die Gewichtskraft ermittelt werden, die beide haben. Der zurückgelegte Weg ist der Höhenunterschied. Die ebenfalls auftretende Reibungsarbeit und die Beschleunigungsarbeit (z. B. Bewegungsänderung von Armen und Beinen) bleiben unberücksichtigt.
Vereinfacht kann der Sachverhalt folgendermaßen dargestellt werden:

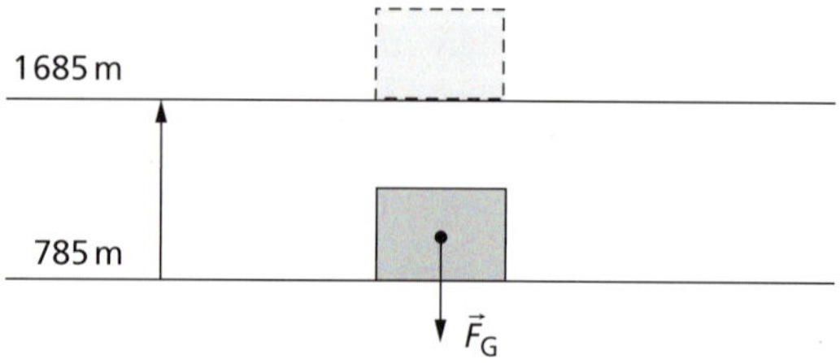

Gesucht: W in N · m
Gegeben: $m_1 = 68$ kg
$m_2 = 12$ kg
$h = 1\,685 \text{ m} - 785 \text{ m} = 900 \text{ m}$

Lösung:
$$W = F_G \cdot h$$
Die Kraft ergibt sich aus der Masse von Bergsteiger und Ausrüstung:
$$m = m_1 + m_2$$
$$m = 68 \text{ kg} + 12 \text{ kg}$$
$$m = 80 \text{ kg}$$
Das entspricht einer Gewichtskraft von 800 N. Damit erhält man für die Hubarbeit:
$$W = 800 \text{ N} \cdot 900 \text{ m}$$
$$\underline{W = 720\,000 \text{ N} \cdot \text{m}}$$

Ergebnis:
Der Bergsteiger verrichtet eine Arbeit von 720 000 N · m oder 720 kJ. Diese Hubarbeit ist unabhängig davon, ob der Bergsteiger einen steilen und kurzen oder einen weniger steilen und langen Weg wählt.

Wie viel Energie braucht ein Mensch?

Bergsteigen oder Bergwandern sind beliebte Sportarten, können aber auch sehr anstrengend sein. Man muss deshalb ausreichend Nahrungsmittel und Getränke zu sich nehmen, damit die notwendige Energie für den Grundumsatz und für die zum Aufsteigen erforderliche Arbeit vorhanden ist. Der **Grundumsatz** ist zur Aufrechterhaltung aller Lebensfunktionen erforderlich. Er beträgt etwa 7 000 kJ pro Tag. Beim Wandern werden etwa 15 % der aufgenommenen Energie in nutzbringende Energie umgesetzt.
Welche Energieumwandlungen und Energieübertragungen gehen beim Bergaufsteigen vor sich?

Mit der Nahrung hat der Mensch hochwertige Energie in Form von Fetten, Eiweißen und Kohlenhydraten zu sich genommen. Die Nahrung wird in komplizierten chemischen Prozessen z. T. in körpereigene Stoffe umgewandelt, die ihrerseits als Energiespender dienen. Diese Energie ist zur Aufrechterhaltung der Lebensfunktionen notwendig. Sie ermöglicht uns auch, Arbeit zu verrichten. Aber nur 15 % der Energie, die in der Nahrung enthalten ist, werden auf den Menschen übertragen. Er sichert damit seine Lebensfunktionen und kann Arbeit verrichten. Der andere Teil wird an die Umgebung abgegeben.

Energiebedarf pro Tag in kJ in verschiedenen Lebensaltern

Lebensalter	Energiebedarf in kJ/Tag	
Kinder		
1–4 Jahre	5 000	
7–10 Jahre	8 400	
Jugendliche	**männlich**	**weiblich**
12–15 Jahre	10 000	8 000
16–19 Jahre	13 000	10 500
Erwachsene	**männlich**	**weiblich**
25 Jahre	10 900	9 200
45 Jahre	10 000	8 400
65 Jahre	9 200	7 500

Auch Wippen will gelernt sein

Lars und Alexander wollen wippen. Lars hat eine Masse von 75 kg, Alexander eine Masse von 35 kg. Wenn sich beide an das jeweilige Ende der Wippe setzen, funktioniert es nicht so recht. Alexander kommt gar nicht auf den Boden. Bei den meisten Wippen sind aber die Sitze verschiebbar oder es sind mehrere Sitze vorhanden.
Wie müssen sich die beiden auf die Wippe setzen, damit sie problemlos schaukeln können? Die Gesamtlänge der Wippe beträgt 5 m.

Analyse:
Die Wippe ist ein zweiseitiger Hebel. An jedem Kraftarm greift die Gewichtskraft einer Person aufgrund ihrer Masse an.
Das Schaukeln funktioniert dann besonders gut, wenn sich dieser Hebel im Gleichgewicht befindet. Dann gilt das Hebelgesetz. Da die Gewichtskräfte der Personen verschieden sind, müssen sich die beiden in unterschiedlichen Entfernungen von der Drehachse auf die Wippe setzen. Da Lars wegen seiner größeren Masse die größere Gewichtskraft hat, muss der Kraftarm auf seiner Seite kürzer sein. Die Skizze zeigt den Sachverhalt vereinfacht:

Gesucht: l_1
Gegeben: $l_2 = 2{,}50\ \text{m}$
$m_2 = 75\ \text{kg}$
$m_2 = 35\ \text{kg}$

Lösung:
Aus der Masse der Personen können deren Gewichtskräfte berechnet werden: Sie betragen $F_1 = 750\ \text{N}$ und $F_2 = 350\ \text{N}$.
Zur Berechnung von l_1 benutzen wir das Hebelgesetz in der Form:

$$F_1 \cdot l_1 = F_2 \cdot l_2 \qquad | : F_1$$

$$l_1 = F_2 \cdot \frac{l_2}{F_1}$$

$$l_1 = 350\ \text{N} \cdot \frac{2{,}50\ \text{m}}{750\ \text{N}}$$

$$\underline{l_1 = 1{,}17\ \text{m}}$$

Ergebnis:
Damit Lars und Alexander problemlos wippen können, muss Lars ungefähr 1,2 m vom Drehpunkt entfernt sitzen, wenn Alexander am Ende der Wippe sitzt. Die günstigste Entfernung der beiden Personen von der Drehachse kann man auch durch einfaches Probieren finden:
Die Sitzpositionen werden so lange verändert, bis die Wippe näherungsweise im Gleichgewicht ist.
Die leichtere Person sollte dabei am Ende der Wippe sitzen und die schwerere Person ihre Sitzposition ändern, denn aus dem Hebelgesetz folgt: Je größer die Gewichtskraft einer Person ist, desto kleiner ist die Länge des Kraftarms, um den Hebel ins Gleichgewicht zu bringen. Sind die richtigen Sitzpositionen gefunden, braucht man nur kleine Kräfte, um hin- und herzuwippen.
Sind die Kraftarme gleich lang, so müssten auch die beiden Kräfte gleich groß sein, damit der Hebel im Gleichgewicht ist.

1 Verschieden schwere Personen auf einer Wippe im Gleichgewicht: Ihre Entfernungen von der Drehachse sind unterschiedlich.

Energieflussdiagramm einer Windkraftanlage

Seit etwa 1935 werden Windkraftanlagen zur Gewinnung von Elektroenergie gebaut, getestet und ständig verbessert. Insbesondere in den letzten Jahren hat sich die Anzahl der installierten Windkraftanlagen in Deutschland stark vergrößert. Dadurch stieg die Leistung von Windkraftanlagen in Deutschland von 68 MW im Jahr 1990 auf 15 000 MW im Jahr 2004 und sie steigt weiter.
Wie ist eine Windkraftanlage aufgebaut?
Welche Energieumwandlungen gehen bei einer Windkraftanlage vor sich?

Den Aufbau einer Windkraftanlage zeigt Abb. 1. Auf einem Turm befindet sich ein meist dreiflügliger Rotor. Dieser Rotor ist über ein Getriebe mit einem Generator verbunden.

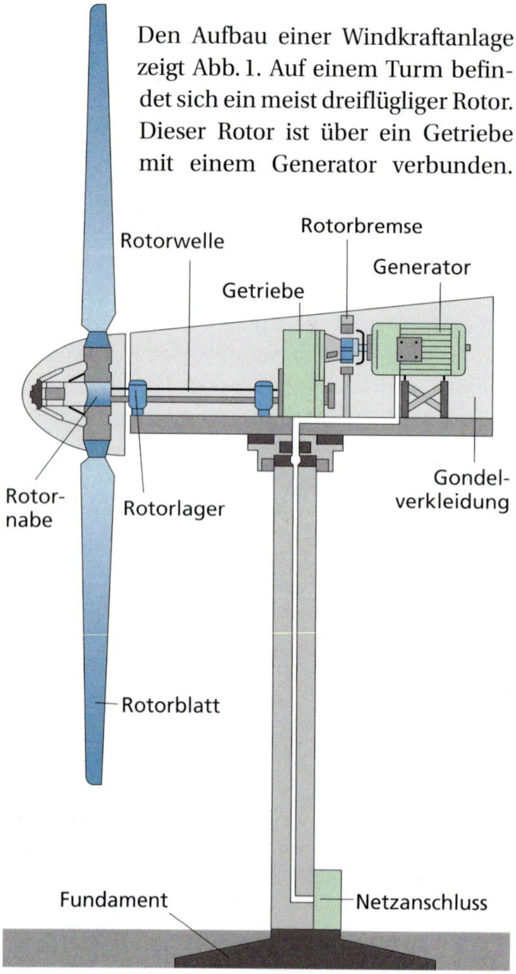

1 Aufbau einer modernen Windkraftanlage zur Gewinnung von elektrischer Energie

Die gesamte Anordnung ist drehbar gelagert, damit der Rotor in die jeweilige Windrichtung gedreht werden kann. Darüber hinaus können die Rotorblätter verstellt werden, um möglichst günstige Bedingungen für unterschiedliche Windgeschwindigkeiten einstellen zu können.

Die **Energieumwandlungen** kann man mit einem **Energieflussdiagramm** verdeutlichen (Abb. 2).
Die Energie des Winds treibt den Rotor an und versetzt ihn in Bewegung. Dabei treten aufgrund von Reibungseffekten und Wirbelbildung schon etwa 60 % Energieverluste auf.
Die Bewegungsenergie des Rotors wird über eine Welle auf das Getriebe und von dort über eine Welle zum Generator übertragen. Die im Getriebe entstehenden Verluste durch Reibung betragen 4 %. Auch bei der Umwandlung von kinetischer Energie in elektrische Energie im Generator treten nochmals Energieverluste auf. In der Anlage werden nur 29 % der ursprünglichen Windenergie in nutzbare elektrische Energie umgewandelt. Die Windenergie wird entwertet.

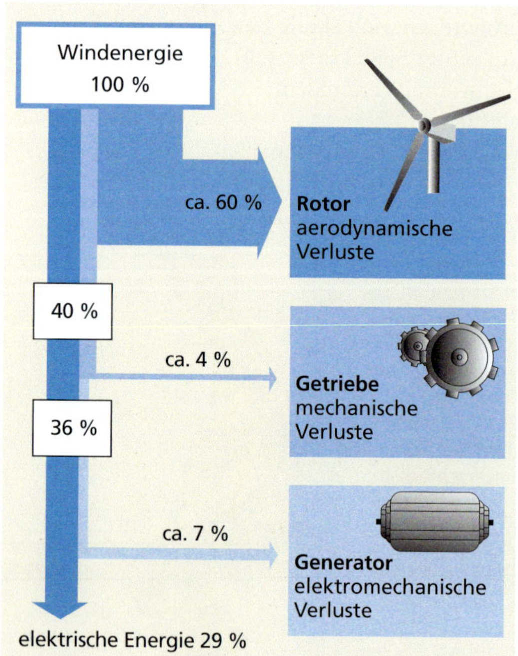

2 Energieumwandlungen bei einer Windkraftanlage: Angegeben sind Durchschnittswerte.

Eine geniale Erfindung

In einem Pumpspeicherkraftwerk strömt Wasser durch Rohrleitungen aus einem Oberbecken in ein Unterbecken und treibt über eine Turbine einen Generator an, in dem die mechanische Energie des Wassers in elektrische Energie umgewandelt wird (Abb. 1). Ein genialer Erfinder hatte nun die Idee, einen Teil der erzeugten elektrischen Energie zum Antrieb einer Pumpe zu verwenden, die das Wasser aus dem Unterbecken in das Oberbecken pumpt, sodass ein Wasserkreislauf entsteht. Der andere Teil der Energie wird ständig ins Netz eingespeist. Damit steht der Menschheit eine unerschöpfliche Energiequelle zur Verfügung, so der Erfinder.
Kann diese Erfindung funktionieren?

Die Erfindung ist ein typisches Perpetuum mobile, das nicht funktionieren kann. Das Wasser im Oberbecken besitzt potenzielle Energie, die beim Herunterströmen des Wassers in kinetische Energie umgewandelt wird. Die kinetische Energie wird zum Antrieb der Turbinen genutzt und im Generator in elektrische Energie umgewandelt:

$$E_{pot} \longrightarrow E_{kin} \longrightarrow E_{el}$$

Um den Wasserkreislauf in Gang zu setzen, wird mithilfe einer Pumpe die elektrische Energie in potenzielle Energie des Wassers umgewandelt:

$$E_{el} \longrightarrow E_{pot}$$

Nach dem Gesetz von der Erhaltung der Energie gilt für das Pumpspeicherwerk:

$$E_{pot} + E_{kin} + E_{el} = \text{konstant}$$

1 Aufbau eines Pumpspeicherkraftwerks: Energie des Wassers wird in Elektroenergie umgewandelt.

Die notwendige elektrische Energie zum Hochpumpen des Wassers muss mindestens genauso groß sein wie die elektrische Energie, die aus dem herabströmenden Wasser gewonnen werden kann.
Mit dieser Erfindung könnte somit im besten Fall der Wasserkreislauf aufrechterhalten werden. Da jedoch Reibung auftritt, käme der Kreislauf sehr schnell zum Erliegen. Eine Einspeisung von Energie ins Netz wäre auf jeden Fall ausgeschlossen. Die Erfindung funktioniert leider nicht.

Mosaik

Ein Perpetuum mobile

Viele Jahrhunderte lang versuchten Erfinder, eine Maschine zu konstruieren, die dauernd Energie abgibt, ohne dass ihr Energie zugeführt wird, oder die mehr Energie abgibt, als ihr zugeführt wurde. Eine solche Anordnung wird als **Perpetuum mobile** („sich ständig bewegend") bezeichnet. Eine der Ideen für ein solches Perpetuum mobile zeigt die Abbildung. Es handelt sich dabei um eine Konstruktion, die der holländische Mathematiker SIMON STEVIN (1548–1620) angegeben hat.
Auf einer geneigten Ebene befindet sich eine Kugelkette. Ein Teil der Kugeln wirkt mit ihrer Gewichtskraft in der einen Richtung. Die Kugeln auf der geneigten Ebene wirken mit einer geringeren Kraft in der entgegengesetzten Richtung. Die gesamte Kette soll sich ständig in Pfeilrichtung bewegen.

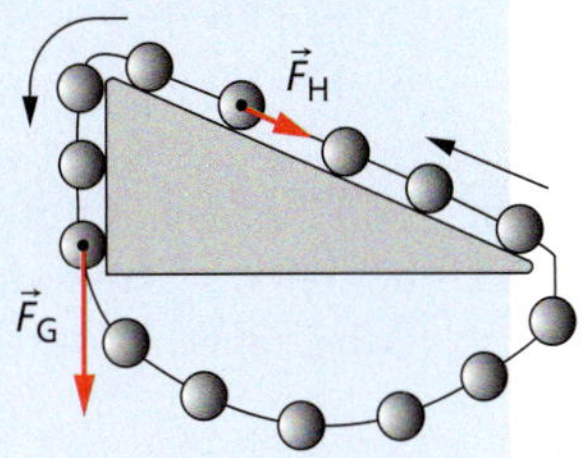

Ein solches Perpetuum mobile kann nicht funktionieren. Es widerspricht dem Energieerhaltungssatz, der besagt, dass Energie weder erzeugt noch vernichtet, sondern nur von einer Form in andere Formen umgewandelt werden kann.
Bereits im Jahre 1775 erklärten die Pariser Akademie der Wissenschaften und die Royal Society in London als die damals weltweit führenden wissenschaftlichen Einrichtungen, dass sie keinen Vorschlag für ein Perpetuum mobile mehr prüfen werden. Trotzdem gab und gibt es noch zahlreiche Versuche, ein Perpetuum mobile zu konstruieren.

Gewusst · Gekonnt

1. Die Abbildungen zeigen Beispiele, bei denen Kräfte wirken.

a) b) c) d)

Welche Arten von Arbeit werden verrichtet? Begründe jeweils deine Aussage!

2. Welche Arten mechanischer Arbeit werden bei folgenden Vorgängen verrichtet?
a) Ein Pkw verringert durch Bremsen seine Geschwindigkeit.
b) Ein Radfahrer fährt an.
c) Ein Kind steigt eine Leiter hinauf.
d) Ein Handwerker biegt ein Rohr.

3. Eine Kiste wird mit einer Kraft von 150 N auf dem Boden 3 m weit geschoben.
Wie groß ist die verrichtete Arbeit?

4. Du läufst mit deiner Schultasche auf einer ebenen Straße 350 m weit.
Welche Arbeit verrichtest du an der Schultasche? Begründe deine Aussage!

5. Nenne Beispiele für Hubarbeit, Spannarbeit, Beschleunigungsarbeit und Reibungsarbeit aus deinem Erfahrungsbereich!
Erläutere, welche Kräfte wirken und welche Wege zurückgelegt werden!

6. Gleich schwere Kisten sind vom Boden in einzelne Felder eines Regals gehoben worden. In welchen Fällen wurde die gleiche Arbeit zum Füllen der Regalfelder verrichtet? Antworte so: $W_{1A} = W_{2C}$

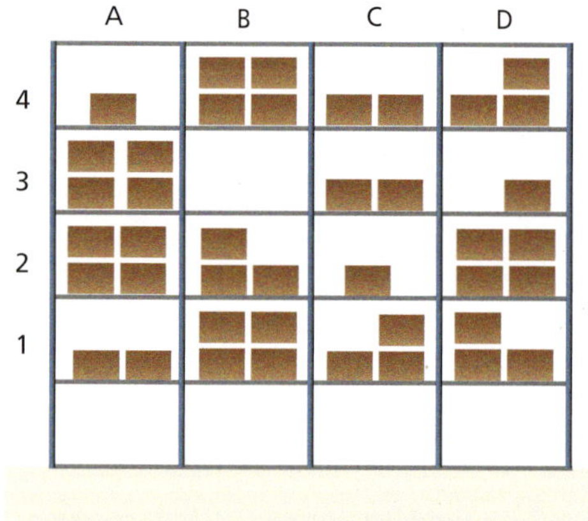

7. Berechne die fehlenden Werte unter der Bedingung, dass eine konstante Kraft in Richtung des Wegs wirkt!

	F	s	W
a)	400 N	2,5 m	?
b)	0,3 N	?	9 N · m
c)	?	3,8 m	76 kJ
d)	12,6 N	10 cm	?

8. Ein Schüler verrichtet eine Arbeit von 100 J. Nenne vier verschiedene Möglichkeiten, diese Arbeit zu verrichten!

9. Christina will sich beim Wandern die Arbeit erleichtern, indem sie statt des bequemen Wanderwegs eine steile Abkürzung wählt. Was meinst du dazu?

10. Eine Betonplatte mit einer Masse von 500 kg wird in 15 s um 5 m hochgehoben. Dann wird die Betonplatte in horizontaler Richtung um 4 m bewegt (↗ Abb.).

a) Wie groß ist die durch den Kran verrichtete Hubarbeit?

b) Wie groß ist die Arbeit, wenn die Platte nur horizontal bewegt wird?

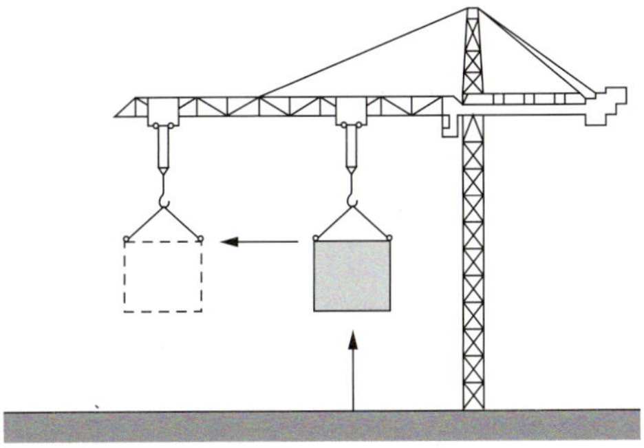

11. Welcher der Gegenstände auf den Fotos ist ein einseitiger, welcher ein zweiseitiger Hebel? Wo befinden sich die Drehachsen und wo greifen Kräfte an?

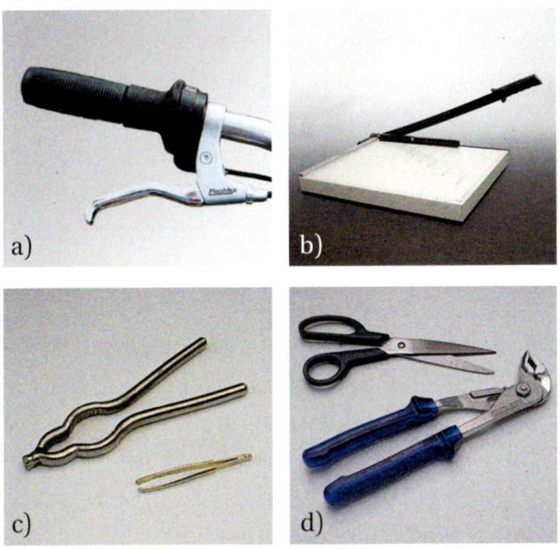

12. Zerbrich einen Zahnstocher, ein Streichholz oder einen dünnen Ast und wiederhole das mit den kleineren Stücken so lange wie möglich. Was stellst du fest? Erkläre!

13. Welche Hebel gibt es am Fahrrad? Welche Funktion haben die verschiedenen Hebel am Fahrrad? Fertige eine Übersicht an!

14. Eine schwere Kiste soll angehoben werden. Dazu kann man eine Brechstange nutzen. Ist es günstiger, eine Brechstange als einseitigen oder als zweiseitigen Hebel zu benutzen (↗ Skizzen)? Begründe!

a) b)

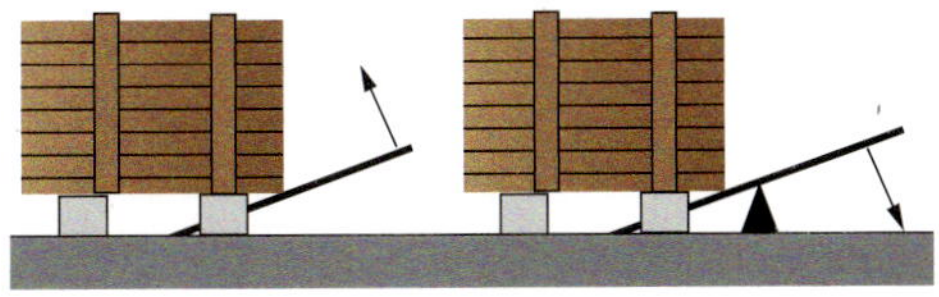

15. Martin ist doppelt so schwer wie Marie. Trotzdem gibt es verschiedene Positionen, wo sie sich auf einer Wippe hinsetzen können, um ins Gleichgewicht zu kommen. Die Wippe ist 4 m lang, die Drehachse befindet sich in der Mitte. Gib drei verschiedene Möglichkeiten an!

16. Angenommen, Hasen, Pakete, Katzen und Paul würden alle mit ihren Gewichtskräften am Ende der Wippe angreifen.
Finde mindestens eine Lösung, die Paul auf der Wippe im Bild im Gleichgewicht hält!

17. Thomas und Patrick überlegen, wie sie beim Seilklettern Kraft sparen könnten. Thomas schlägt Variante 1 (↗ oben) vor, Patrick Variante 2. Welche Variante würdest du bevorzugen? Begründe deine Entscheidung!

18. Unsere Beine und Arme sind Hebel. Wenn das Verhältnis der Hebelarme beim Arm etwa 1 : 8 beträgt, wie groß ist dann die Kraft, die der Bizeps zum Halten eines Eimers Wasser (ca. 10 kg) aufbringen muss?

19. Auf einer Baustelle soll ein Gefäß mit Mörtel (25 kg) ins erste Stockwerk transportiert werden. Die zur Verfügung stehende lose Rolle hat eine Gewichtskraft von 15 N.
Welche Kraft muss der Bauarbeiter mindestens aufbringen?

20. Reicht die Muskelkraft eines Arbeiters (800 N) aus, um mit der in der Skizze dargestellten Anordnung eine Betonplatte von 0,4 t zu heben? Die Masse der mitzuhebenden Rollen beträgt 2 kg.

21. Die Abbildungen zeigen Vorgänge in Natur und Technik.
Welche Energieformen besitzen die jeweiligen Körper? Welche Energieumwandlungen erfolgen bei diesen Vorgängen?

a)

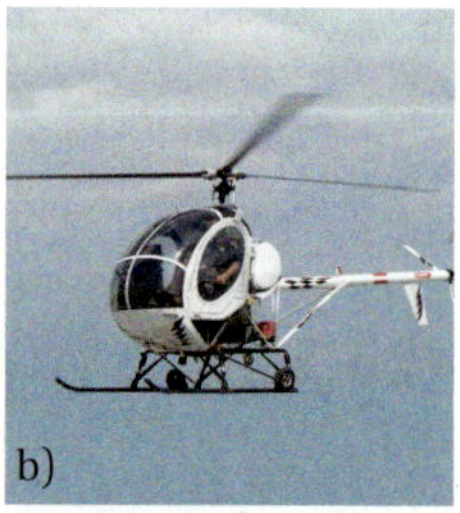
b)

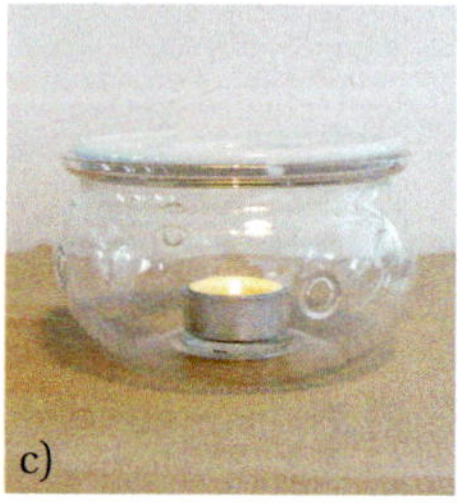
c)

d)

22. Nenne Argumente, warum die elektrische Energie häufig als die wichtigste Energieform in unserem Leben bezeichnet wird!

23. Bereite einen Vortrag zum Thema „Die Sonne – unsere wichtigste Energiequelle" vor! Nutze dazu das Internet, u. a. auch **www.schuelerlexikon.de!**

24. Akkumulatoren sind Energiespeicher und zugleich Quellen elektrischer Energie.
a) Warum musst du sie von Zeit zu Zeit erneuern bzw. wieder aufladen?
b) Wovon hängt die Zeitspanne zwischen zwei Ladevorgängen ab?

25. Zur Versorgung eines Wohnhauses mit Energie werden verschiedene Energieträger eingesetzt.
a) Welche Energieträger können genutzt werden? Welche Energieformen sind in ihnen gespeichert?
b) In welche Energieformen werden diese im Wohnhaus umgewandelt?

26. Beschreibe die Energieumwandlungen, die bei einem Fadenpendel und bei einem Federschwinger vor sich gehen!

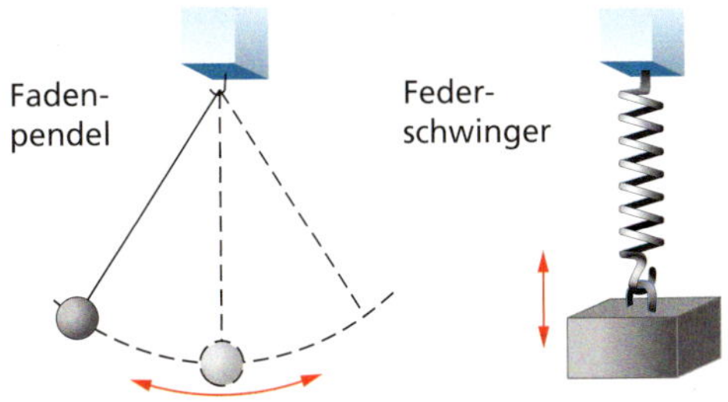

27. Gib für folgende Beispiele an, welche Energie der Körper besitzt:

a) ein fahrendes Auto
b) ein Schwungrad
c) ein gespannter Bogen
d) gestautes Wasser an einem Wehr

28. Nenne Beispiele für Körper aus Natur, Technik und Alltag, die potenzielle bzw. kinetische Energie besitzen!

29. Ein Radfahrer fährt bergauf mit 10 km/h und bergab mit 25 km/h. In welchem Fall hat er die größere kinetische Energie? Begründe!

30. Ein Ball (m = 500 g) wird nach oben geworfen und erreicht eine maximale Höhe von 12 m.

a) Beschreibe die Energieumwandlungen während des Flugs des Balls!
b) Wie groß ist die potenzielle Energie des Balls im höchsten Punkt seiner Bahn?

31. Bis zu welcher Höhe rollt die Kugel in der Abbildung? Beschreibe den Zusammenhang zwischen Energie und Arbeit an diesem Beispiel!

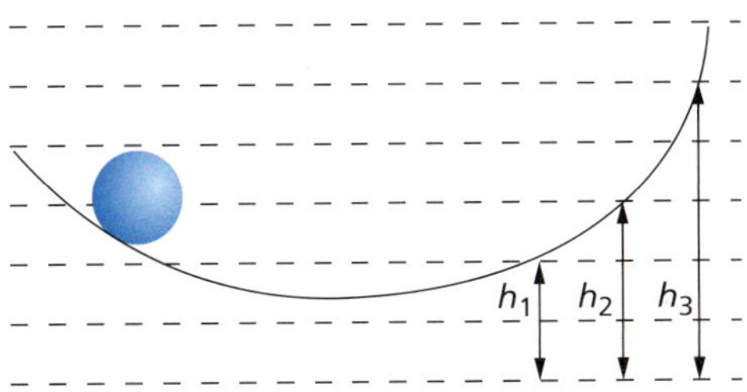

32. Auf Verpackungen von Lebensmitteln sind häufig „Nährwertangaben pro 100 g“ angegeben. Der Brennwert entspricht dem Energiegehalt. Er wird in den Einheiten Kilojoule (kJ) oder in Kilokalorien (kcal) angegeben.

a) Stelle in einer Übersicht für verschiedene Lebensmittel die Nährwertangaben pro 100 g zusammen! Notiere auch den Gehalt an Eiweiß, Kohlenhydraten und Fetten!
b) Welche Folgerungen könnte man daraus für eine gesunde Ernährung ableiten?

33. Beschreibe die Energieumwandlungen, die in den Geräten erfolgen! Beziehe auch die jeweiligen Energieentwertungen mit ein!

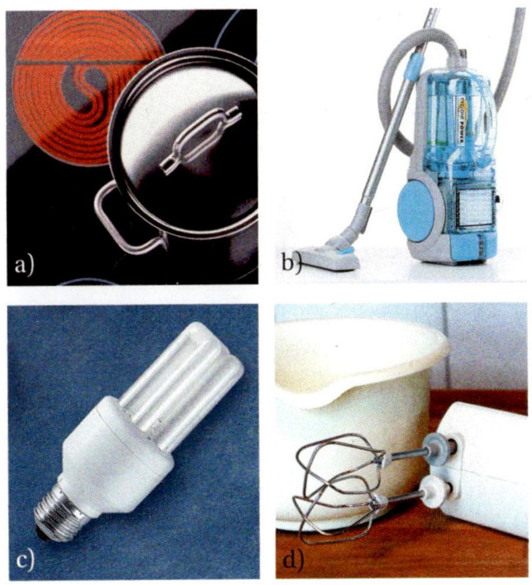

34. Erläutere, warum auch Pflanzen und Tiere Energiewandler sind!

35. In der Technik und im Alltag spricht man im Zusammenhang mit Energieumwandlungen von Energieverlusten.
Kann Energie verloren gehen? Was ist mit dem Begriff „Energieverlust“ gemeint?

36. Bei jedem Menschen finden zahlreiche Vorgänge der Umwandlung und Übertragung von Energie statt. Erläutere einige dieser Vorgänge! Erkunde, ob für körperliche oder geistige Tätigkeit mehr Energie gebraucht wird!

Mechanische Arbeit und Energie

Mechanische Arbeit wird verrichtet, wenn ein Körper durch eine Kraft bewegt oder verformt wird.

Allgemein gilt: Die mechanische Arbeit W ist das Produkt aus der in Wegrichtung wirkenden konstanten Kraft F und dem zurückgelegten Weg s.

$$W = F \cdot s$$

Energie E ist die Fähigkeit eines Körpers, mechanische Arbeit zu verrichten, Wärme abzugeben oder Strahlung auszusenden.

Energie

- kann von einer Form in andere Formen umgewandelt werden.
- kann durch Arbeit, Wärme, Licht oder elektrischen Strom von einem Körper auf einen anderen übertragen werden.
- kann in Brenn- und Heizstoffen, gehobenen und bewegten Körpern oder Batterien gespeichert werden.

Die Umwandlung von Energie ist meist mit ihrer **Entwertung** verbunden. Bei allen Energieumwandlungen gilt stets der **Energieerhaltungssatz:**

In einem abgeschlossenen System ist die Summe aller Energien konstant. Energie kann weder erzeugt noch vernichtet werden.

$$E_{gesamt} = E_1 + E_2 + E_3 + \ldots = \text{konstant}$$

Die an einem Körper oder von einem Körper verrichtete **mechanische Arbeit** ist gleich der Änderung seiner Energie. Für den Zusammenhang zwischen Arbeit W und Energie E gilt:

$$W = \Delta E$$

Für den Zusammenhang zwischen Energie E, mechanischer Arbeit W und mechanischer Leistung P gilt:

$$P = \frac{\Delta E}{t} \qquad P = \frac{W}{t}$$

Die Vorgänge der Energieumwandlung und der Energieübertragung von einem Körper auf einen anderen können mithilfe von **Energieflussdiagrammen** dargestellt werden.

3 Temperatur, thermische Energie und Wärme

3.1 Thermisches Verhalten von Körpern

Leitungen – straff oder schlaff?

Wenn man elektrische Hochspannungsleitungen im Sommer und im Winter betrachtet, stellt man fest, dass diese Leitungen im Sommer meist tiefer durchhängen, während sie im Winter straffer gespannt sind.
Wie kann diese Erscheinung erklärt werden?
Was muss beim Bau von Hochspannungsleitungen aufgrund dieser Erscheinung beachtet werden?

Stahl verändert sein Volumen

In Stahlwerken wird flüssiger Stahl in Kokillen gegossen und kühlt dort allmählich ab.
Wie verändert sich das Volumen des Stahls beim Abkühlen?
Was muss man beachten, wenn man ein Werkstück durch Gießen in einer Form herstellt?

Eis und Schnee

Eis und Schnee gehören zum Winter. Durch die Sonnenstrahlung oder durch warme Luft wird Wärme herantransportiert, die ein Schmelzen von Eis und Schnee bewirkt.
Wie viel Wärme ist eigentlich erforderlich, um 1 kg Eis zu schmelzen?
Ist es mehr, als man zum Verdampfen von 1 kg Wasser braucht?

Die Temperatur

Wir können wahrnehmen, ob Wasser heiß oder kalt ist. Genauer wird die Eigenschaft von Körpern, unterschiedlich heiß oder kalt zu sein, durch die physikalische Größe **Temperatur** beschrieben.

> Die Temperatur gibt an, wie heiß oder wie kalt ein Körper ist.
>
> Formelzeichen: ϑ (griechischer Buchstabe, sprich: theta)
> Einheit: ein Grad Celsius (1 °C)

Zur Angabe der Temperatur eines Körpers in Grad Celsius (°C) wird die **Celsiusskala** genutzt. Benannt ist diese Skala nach dem schwedischen Naturforscher ANDERS CELSIUS (1701–1744).
Temperaturen werden mit Thermometern gemessen. Während die ersten Thermometer noch keine festgelegten Skalen hatten, entwickelte CELSIUS um 1742 eine Skala mit 0 Grad als Siedepunkt des Wassers und 100 Grad als Schmelzpunkt. Um 1750 erfolgte die Umwandlung in die heute übliche Form.

Temperatur und Teilchenbewegung

Alle festen Stoffe, Flüssigkeiten und Gase bestehen aus sehr kleinen Teilchen, den Atomen und Molekülen. Diese befinden sich in ständiger Bewegung, zwischen ihnen wirken Kräfte (↗ S. 21).
Die Geschwindigkeiten der Teilchen eines Stoffes sind unterschiedlich groß, schwanken jedoch um einen Mittelwert herum. Wie groß die mittlere Geschwindigkeit aller Teilchen eines Stoffes ist, hängt von der Art des Stoffes, vom Aggregatzustand und vor allem von der Temperatur ab. Für feste, flüssige und gasförmige Körper gilt:

> Je höher die Temperatur eines Körpers ist, desto größer ist die mittlere Geschwindigkeit aller Teilchen des Stoffs, aus dem der Körper besteht.

Temperaturen in Natur und Technik	
im Zentrum der Sonne	160 Mio. °C
Oberfläche der Sonne	6000 °C
Glühwendel in der Glühlampe	2500 °C
Flamme eines Bunsenbrenners	1700 °C
Kerzenflamme	1200 °C
Siedetemperatur von Wasser	100 °C
höchste auf der Erde gemessene Lufttemperatur	58 °C
normale Körpertemperatur des Menschen	37 °C
Schmelztemperatur von Eis	0 °C
Tiefkühlfach im Kühlschrank	– 20 °C
tiefste auf der Erde gemessene Lufttemperatur	– 88 °C
Temperatur flüssiger Luft	– 193 °C
tiefste Temperatur, die möglich ist	– 273 °C

Mit der Geschwindigkeit verändert sich auch die Energie der einzelnen Teilchen. Je größer die Temperatur eines Körpers ist, desto größer ist die Geschwindigkeit bzw. die Energie der Teilchen. Damit ist die Temperatur eines Körpers ein Maß für die mittlere Geschwindigkeit der Teilchen.

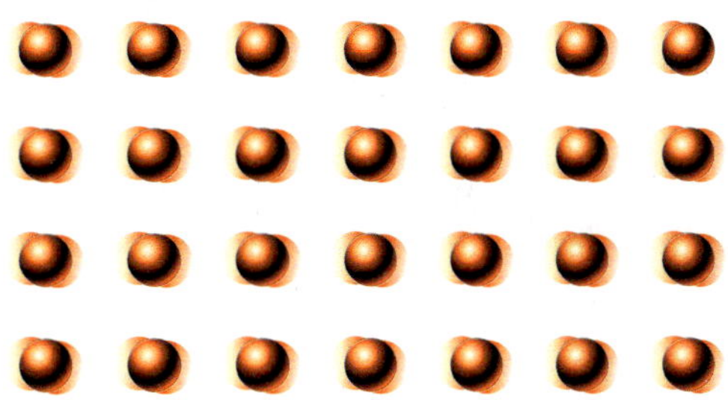

1 Teilchenbewegung bei niedriger Temperatur: Die Teilchen schwingen hin und her.

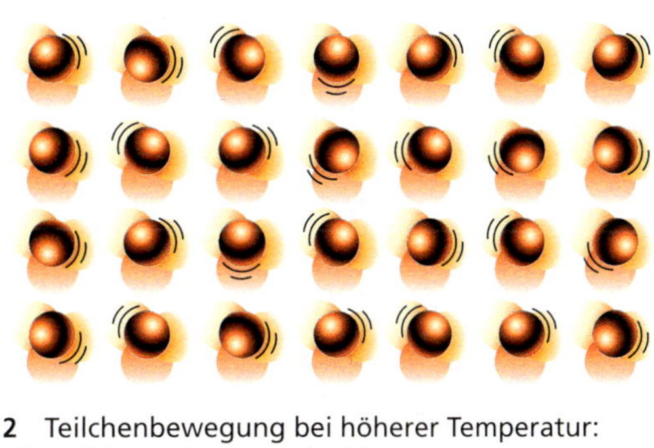

2 Teilchenbewegung bei höherer Temperatur: Die Teilchen schwingen heftiger.

Absoluter Nullpunkt und Kelvinskala

Bei Verringerung der Temperatur bewegen sich die Teilchen aller Stoffe weniger heftig. Die tiefstmögliche Temperatur ist deshalb diejenige, bei der alle Teilchen eines Stoffs zur Ruhe kommen. Diese Temperatur wird als **absoluter Nullpunkt** bezeichnet.

> Der absolute Nullpunkt ist die tiefstmögliche Temperatur. Sie beträgt −273,15 °C.

Diesen Wert hat man theoretisch berechnet. In der Praxis ist er nicht erreichbar, da es eine völlige Bewegungslosigkeit der Teilchen nicht gibt.
Der englische Naturforscher WILLIAM THOMSON (1834–1907), später zum LORD KELVIN geadelt, wählte den absoluten Nullpunkt zum Ausgangspunkt einer Temperaturskala.
Diese Temperaturskala, die mit dem tiefstmöglichen Wert von −273,15 °C beginnt, wird zu Ehren von LORD KELVIN auch **Kelvinskala** genannt. Die Temperaturen dieser Skala heißen absolute Temperaturen. Da für die Kelvinskala die gleiche Einteilung wie für die Celsiusskala gewählt wurde (Abb. 1), entsprechen 0 °C dann 273,15 K. Häufig rechnet man mit 273 K. Für eine Temperatur von 20 °C kann dann z. B. geschrieben werden: $\vartheta = 20\,°C$ oder $T = 293\,K$.

> Die Temperatur kann auch in der Kelvinskala angegeben werden (absolute Temperatur).
>
> Formelzeichen: T
> Einheit: ein Kelvin (1 K)

Temperaturdifferenzen werden meist in Kelvin angegeben. Für den Zusammenhang von Temperaturen in K und in °C gilt:

$$\frac{T}{K} = \frac{\vartheta}{°C} + 273$$

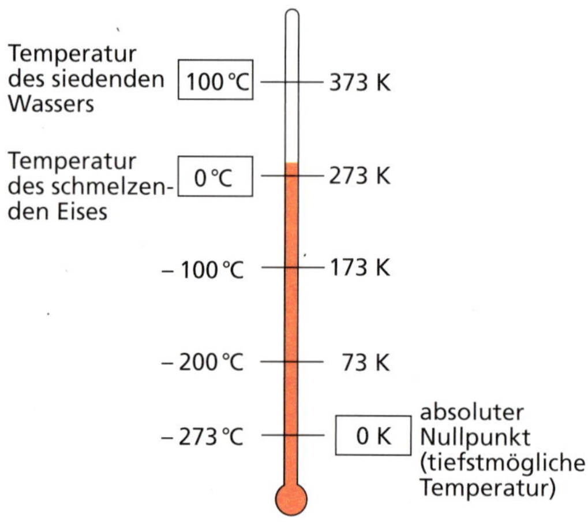

1 Celsiusskala und Kelvinskala im Vergleich

Mosaik

Weitere Temperaturskalen

Temperaturangaben müssen für jedermann und überall dasselbe aussagen. Das gelingt mit Bezugspunkten, die überall auf der Welt gleich sind. In der Geschichte der Physik hat es verschiedene Vorschläge gegeben, von denen einige noch heute in Gebrauch sind (Abb. 2).

Der schwedische Forscher ANDERS CELSIUS (1701 bis 1744) wählte die Temperaturen von schmelzendem Eis (0 °C) und siedendem Wasser (100 °C) und teilte den Abstand zwischen ihnen in 100 gleiche Teile. Noch vor CELSIUS, im Jahre 1714, entwickelte der Physiker GABRIEL DANIEL FAHRENHEIT (1686–1736) seine Temperaturskala. Fixpunkte sind die Temperatur eines Gemisches aus Eis, Salmiak und Wasser (0 °F) und unserer Körpertemperatur (100 °F). Bei uns werden Temperaturen in der Regel in Grad Celsius angegeben, in den USA in °F.

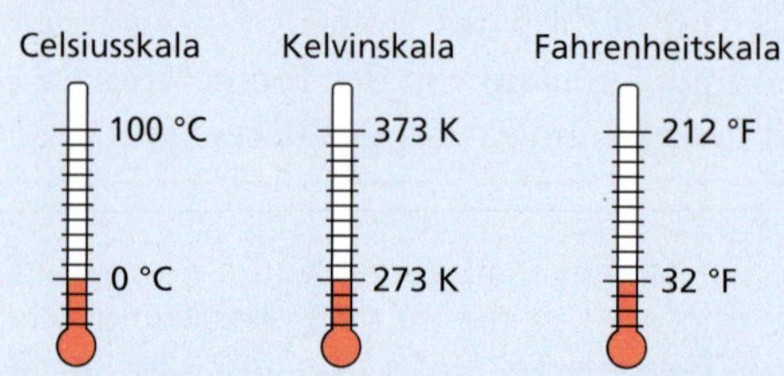

2 Verschiedene Temperaturskalen im Vergleich

Mosaik

Verschiedene Thermometer für unterschiedliche Anwendungen

Je nach Verwendungszweck und Bauform gibt es unterschiedliche Arten von Thermometern. Die Thermometer unterscheiden sich nicht nur in ihrem Aufbau und ihrer Wirkungsweise, sondern vor allem auch in ihren Messbereichen. Im Haushalt werden vielfach verschiedene Arten von Flüssigkeitsthermometern verwendet (Abb. 1).

Als **Zimmerthermometer** nutzt man meist Thermometer mit einem Messbereich, der zwischen –10 und 40 °C liegt (Abb. 1a).
Als **Außenthermometer** haben sie meist einen Messbereich zwischen –30 und 50 °C.

Mit **Kühlschrankthermometern** (Abb. 1b) will man die Temperatur im Innern eines Kühlschranks messen. Der Messbereich solcher Thermometer geht deshalb meist bis –20 oder –30 °C.

Mit einem **Fieberthermometer** soll möglichst genau die Körpertemperatur gemessen werden. Der Messbereich dieser Thermometer liegt deshalb zwischen 35 und 42 °C, also im Bereich der normalen Körpertemperatur von 37 °C (Abb. 1c). Da es hier auf sehr genaue Messungen ankommt, besitzen Fieberthermometer eine hohe Messgenauigkeit, mit der man auf 0,1 °C genau ablesen kann.

Mit **Laborthermometern** (Abb. 1d) kann man z. B. auch Temperaturen von über 100 °C messen.

Neben Flüssigkeitsthermometern gibt es auch Thermometer bzw. Temperaturanzeigen, bei denen völlig andere technische Prinzipien genutzt werden.

a) b) c) d)

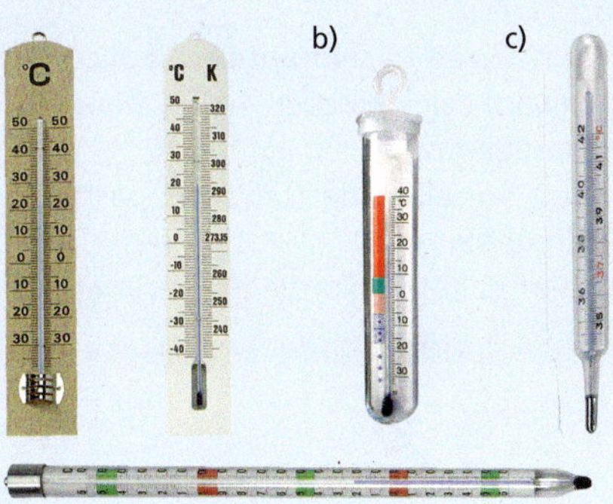

1 Verschiedene Flüssigkeitsthermometer

Weitverbreitet sind **Bimetallthermometer** (Abb. 2). Genutzt wird bei solchen Thermometern die Veränderung der Krümmung eines Bimetallstreifens bei Temperaturänderung.
Zunehmend verwendet werden **elektrische Thermometer** (Abb. 3).
Besonders interessant ist das **galileische Thermometer** (Abb. 4), das GALILEO GALILEI (1564–1642) erfunden hat und dessen Wirkungsweise mit dem Auftrieb in Flüssigkeiten erklärt werden kann.
Es gibt auch Thermometer, bei denen genutzt wird, dass bestimmte Stoffe mit der Temperatur ihre Farbe wechseln. Abb. 5 zeigt ein solches Thermometer.

2 Bimetallthermometer

3 Elektrisches Thermometer

4 Thermometer nach GALILEI

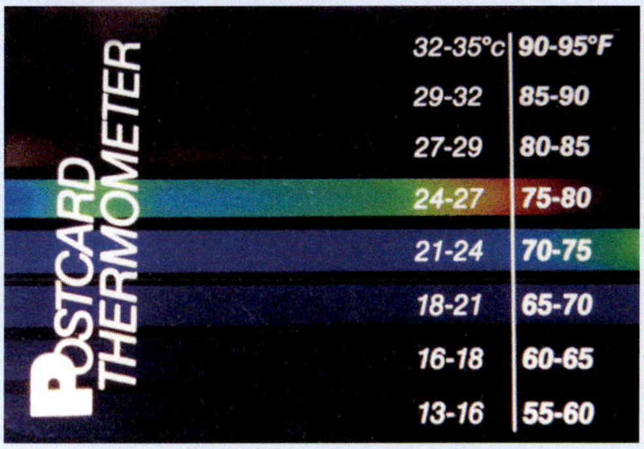

5 Thermometer mit Thermofarben

Basiswissen Schule – Physik

Datei Bearbeiten Ansicht Gehe Lesezeichen Extras Hilfe

http://www.schuelerlexikon.de/

Basiswissen Schule

Start | Hilfe | Impressum

Physik

Inhalt | A-Z | Profisuche

Startseite Wissensnetz Zeitstrahl schuelerlexikon.de

DUDEN

Thema

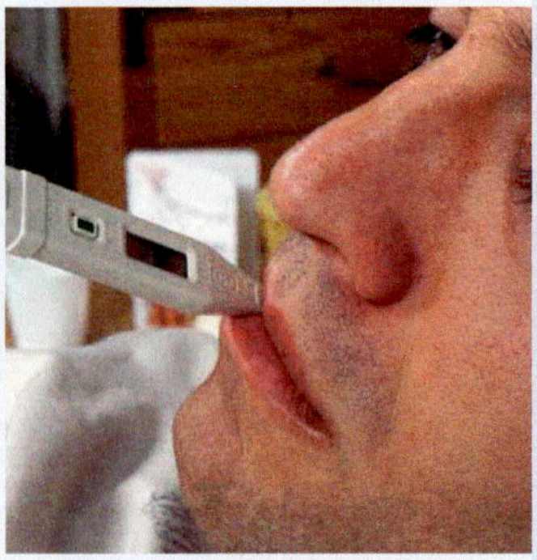

1 Die Körpertemperatur kann an unterschiedlichen Stellen gemessen werden.

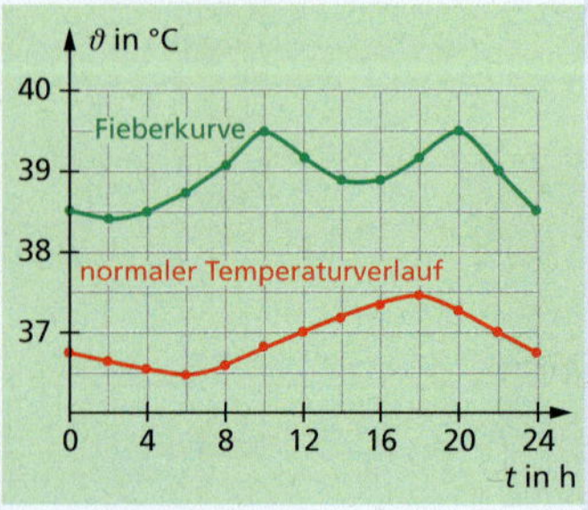

2 Die Körpertemperatur des Menschen ist über den Tag hinweg nicht konstant.

Körpertemperaturen

Die Temperatur, die der **Mensch** oder ein anderes Lebewesen hat, wird als Körpertemperatur bezeichnet.

Körpertemperatur von Menschen

Beim Menschen – einem „gleichwarmen Säugetier" – beträgt die Körpertemperatur etwa 37 °C. Sie wird mit Fieberthermometern (Bild 1) gemessen. Diese Temperatur hat nicht für alle Personen den gleichen Wert und ist auch für eine Person nicht konstant.
So gibt es eine individuelle Spannbreite, also Personen mit einer ständig etwas höheren oder etwas niedrigeren Temperatur.

Darüber hinaus ändert sich die Körpertemperatur beim Menschen im Laufe eines Tages. Früh gegen 6 Uhr ist sie besonders niedrig, am späten Nachmittag gegen 18 Uhr erreicht sie einen Höchstwert. Die **Temperaturschwankung** beträgt bis zu 1 °C am Tag (Bild 2). Welche Körpertemperatur gemessen wird, ist auch davon abhängig, ob man die Temperatur auf der Haut (z. B. unter der Achsel) oder in einer Körperhöhle misst. Als **normaler Wert** für die menschliche Körpertemperatur gilt bei Messung in Körperhöhlen:
$\vartheta = (36{,}8\,°C \pm 0{,}5\,°C)$

Bei Messung auf der Haut gilt als Normalwert: $\vartheta = (36{,}3\,°C \pm 0{,}5\,°C)$

Bei Erkrankungen können höhere Temperaturen auftreten. Man spricht dann von erhöhter Temperatur oder von **Fieber.** Der Grenzwert für den Menschen nach oben ist eine Temperatur von 42,6 °C, weil bei dieser Temperatur die Eiweißgerinnung beginnt. Körpertemperaturen von weniger als 20 °C sind für den Menschen tödlich.

Körpertemperatur von Tieren

Die Körpertemperatur von Tieren ist sehr unterschiedlich. Bei gleichwarmen Tieren schwankt sie zwischen 44,6 °C beim Rotkehlchen und 30 °C bei der Haselmaus.
Bei wechselwarmen Tieren, vor allem bei Reptilien, passt sich die Körpertemperatur der Umgebung an.
Bei Tieren, die Winterschlaf halten, sinkt die Körpertemperatur meist auf Werte zwischen 9 °C und 1 °C ab.

... und mehr

Informiere dich auch unter: *Gefühlte Temperatur, Temperatur von Körpern, Thermometer, Anders Celsius, Lord Kelvin, Fahrenheit, Reaumur ...*

Fertig

Volumen- und Längenänderung von festen Körpern

Jeder Körper nimmt bei einer bestimmten Temperatur einen bestimmten Raum ein. Er besitzt ein bestimmtes Volumen.
Erwärmungen oder Abkühlungen führen zu Änderungen der Abmessungen eines Körpers (Abb. 1). Unter der Bedingung, dass sich ein Körper ausdehnen kann, gilt:

> Wenn sich die Temperatur eines Körpers ändert, dann ändert sich auch sein Volumen.

Schon an einer Eisenkugel lässt sich nachweisen, dass sich ihr Volumen vergrößert, wenn man sie erhitzt (Abb. 2). Lange feste Körper wie Brücken, Eisenbahnschienen oder Hochspannungsleitungen (Abb. 1a) vergrößern bei Erwärmung ihr Volumen. Bei diesen Körpern ist aber nur die Längenänderung von praktischer Bedeutung.
Sie hängt von der ursprünglichen Länge, von der Temperaturänderung und vom Stoff ab, aus dem der Körper besteht.

> Die Längenänderung fester Körper ist umso größer,
>
> – je länger der Körper ist und
> – je größer die Temperaturänderung ist.

Die Volumen- bzw. Längenänderung von Körpern lässt sich mit dem Teilchenmodell (↗ S. 21) deuten.

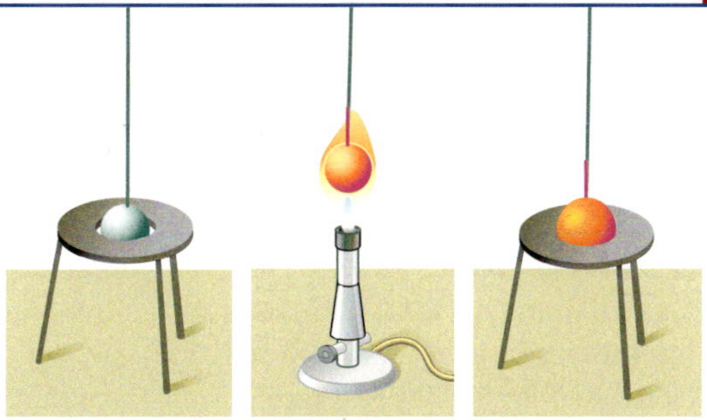

2 Bei Zimmertemperatur passt die Eisenkugel gerade noch durch eine Öffnung. Wird sie erhitzt, dehnt sie sich aus und passt nicht mehr hindurch.

Vergrößert sich die Temperatur eines Körpers, so bewegen sich die Teilchen heftiger. Ihr mittlerer Abstand voneinander vergrößert sich. Damit vergrößert sich das Volumen bzw. die Länge des betreffenden Körpers.

Längenänderung eines Körpers von 10 m Länge bei einer Temperaturänderung von 10 K

Stoff	Längenänderung
Aluminium	2,4 mm
Beton	1,2 mm
Eisen	1,2 mm
Glas	1,0 mm
Gold	1,4 mm
Holz	0,8 mm
Kupfer	1,6 mm
Messing	1,8 mm
Silber	2,0 mm
Stahl	1,2 mm
Zink	3,6 mm
Zinn	2,7 mm

1a Im Sommer hängen Hochspannungsleitungen meist mehr durch als im Winter.

1b Für das sich ausdehnende Wasser zur Kühlung eines Motors gibt es ein Ausgleichsgefäß.

1c Das erhitze Gas dehnt sich aus und bläht einen Heißluftballon auf. Ein Teil entweicht.

Volumenänderung von Flüssigkeiten

In Kaufhäusern, Hotels oder Bürohäusern sind zum Schutz vor Bränden Sprinkleranlagen in den Decken installiert (Abb. 1). Sie sind direkt mit Wasserleitungen verbunden. Bei großer Temperaturerhöhung wie bei einem Brand dehnt sich eine Flüssigkeit im Sprühkopf stark aus und „sprengt“ das Röhrchen. Das Löschwasser hat freien Lauf.
Das in Abb. 2 dargestellte Experiment zeigt, wie unterschiedlich sich das Volumen von verschiedenen Flüssigkeiten vergrößert, wenn man sie der gleichen Temperaturänderung aussetzt.

> Die meisten Flüssigkeiten dehnen sich bei Erhöhung der Temperatur aus und ziehen sich bei Verringerung der Temperatur zusammen.

Wasser macht bei niedriger Temperatur eine Ausnahme (↗ S. 79). Sein nicht normales Verhalten wird als **Anomalie des Wassers** bezeichnet.

Wie stark sich das Volumen einer Flüssigkeit ändert, hängt ab
- vom Stoff, aus dem die Flüssigkeit besteht,
- vom ursprünglichen Volumen der Flüssigkeit,
- von der Temperaturänderung.

So vergrößert sich z. B. das Volumen von 10 l Heizöl um 90 ml, wenn man seine Temperatur um 10 °C erhöht. Das Volumen von Wasser ändert sich dagegen bei der gleichen Temperaturänderung nur um 18 ml (↗ Tabelle rechts).

1 Das Foto rechts zeigt den Sprühkopf einer Sprinkleranlage. Im Sprühkopf dehnt sich bei Temperaturanstieg eine Flüssigkeit so stark aus, dass ihr Behältnis zerspringt.

Mosaik

Flüssigkeitsthermometer

Die Volumenänderung von Flüssigkeiten und Gasen mit der Temperatur wird bei Flüssigkeitsthermometern (Abb. 3) und Gasthermometern genutzt. Als Thermometerflüssigkeit wird meist gefärbter Alkohol verwendet. Wasser ist wegen seines besonderen Verhaltens (↗ S. 79) nicht geeignet.

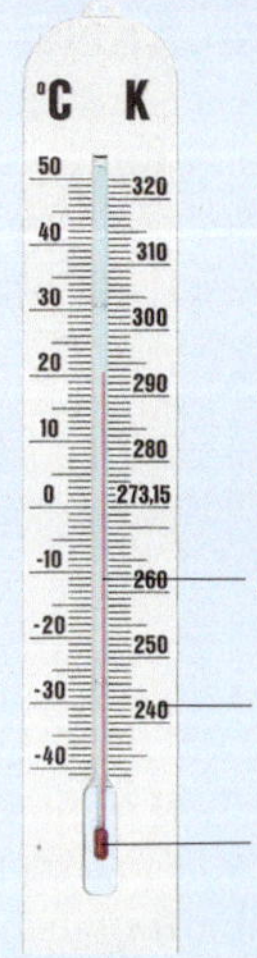

3 Aufbau eines Flüssigkeitsthermometers

Volumenänderung von 10 l Flüssigkeit, wenn sich deren Temperatur um 10 K ändert

Stoff	Volumenänderung
Alkohol	110 ml
Benzin	100 ml
Glycerin	50 ml
Heizöl	90 ml
Quecksilber	18 ml
Wasser	18 ml

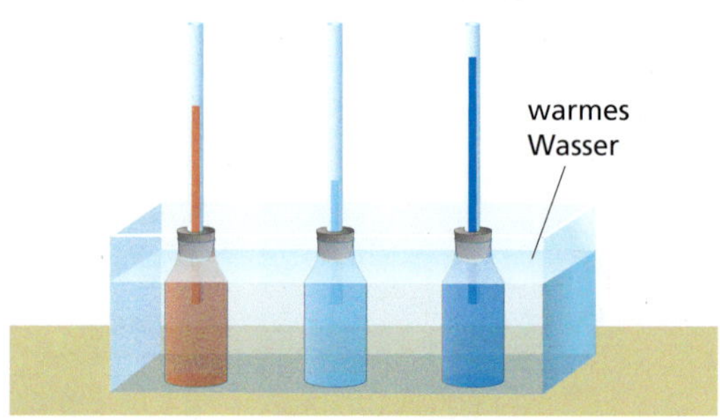

2 Bei Zimmertemperatur standen die Flüssigkeiten in den drei Steigrohren gleich hoch: Ihr Ausgangsvolumen war gleich. Bei gleicher Temperaturerhöhung dehnt sich Alkohol am meisten aus.

Mosaik

Die Anomalie des Wassers

Bei Temperaturen über 4 °C verhält sich Wasser wie andere Flüssigkeiten. Bei Erhöhung der Temperatur dehnt es sich aus, bei Verringerung der Temperatur wird sein Volumen kleiner.
Kühlt sich Wasser aber unter 4 °C ab, so wird sein Volumen nicht kleiner, sondern bis 0 °C wieder größer. Wasser hat bei 4 °C sein kleinstes Volumen und damit seine größte Dichte, da bei konstanter Masse $\varrho \sim \frac{1}{V}$ gilt. Dieses „nicht normale" Verhalten von Wasser wird in der Physik als Anomalie des Wassers bezeichnet (Abb. 1).
Die Anomalie des Wassers ist für das Leben von Tieren und Pflanzen im Wasser sehr wichtig.
Im Sommer wird das Wasser von der Sonne erwärmt. Das leichtere, wärmere Wasser bleibt an der Oberfläche, tiefer liegende Schichten sind kühler. Es bildet sich eine stabile Temperaturschichtung des Wassers aus (Abb. 2). Das kannst du auch beim Baden feststellen.
Im Herbst (Abb. 3) und Winter (Abb. 4) kühlt sich das Wasser an der Oberfläche ab. Das Wasser mit der größeren Dichte sinkt nach unten. Bei Temperaturen um 4 °C bleibt dann das kühlere Wasser an der Oberfläche. Eine weitere Abkühlung führt zur Eisbildung an der Wasseroberfläche. Tiefer liegende Schichten haben eine Temperatur von 4 °C. Das Wasser gefriert in größeren Tiefen also nicht. Dadurch können Tiere und Pflanzen im Wasser überleben.

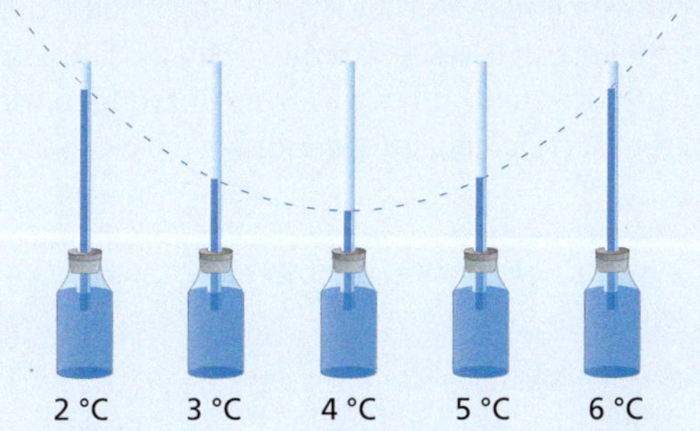

1 Bei 4 °C hat Wasser sein kleinstes Volumen und seine größte Dichte.

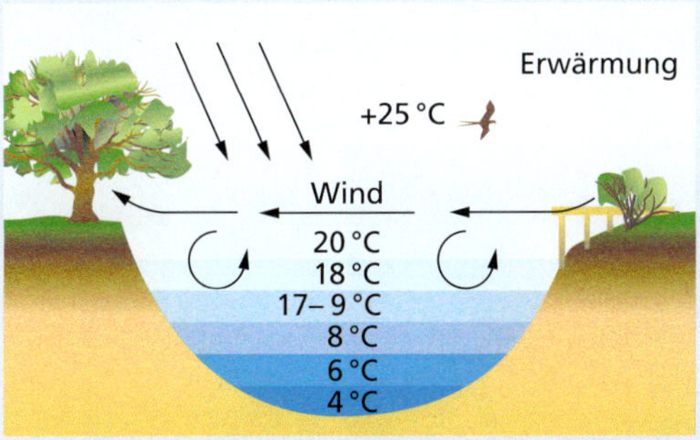

2 Sommerstabilität

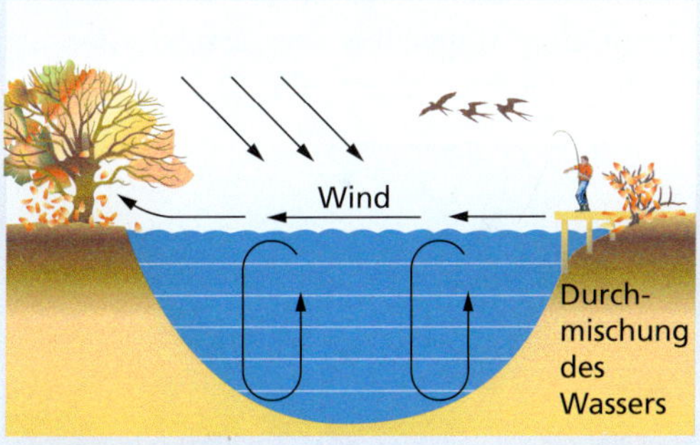

3 Herbstzirkulation

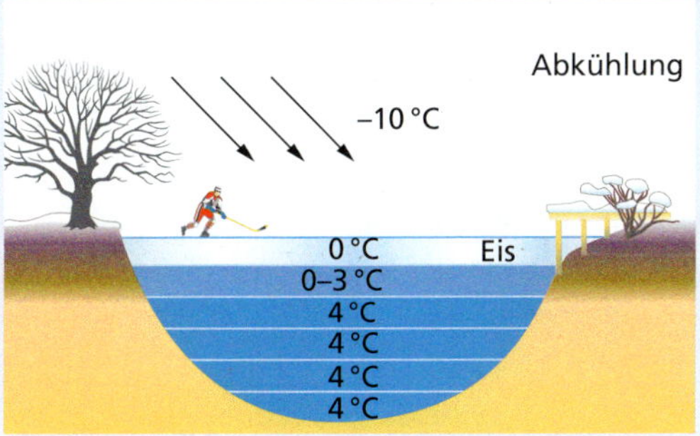

4 Winterstabilität

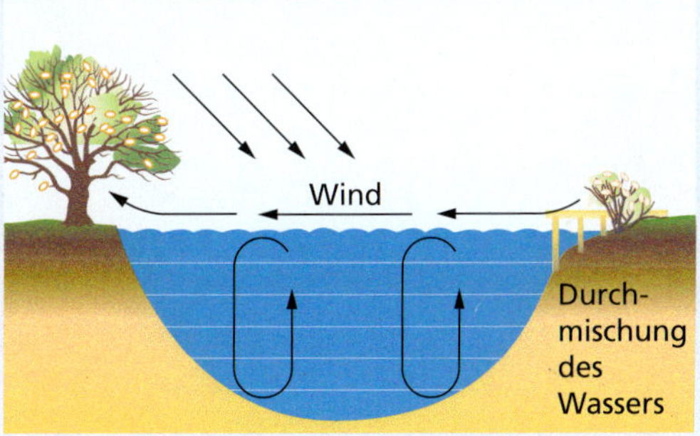

5 Frühjahrszirkulation

Temperatur, Energie und Wärme

Nach dem Teilchenmodell befinden sich die Teilchen eines Stoffes in Bewegung. Sie besitzen damit Energie. Je höher die Temperatur ist, desto schneller bewegen sich die Teilchen. Ihre **thermische Energie** vergrößert sich.

> Die Energie E, die aufgrund der Temperatur in einem Körper gespeichert ist, nennt man thermische Energie.

So besitzt z. B. das heiße Wasser, das aus einem Geysir austritt, thermische Energie (Abb. 1).
Die in einem Körper gespeicherte Energie ist abhängig
- von der Temperatur des Körpers,
- von der Masse des Körpers,
- von dem Stoff, aus dem der Körper besteht.

So besitzt ein Liter heißes Wasser eine größere thermische Energie als ein Liter kaltes Wasser. Die thermische Energie eines heißen Heizkörpers ist größer als die eines kalten Heizkörpers.
Solche Körper, die Energie in Form von Wärme an ihre kältere Umgebung abgeben, werden als **Wärmequellen** bezeichnet (Abb. 3).

1 Heißes Wasser eines Geysirs besitzt Energie. Es gibt Wärme an die Umgebung ab.

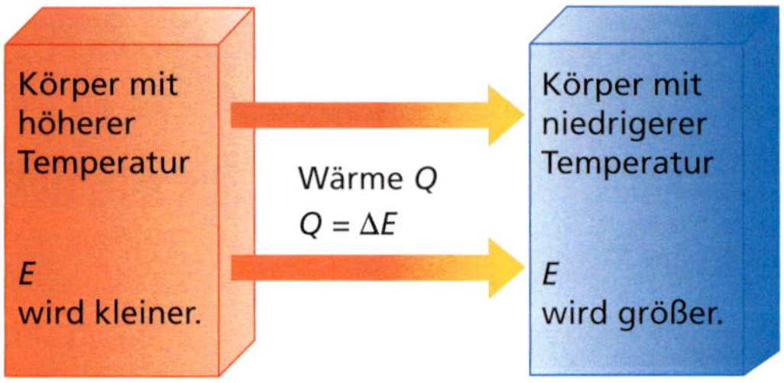

2 Energie wird durch Wärme von einem Körper auf einen anderen übertragen.

Wird von einem Körper Wärme abgegeben, dann verringert sich seine Energie (Abb. 2). Die Energie des Körpers, auf den Wärme übertragen wird, vergrößert sich entsprechend.

> Die Wärme gibt an, wie viel Energie von einem Körper auf einen anderen Körper übertragen wird.
>
> Formelzeichen: Q
> Einheit: ein Joule (1 J)

Vielfache der Einheit 1 J sind 1 Kilojoule (1 kJ) und ein Megajoule (1 MJ). Es gilt:

$$1\ \text{MJ} = 1\,000\ \text{kJ} = 1\,000\,000\ \text{J}$$

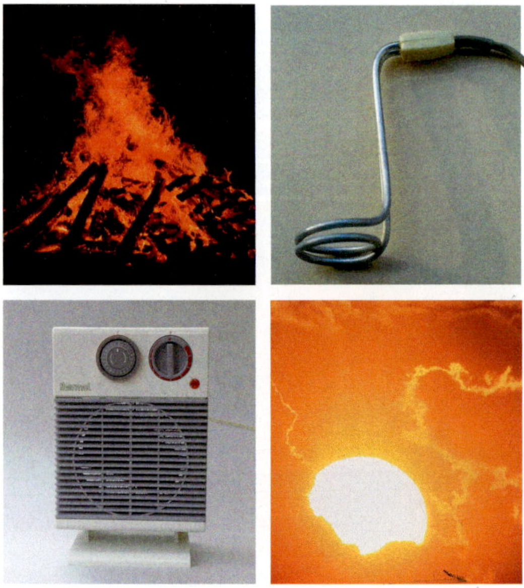

3 Verschiedene Wärmequellen: Sie geben Wärme an ihre Umgebung ab.

Die spezifische Wärmekapazität

Magma quillt aus dem Erdinnern (Abb. 1) und kühlt dann allmählich ab. Dabei gibt es Wärme an die Umgebung ab. Seine thermische Energie verringert sich.
Wenn wir heißes Wasser brauchen, so müssen wir dem Wasser Wärme zuführen, indem wir es z. B. auf eine Heizplatte stellen oder mit dem Tauchsieder erhitzen. Das Wasser nimmt Wärme auf, seine thermische Energie vergrößert sich.
Im Herbst ist es in unmittelbarer Nähe großer Wasserflächen deutlich milder als im Binnenland. Im Wasser ist Energie gespeichert, die teilweise an die Luft abgegeben wird und die Lufttemperatur beeinflusst. Im Frühling dagegen ist es am Meer häufig kühler als im Binnenland.

Die Wärme, die von einem Körper an seine kältere Umgebung abgegeben oder von seiner wärmeren Umgebung aufgenommen wird, ist abhängig von
- dem Stoff, aus dem der Körper besteht,
- der Masse des Körpers und
- der Temperaturdifferenz zwischen der Endtemperatur und der Anfangstemperatur des Körpers.

1 Der Ätna auf Sizilien ist mit 3340 m Höhe nicht nur Europas höchster, sondern auch aktivster Vulkan.

Die Abhängigkeit der abgegebenen oder aufgenommenen Wärme vom Stoff wird durch die **spezifische Wärmekapazität** beschrieben.

> Die spezifische Wärmekapazität eines Stoffs gibt an, wie viel Wärme von 1 kg dieses Stoffs abgegeben oder aufgenommen wird, wenn sich seine Temperatur um 1 K ändert.
>
> Formelzeichen: c
> Einheit: ein Kilojoule je Kilogramm und Kelvin $\left(1\,\frac{\text{kJ}}{\text{kg}\cdot\text{K}}\right)$

Stahl hat z. B. eine spezifische Wärmekapazität von:

$$c = 0{,}47\,\frac{\text{kJ}}{\text{kg}\cdot\text{K}}$$

Das bedeutet: Wenn sich 1 kg Stahl um 1 K abkühlt, so wird eine Wärme von 0,47 kJ an die Umgebung abgegeben. Wenn 1 kg Stahl um 1 K erwärmt werden soll, muss ihm eine Wärme von 0,47 kJ zugeführt werden. Bei einem Kilogramm Wasser braucht man für die gleiche Temperaturänderung etwa die 9-fache Wärme.
Die spezifische Wärmekapazität ist eine Stoffkonstante. Ihr Wert ist bei Wasser besonders groß.

Spezifische Wärmekapazität einiger Stoffe

Stoff	c in $\frac{\text{kJ}}{\text{kg}\cdot\text{K}}$
Aluminium	0,90
Beton	0,90
Blei	0,13
Eis (bei 0 °C)	2,09
Eisen	0,46
Heizöl	2,07
Holz (Eiche)	2,39
Kupfer	0,39
Luft	1,01
Porzellan	0,73
Quecksilber	0,14
Ziegelstein	0,86
Wasser	4,19
Wasserdampf	1,86
Zinn	0,23

Grundgleichung der Wärmelehre

Der Zusammenhang zwischen der Temperaturänderung eines Körpers und der von ihm aufgenommenen oder abgegebenen Wärme wird in der **Grundgleichung der Wärmelehre** erfasst.

> Unter der Bedingung, dass sich der Aggregatzustand eines Körpers nicht ändert, kann die von einem Körper abgegebene oder aufgenommene Wärme berechnet werden mit der Gleichung:
>
> $Q = m \cdot c \cdot \Delta T$
>
> m Masse des Körpers
> c spezifische Wärmekapazität
> ΔT Differenz zwischen Endtemperatur und Anfangstemperatur

Statt der Temperaturdifferenz ΔT kann auch $\Delta\vartheta$ gesetzt werden, denn es gilt: $\Delta T = \Delta\vartheta$

Ein spezieller Fall liegt vor, wenn zwei Körper unterschiedlicher Temperatur, z. B. zwei Wassermengen, gemischt werden.
Dann gilt: Die vom wärmeren Wasser abgegebene Wärme ist genauso groß wie die vom kühleren Wasser aufgenommene Wärme. Das gilt auch für zwei beliebige Körper, die sich in engem Kontakt zueinander befinden. In der Physik wird dieser Zusammenhang als **Mischungsregel** bezeichnet.

> Die von einem Körper abgegebene Wärme ist genauso groß wie die vom anderen Körper aufgenommene Wärme.
>
> $Q_{ab} = Q_{zu}$

Haben zwei Wassermengen mit den Massen m_1 und m_2 die Temperaturen ϑ_1 und ϑ_2, so gilt für die abgegebene und die aufgenommene Wärme:

$$m_1 \cdot c \cdot (\vartheta_1 - \vartheta_m) = m_2 \cdot c \cdot (\vartheta_m - \vartheta_2)$$

Dabei ist ϑ_m die Mischungstemperatur.

Mosaik

Die Bedeutung der spezifischen Wärmekapazität des Wassers

Von allen in der Natur vorkommenden Stoffen hat Wasser mit die größte spezifische Wärmekapazität. $c = 4{,}19\ \text{kJ/(kg} \cdot \text{K)}$ bedeutet, dass 1 l Wasser eine Wärme von 4,19 kJ aufnimmt, wenn es um 1 K erwärmt wird. Bei einer Abkühlung von 1 K gibt das Wasser eine Wärme von 4,19 kJ ab.
Große Wassermengen, insbesondere Seen, Meere und Ozeane, haben erheblichen Einfluss auf das Klima.
Im Sommer wird vom Wasser aufgrund der Sonneneinstrahlung viel Wärme gespeichert.
Im Herbst und Winter wird ein erheblicher Teil dieser Wärme an die Umgebung abgegeben. Es ist milder als im Binnenland.
Im Frühjahr und Frühsommer erwärmt sich das Wasser erst allmählich. Der umgebenden Luft, die sich schneller erwärmt, wird Wärme entzogen.

Dadurch entsteht insgesamt ein typisches Seeklima mit relativ milden Wintern und relativ kühlen Sommern.
Beeinflusst wird das Klima in vielen Regionen auch durch gewaltige Meeresströmungen, z. B. durch den warmen Golfstrom. Er geht von der Karibik aus und hat Auswirkungen auf das Klima in England, Schottland, Irland oder Norwegen.
Auch in der Technik besitzt Wasser große Bedeutung. In Warmwasserheizungen wird genutzt, dass Wasser aufgrund seiner großen spezifischen Wärmekapazität viel Energie in Form von Wärme transportiert.
Für die Kühlung von Motoren oder als Kühlmittel in Kraftwerken wird ebenfalls Wasser verwendet.

Körper in verschiedenen Aggregatzuständen

Alle Körper unserer Umgebung haben bei Zimmertemperatur einen bestimmten **Aggregatzustand.** Wasser ist flüssig, ein Hammer fest und die Luft gasförmig. Bei einer anderen Temperatur können diese Körper aber auch in einem anderen Aggregatzustand vorliegen (Abb. 1). Wasser kann zu Eis werden, Stahl kann schmelzen, Luft kann verflüssigt werden.

> Körper können sich im festen, flüssigen oder gasförmigen Aggregatzustand befinden.

Je nachdem, in welchem Aggregatzustand sich ein Körper befindet, ändert sich mit der Temperatur auch sein Volumen (↗ S. 77 ff.). Der Körper bleibt aber in demselben Aggregatzustand.
Damit ein Körper seinen Aggregatzustand ändert, muss ihm Wärme zugeführt oder entzogen werden. Abb. 2 benennt die Vorgänge, bei denen sich die Aggregatzustände ändern. Das geschieht bei der Schmelztemperatur bzw. bei der Siedetemperatur.

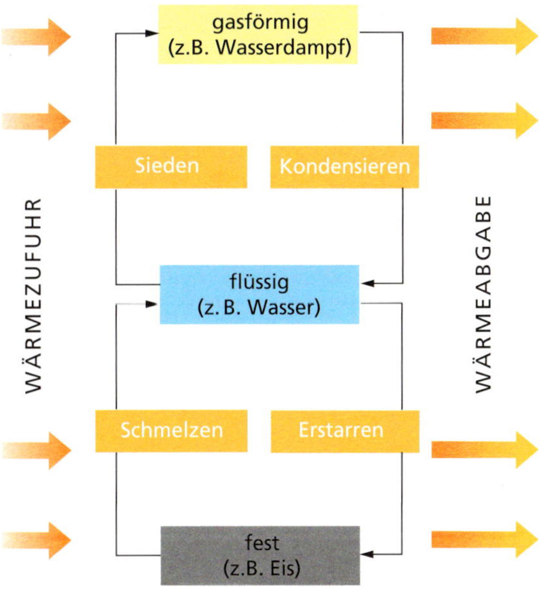

2 Aggregatzustände und ihre Änderungen

Schmelzen und Erstarren

Wird einem festen Körper, z. B. Eis oder Stahl, Wärme zugeführt, so steigt seine Temperatur. Der Körper bleibt aber zunächst im festen Aggregatzustand. Bei einer bestimmten Temperatur, der **Schmelztemperatur,** wird der Körper flüssig. Solange der Körper schmilzt, sind sowohl feste als auch flüssige Teile des Körpers vorhanden. Seine Temperatur ändert sich nicht. Die gesamte zugeführte Wärme wird für das Schmelzen benötigt, also für die Umwandlung des Körpers vom festen in den flüssigen Aggregatzustand. Erst wenn der gesamte Körper geschmolzen ist, steigt seine Temperatur wieder an.
Die Schmelztemperatur ist abhängig von dem Stoff, aus dem der Körper besteht. So ist die Schmelztemperatur von Stahl wesentlich höher als die von Eis. Körper können auch direkt vom festen in den gasförmigen Aggregatzustand übergehen. Dieser Vorgang heißt **Sublimieren.** Er tritt z. B. bei Schnee oder Eis auf.

1a Wasser geht bei Temperaturen unter 0 °C in seinen festen Zustand über und liegt als Eis vor.

1b Schokolade wird beim Erwärmen flüssig und kann z. B. für Glasuren genutzt werden.

1c Luft und andere Gase können bei sehr tiefen Temperaturen auch flüssig sein.

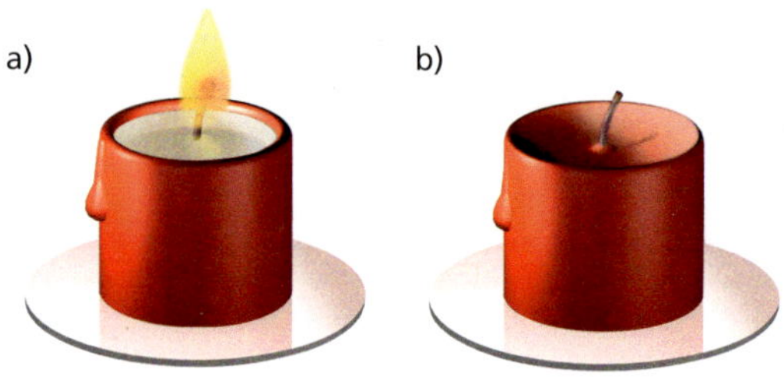

1 Das flüssige Kerzenwachs auf der brennenden Kerze bildet eine glatte Oberfläche (a). Beim Erstarren zieht sich das Wachs zusammen. Das feste Wachs bildet auf der Oberfläche eine Mulde (b).

Wenn einem flüssigen Körper Wärme entzogen wird, so geht er bei seiner Erstarrungstemperatur vom flüssigen in den festen Aggregatzustand über.
Schmelztemperatur und Erstarrungstemperatur eines Stoffes sind gleich groß: So schmilzt z. B. Eis bei 0 °C. Bei ebenfalls 0 °C erstarrt Wasser.

> Ein Körper geht bei der Schmelztemperatur vom festen in den flüssigen Aggregatzustand (Schmelzen) bzw. vom flüssigen in den festen Aggregatzustand (Erstarren) über.

Die Schmelztemperatur ist auch vom Druck abhängig. Für Eis gilt: Die Schmelztemperatur ist umso niedriger, je größer der Druck ist.
Während des Schmelzens und des Erstarrens ändert sich mit dem Aggregatzustand auch das Volumen des Körpers (Abb. 1). Bei den meisten Körpern vergrößert sich beim Schmelzen das Volumen. Eis bildet hier eine Ausnahme.

Sieden und Kondensieren

Wird einem flüssigen Körper, z. B. Wasser, Wärme zugeführt, so steigt zunächst seine Temperatur, bis er zu sieden beginnt und gasförmig wird. Solange das Wasser siedet, also sowohl flüssige als auch gasförmige Teile vorhanden sind, ändert sich die Temperatur des Wassers nicht. Die gesamte zugeführte Wärme wird für die Umwandlung des Körpers vom flüssigen in den gasförmigen Aggregatzustand benötigt. Erst dann steigt die Temperatur des Körpers wieder an.

Umgekehrt gilt: Wenn einem gasförmigen Körper Wärme entzogen wird, so geht er bei seiner **Kondensationstemperatur** vom gasförmigen in den flüssigen Aggregatzustand über. Siedetemperatur und Kondensationstemperatur eines Stoffes sind immer gleich groß.

> Ein Körper geht bei der Siedetemperatur vom flüssigen in den gasförmigen Aggregatzustand (Sieden) bzw. vom gasförmigen in den flüssigen Aggregatzustand (Kondensieren) über.

Wie die Schmelztemperatur ist auch die Siedetemperatur druckabhängig. Für Wasser gilt: Die Siedetemperatur ist umso höher, je größer der Druck ist. Bei normalem Luftdruck beträgt die Siedetemperatur von Wasser 100 °C. Auf hohen Bergen ist der Luftdruck geringer. Die Siedetemperatur von Wasser liegt dann unter 100 °C. Auf dem höchsten Berg Deutschlands, der Zugspitze (2 962 m), siedet Wasser bei etwa 90 °C. In Schnellkochtöpfen dagegen ist der Druck höher als der normale Luftdruck. Die Siedetemperatur des Wassers liegt bei über 100 °C.

Schmelztemperatur ϑ_S und Siedetemperatur ϑ_V einiger Stoffe bei normalem Druck

Stoff	ϑ_S in °C	ϑ_V in °C
Aluminium	660	2 450
Antimon	631	1 635
Blei	327	1 740
Eisen	1 540	3 000
Glycerin	18	291
Gold	1 063	2 660
Kupfer	1 083	2 600
Messing	320	1 160
Platin	1 739	3 827
Quecksilber	−39	357
Wasser	0	100
Wolfram	3 410	5 500
Zink	419	907
Zinn	232	2 680

Schmelzwärme und Verdampfungswärme

Wir wissen bereits: Wird einem festen Körper Wärme zugeführt, so schmilzt er bei der Schmelztemperatur. Bei der gleichen Temperatur erstarrt der flüssige Körper, wenn ihm Wärme entzogen wird. Die zum Schmelzen eines Körpers erforderliche Wärme wird **Schmelzwärme** genannt. Bezogen auf 1 kg eines Stoffes heißt sie **spezifische Schmelzwärme.**

> Die spezifische Schmelzwärme gibt an, wie viel Wärme erforderlich ist, um bei der Schmelztemperatur 1 kg eines Stoffs zu schmelzen.
>
> Formelzeichen: q_S
> Einheit: ein Kilojoule je Kilogramm $\left(1\,\frac{kJ}{kg}\right)$

Beim Erstarren wird diese Wärme wieder abgegeben. Die Schmelzwärme für einen Körper mit der Masse *m* kann berechnet werden mit der Gleichung $Q_S = q_S \cdot m$

Analog sind die Verhältnisse beim Sieden, also beim Übergang vom flüssigen in den gasförmigen Aggregatzustand. Die zum Sieden erforderliche Wärme wird als **Verdampfungswärme** bezeichnet. Sie wird beim Kondensieren wieder frei.

Spezifische Schmelzwärme q_S und spezifische Verdampfungswärme q_V einiger Stoffe

Stoff	q_S in $\frac{kJ}{kg}$	q_V in $\frac{kJ}{kg}$
Aluminium	396	10 500
Antimon	165	1 256
Blei	24,8	871
Eisen	275	6 320
Glycerin	201	–
Gold	64,5	1 580
Kupfer	205	4 650
Messing	168	–
Platin	111	2 512
Quecksilber	12	285
Wasser	334	2 256
Wolfram	193	4 190
Zink	111	1 755
Zinn	59	2 450

> Die spezifische Verdampfungswärme gibt an, wie viel Wärme erforderlich ist, um 1 kg eines Stoffs zu verdampfen.
>
> Formelzeichen: q_V
> Einheit: ein Kilojoule je Kilogramm $\left(1\,\frac{kJ}{kg}\right)$

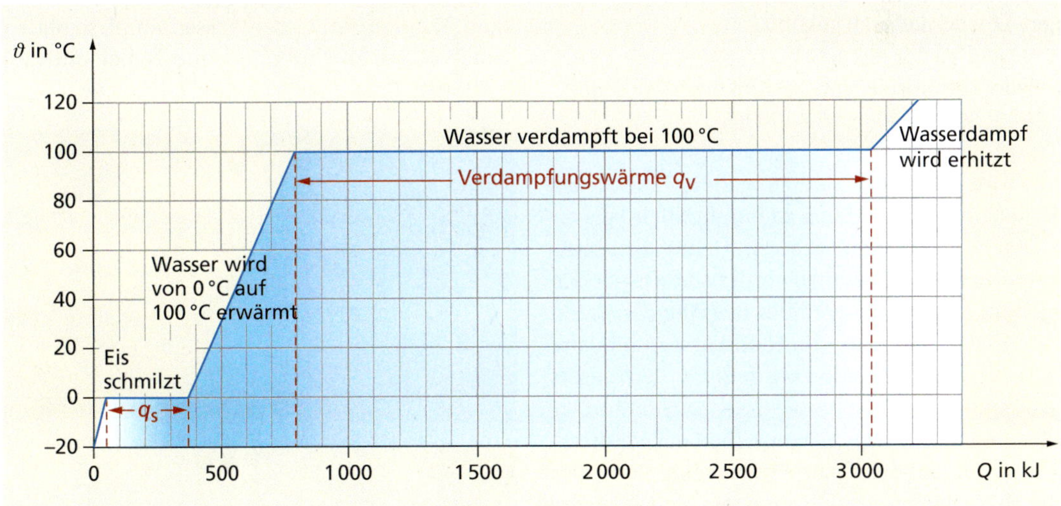

1 Temperaturverlauf bei 1 kg Eis bzw. Wasser und gleichmäßiger Zufuhr von Wärme. Während des Schmelzens und des Verdampfens bleibt die Temperatur gleich.

Verdunsten von Flüssigkeiten

Flüssigkeiten können auch weit unter ihrer Siedetemperatur in den gasförmigen Zustand übergehen. Diesen Vorgang nennt man **Verdunsten.**
Das Verdunsten von Wasser kann man z. B. beim Trocknen einer nassen Straße oder beim Trocknen von Wäsche feststellen. Wie schnell eine Flüssigkeit verdunstet, ist abhängig
- von der Größe ihrer Oberfläche,
- von der Temperatur und
- davon, wie schnell der verdunstete Anteil abgeführt wird.

Das bedeutet zum Beispiel für ein Wäschestück: Es trocknet schneller, wenn es
- möglichst weit auseinandergefaltet ist,
- die Temperatur möglichst hoch ist und
- ein kräftiger Wind weht.

Wie zum Schmelzen oder Sieden ist auch zum Verdunsten Wärme erforderlich. Sie wird der Umgebung entzogen. Dadurch kühlt sich die Umgebung ab. Deshalb bezeichnet man diese der Umgebung entzogene Wärme als Verdunstungswärme. Die **Verdunstungskälte** spielt eine wichtige Rolle bei der Regulierung unserer Körpertemperatur: Bei sehr warmem Wetter schwitzen wir. Der Schweiß verdunstet teilweise. Die dafür erforderliche Wärme wird unserem Körper entzogen. Er wird dadurch gekühlt.

> Beim Verdunsten von Flüssigkeiten wird der Umgebung Wärme entzogen.

Das wird z. B. in der Medizin genutzt: Um kleine Stellen auf der Haut unempfindlich gegen Schmerz zu machen, wird eine Flüssigkeit aufgesprüht, die sehr schnell verdunstet. Durch das schnelle Verdunsten wird der betreffenden Stelle viel Wärme entzogen. Die Haut kühlt sich relativ stark ab und wird dadurch unempfindlich gegen Schmerz.
Mit dem Teilchenmodell kann man das Verdunsten so deuten: Sehr schnelle Teilchen verlassen die Flüssigkeit. Dadurch verringert sich die mittlere Geschwindigkeit der noch vorhandenen Teilchen. Die Temperatur verringert sich.

1 Wasser auf der Haut verdunstet. Dadurch kühlt sich die Haut ab. Das kann sogar bei hohen Temperaturen zu einer Erkältung führen.

Die Luftfeuchtigkeit

Luft enthält Wasserdampf, der für uns nicht sichtbar ist. Er gelangt durch Verdunsten von Wasser in die Atmosphäre.

> Der Anteil von Wasserdampf, der sich in der Atmosphäre befindet, wird als Luftfeuchtigkeit bezeichnet.

Die Luftfeuchtigkeit wird meist in Prozent angegeben. 60 % Luftfeuchtigkeit bedeuten: Die Luft enthält 60 % des Wasserdampfes, der bei einer bestimmten Temperatur aufgenommen werden kann. Kondensiert dieser Wasserdampf, so bilden sich Wolken, in Erdbodennähe Nebel und am Erdboden Tau.

2 Wolken, Nebel oder Tau sind kondensierter Wasserdampf.

Übersicht über die Aggregatzustände

	Feste Körper	Flüssigkeiten	Gase
Beispiele	 Eis ist ein fester Körper. Feste Körper bestehen aus Teilchen, die eng beieinanderliegen und einen bestimmten Platz haben.	 Wasser ist eine Flüssigkeit. Flüssigkeiten bestehen aus Teilchen, die keinen bestimmten Platz haben, sondern gegeneinander verschiebbar sind. Ihr Abstand bleibt gleich.	 Wasserdampf ist ein Gas. Gase bestehen aus Teilchen, die sich in großem Abstand voneinander befinden.
Aufbau	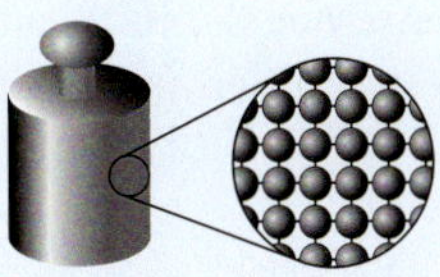 Die Teilchen schwingen um ihren Platz hin und her.	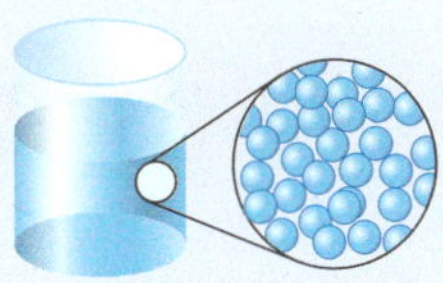 Die Teilchen führen unregelmäßige Bewegungen aus.	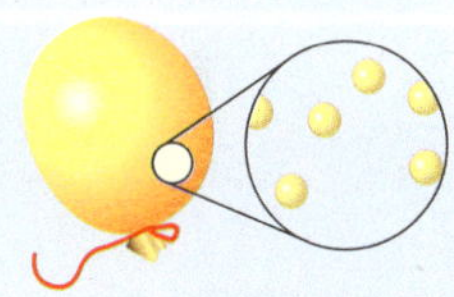 Die Teilchen bewegen sich frei im gesamten Raum.
Form	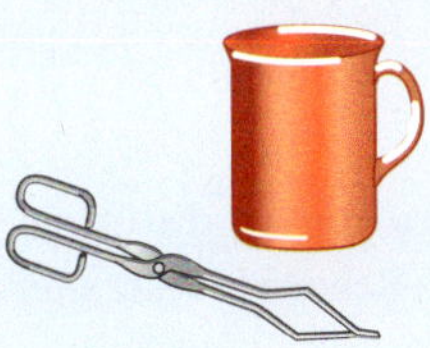 Feste Körper haben eine bestimmte Form. Sie können kompakt, kristallin oder pulverförmig vorliegen.	 Flüssigkeiten passen sich der Form des Gefäßes an, in dem sie sich befinden.	 Gase passen sich der Form des Gefäßes an, in dem sie sich befinden.
Volumen	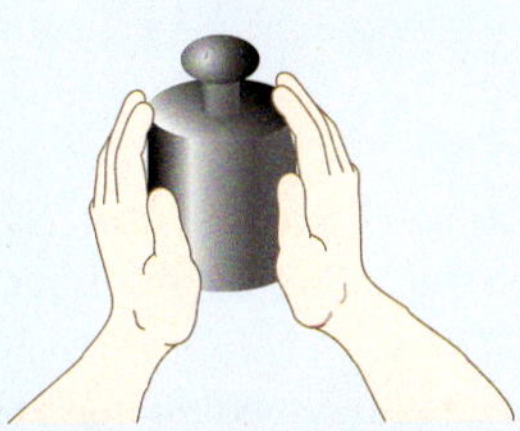 Feste Körper haben ein bestimmtes Volumen. Sie lassen sich nicht zusammendrücken.	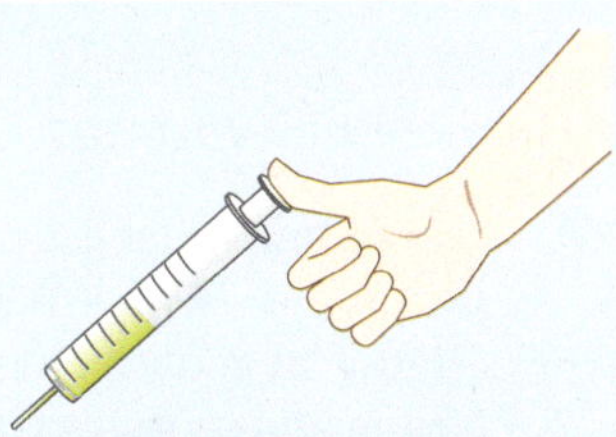 Flüssigkeiten haben ein bestimmtes Volumen. Sie lassen sich nicht zusammendrücken.	 Gase nehmen den gesamten Raum ein, der ihnen zur Verfügung steht. Sie lassen sich zusammendrücken und haben ein veränderliches Volumen.

Unter der Internetadresse **www.schuelerlexikon.de** findest du für Schüler entwickelte Nachschlagewerke, u.a. für das Fach Physik.

Präsentieren von Informationen

Ergebnisse deiner Arbeit zu einem Thema oder das, was ihr in einer Gruppe erarbeitet habt, sollte den Mitschülern, vielleicht sogar allen Schülern der Schule oder der Öffentlichkeit, präsentiert werden. Für die Präsentation von Informationen gibt es unterschiedliche Möglichkeiten, beispielsweise:

- einen Vortrag halten
- eine Wandzeitung oder ein Poster für den Physikraum oder den Schulflur gestalten
- eine Präsentation mit dem Computer anfertigen und vorführen,
- eine Internetseite zu einem Thema gestalten

Vorbereiten eines Vortrags

1. Verschaffe dir einen Überblick über das Thema! Nutze dazu verschiedene Informationsquellen!

Informationsquellen

Elektronische Medien	Literatur	Schulbücher	Internet
Film	Lexika	Lehrbücher	Suchmaschinen
Fernsehen	Sachbücher	Tabellenwerke	Direktsuche
CD-ROMs	Zeitschriften	Schülerlexika	www.schuelerlexikon.de

2. Wähle die Schwerpunkte aus, zu denen du etwas vortragen willst! Informiere dich über diese Schwerpunkte genauer!
3. Gliedere den Vortrag! Formuliere die Schwerpunkte in Kurzform schriftlich (z. B. Kärtchen mit Stichwörtern)!
4. Stelle Bilder, Folien oder Plakate bereit, die du für den Vortrag nutzen willst! Du kannst auch Material für eine Präsentation mit Computer und Beamer vorbereiten.

Klima und Wetter

1. Unterschied zwischen Klima und Wetter
   - Klima: langfristig, mittlerer Zustand
   - Wetter: kurzfristig, momentaner Zustand
2. Klimazonen erläutern
   - polare Zone
   - gemäßigte Zone (Berlin)
   - Subtropen u. Tropen
3. Typische Wetterlagen bei uns
   - Hochdrucklage im Sommer und Winter
   - Tiefdrucklage
   - Westwind/Ostwind/Südwind

Halten eines Vortrags

1. Wecke am Anfang des Vortrags Interesse und Neugier und nenne das Thema! Beginne mit „Wusstet ihr überhaupt ...?“, „Hättet ihr gedacht, dass ...“.
2. Nenne und zeige die Gliederung (Tafel, Folie, Plakat)!
3. Sprich in kurzen Sätzen! Verwende nur Fachbegriffe, die du auch selbst erklären kannst!
4. Bemühe dich, laut, langsam und deutlich zu sprechen! Nutze deine Notizen! Versuche trotzdem, frei zu sprechen und deine Zuhörer anzuschauen!

5. Leite neue Teile deutlich ein, z. B.: „Ein weiterer Punkt ist …“ oder „Als Nächstes möchte ich …“.
6. Achte auf die Zeit! Schließe den Vortrag mit einer kurzen Zusammenfassung ab!

Anfertigen einer Wandzeitung oder eines Posters

Wandzeitungen oder Poster eignen sich gut dazu, Informationen und Arbeitsergebnisse der Schulöffentlichkeit vorzustellen. Damit das auch gut gelingt, sollten ein paar Tipps beachtet werden:

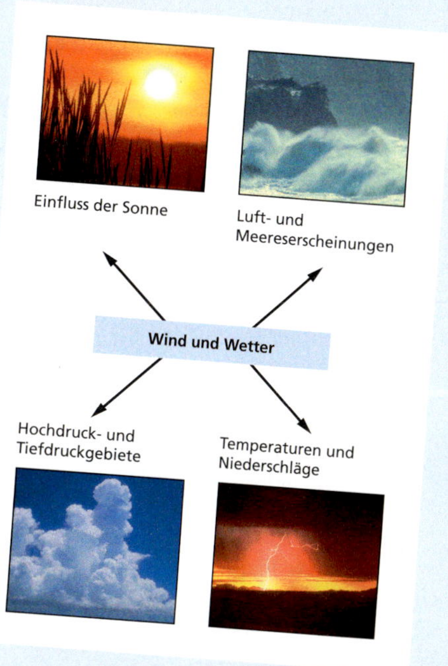

1. Jedes Poster hat ein Thema, das über den Inhalt informieren und Neugier wecken soll. Es sollte auffällig (groß, farbig) gestaltet sein.
2. Verwende Abbildungen, Grafiken, Skizzen, Schemata! Gehe sparsam mit Text um!
3. Ordne die Inhalte übersichtlich an!
4. Kennzeichne das, was inhaltlich zusammengehört, mit gleichen Schriftarten, Farben oder Formen! Verwende dabei aber keine zu große Vielfalt!
5. Teste die Erkennbarkeit und Lesbarkeit aus größerer Entfernung!
6. Bei einem umfangreicheren Thema kann man mehrere Poster zu einer kleinen Ausstellung zusammenfassen.

Gestaltung einer Internetseite

Im World Wide Web kann man nicht nur Informationen suchen, sondern auch selbst Informationen präsentieren. Dazu ist eine eigene **Homepage** nötig oder es wird die Homepage der Schule genutzt.
Zur Erstellung der Seiten gibt es spezielle Programme.
Für die attraktive Gestaltung von Webseiten gelten die gleichen Hinweise wie für die Anfertigung einer Wandzeitung oder eines Posters. Vorteil ist aber beim Web: Es können auch Animationen, Videos oder Audios mit eingebaut werden. Es können auch schnell Änderungen und Aktualisierungen vorgenommen werden.

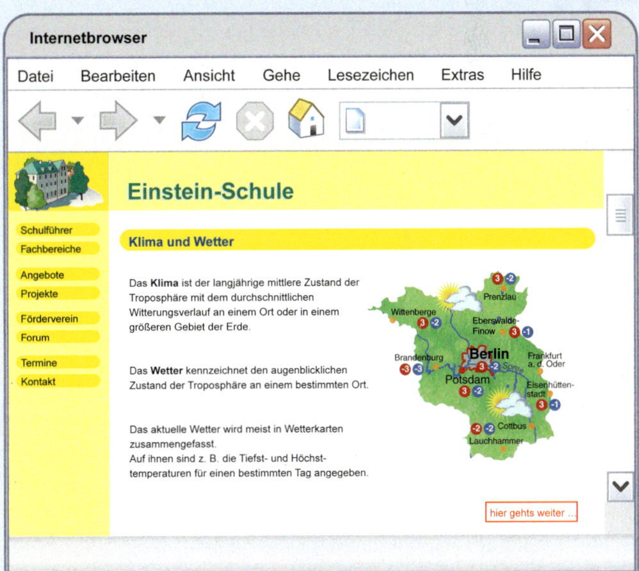

Physik in Natur und Technik

Ein selbst gebautes Thermometer

Die Fixpunkte der Celsiusskala sind leicht herzustellen. Dies kann man beim Bau eines Thermometers nutzen.
Wie kann man ein Flüssigkeitsthermometer mit einer Celsiusskala herstellen?

Die Fixpunkte der Celsiusskala sind 0 °C (Schmelztemperatur von Eis) und 100 °C (Siedetemperatur von Wasser).
Für das Flüssigkeitsthermometer benötigt man ein Thermometergefäß mit Anzeigeröhrchen und Thermometerflüssigkeit (z. B. gefärbten Alkohol). Dieses Thermometer, das noch keine Skala hat, wird zunächst in ein Gemisch aus Wasser und Eis getaucht (Abb. 1). Wenn sich die Flüssigkeitssäule im Anzeigeröhrchen nicht mehr ändert, kann man den Stand der Säule markieren. Damit wäre der erste Fixpunkt 0 °C ermittelt. Dann wird das Thermometer in siedendes Wasser gehalten. Wenn sich die Höhe der Flüssigkeitssäule nicht mehr ändert, kann der zweite Fixpunkt 100 °C markiert werden.
Anschließend wird der Abstand zwischen den beiden Punkten in 10 gleiche Abstände unterteilt. Somit erhält man eine Temperaturskala, die eine Skaleneinteilung von jeweils 10 °C besitzt. Die Skaleneinteilung kann man weiter verfeinern.

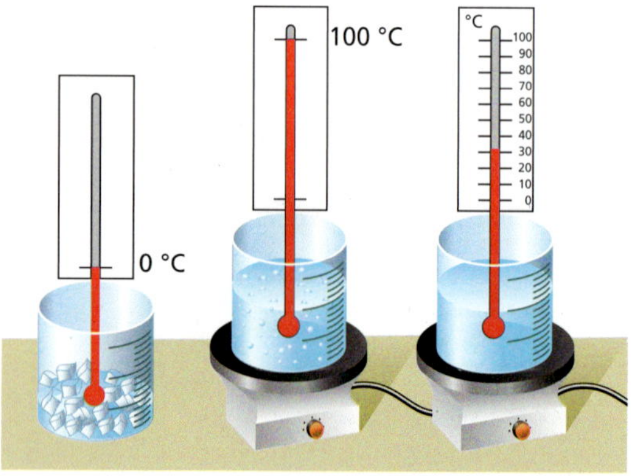

1 Festlegung der Fixpunkte eines Flüssigkeitsthermometers

Vorsicht beim Tanken im Sommer

In der Regel tankt man sein Auto voll. Im Sommer kann das jedoch gefährlich werden, wenn der Tank randvoll gefüllt wird.
Warum sollte man an heißen Sommertagen den Tank eines Autos nie randvoll füllen?

Wie alle Flüssigkeiten dehnt sich das Benzin aus. Es wird an der Tankstelle aus unterirdischen Vorratsbehältern gepumpt und hat dann eine Temperatur von ca. 10 °C. An Sommertagen mit 30 °C bedeutet das eine Temperaturerhöhung um 20 K. Wenn also ein Tank z. B. 50 l Benzin fasst, dann vergrößert sich das Volumen folgendermaßen:
Entsprechend den Tabellenwerten auf S. 52 vergrößert sich das Volumen von 10 l Benzin bei einer Temperaturänderung von 10 K um 100 ml.
50 l dehnen sich dann bei gleicher Temperaturänderung um $5 \cdot 100\,\text{ml} = 500\,\text{ml}$ aus. Bei einer doppelt so großen Temperaturänderung hat sich das Tankvolumen dann um das Doppelte vergrößert: Es sind 1 000 ml.
Das Volumen einer Tankfüllung Benzin von 50 l wird also um 1/50 größer. Das ist immerhin 1 l.
Wurde der Tank bei diesen Temperaturen bis zum Rand gefüllt, entweicht das überschüssige Benzin über ein Entlüftungsrohr (Abb. unten). Das verschmutzt nicht nur die Umwelt, sondern kann auch zur Ursache von Bränden werden.
Das Entlüftungsrohr dient ansonsten dazu, dass die Luft beim Tanken entweichen kann.

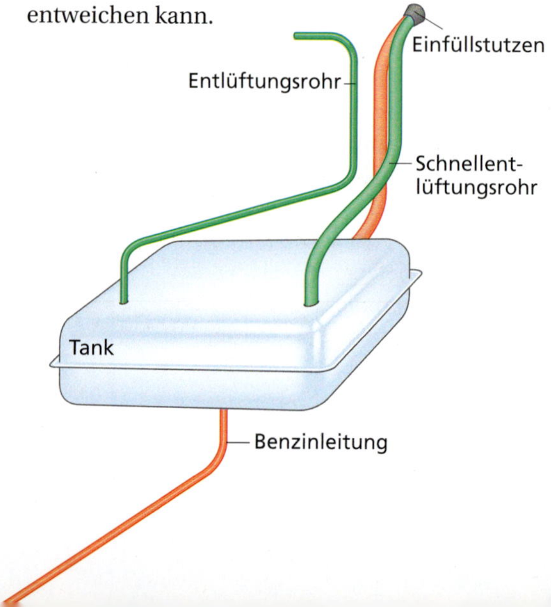

Feuermelder in Aktion

Kinos, Kaufhäuser oder Lagerhäuser sind mit Alarmanlagen für Feuer ausgerüstet. Diese Alarmanlagen dienen dem Schutz von Menschen und Sachwerten vor Feuer und Rauch.
Bei den Feueralarmanlagen gibt es Temperaturwarnanlagen, die das Überschreiten einer bestimmten Temperatur signalisieren, und Rauchmeldeanlagen, die die Lufttrübung bei Rauchentwicklung registrieren.
Wesentlicher Teil einer Temperaturwarnanlage ist ein Bimetallstreifen.
Wie ist ein Bimetallstreifen aufgebaut? Wie funktioniert er?

Ein Bimetallstreifen (bi = zwei) besteht aus zwei Streifen aus verschiedenen Metallen, z. B. aus Zink und Eisen oder aus Messing und Eisen (Abb. 1a). Die Metallstreifen sind fest miteinander verschweißt, verklebt oder vernietet.
Ändert sich die Temperatur, so dehnen sich beide Metalle aus. Bei gleicher Temperaturänderung dehnt sich jedoch Zink stärker als Eisen aus (↗ Tabelle S. 51). Da beide Metalle fest miteinander verbunden sind, biegt sich der Bimetallstreifen bei Temperaturerhöhung zum Eisen hin. Bei Verringerung der Temperatur geht auch die Biegung wieder zurück.
Beschreibe den Aufbau der in Abb. 2 dargestellten Temperaturwarnanlage! Erkläre ihre Wirkungsweise!

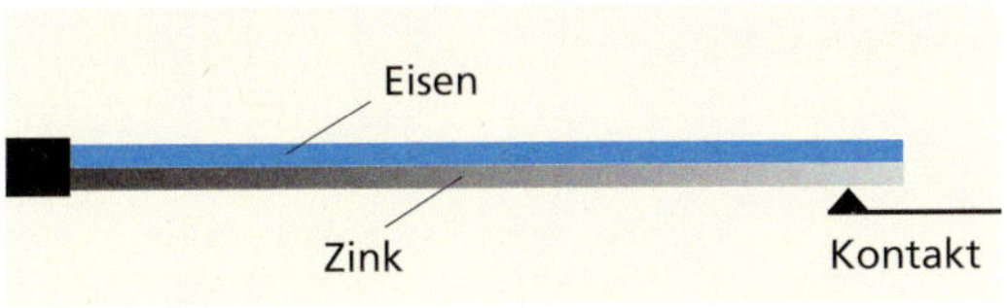

1a Bimetallstreifen bei Zimmertemperatur

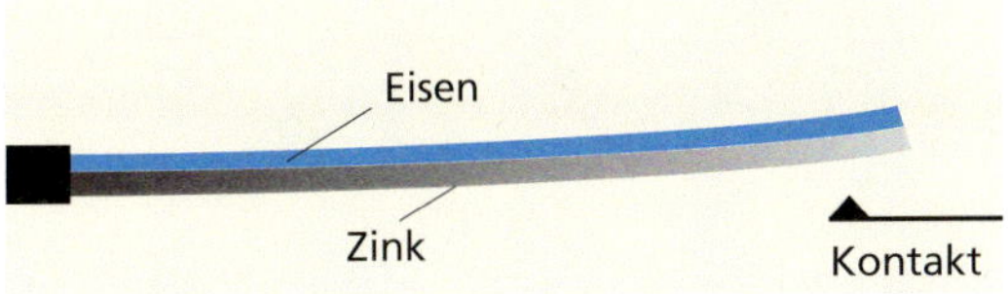

1b Bimetallstreifen (erwärmt): Da sich Zink stärker als Eisen ausdehnt, krümmt sich der Bimetallstreifen.

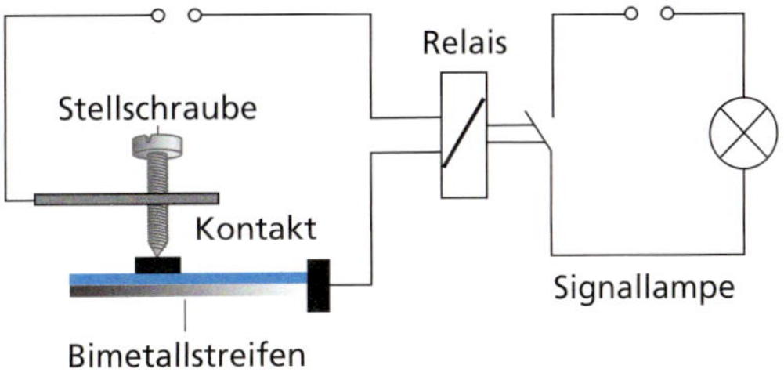

2 Aufbau einer Temperaturwarnanlage

Eine Temperaturwarnanlage dient dazu, eine erhöhte Temperatur in einem Raum, z. B. bei Ausbruch eines Feuers, zu signalisieren. Sie besteht aus einem Bimetallschalter (Bimetallstreifen, Kontakt), einem Relais (elektromagnetischer Schalter) und einer Signallampe (Abb. 2).
Bei normaler Raumtemperatur ist der Bimetallschalter geschlossen. Die Signallampe leuchtet nicht. Erhöht sich die Temperatur, so biegt sich der aus zwei verschiedenen Metallen bestehende Bimetallstreifen. Der Kontakt öffnet sich, der Stromfluss wird unterbrochen. Dadurch wird im Relais der Stromkreis, in dem sich die Signallampe befindet, geschlossen. Sie leuchtet auf.

Mithilfe der Stellschraube kann die Temperatur eingestellt werden, bei der der Stromfluss unterbrochen wird. Je nach Raum wählt man dazu Temperaturen zwischen 40 und 90 °C.
Neben Temperaturwarnanlagen gibt es auch Rauchmelder, die allerdings nach einem anderen Prinzip arbeiten.

3 Automatische Rauch- oder Feuermelder sind meist an der Decke angebracht.

Immer cool bleiben

Juice, Cola und andere Getränke schmecken am besten, wenn sie kalt sind. Deshalb stellt man sie in den Kühlschrank oder gibt Eiswürfel in das Getränk (Abb. 1).
Wie verändert sich die Temperatur eines Getränks, wenn Eiswürfel zugegeben werden?

Das Getränk hat zunächst Zimmertemperatur. Gibt man Eiswürfel hinzu und rührt gut um, bildet sich ein Flüssigkeit-Eis-Gemisch. Die Eiswürfel beginnen sich zu erwärmen und zu schmelzen. Die dafür erforderliche Wärme wird der Flüssigkeit entzogen. Dabei sind zwei Vorgänge zu unterscheiden:
- Das Eis erwärmt sich zunächst bis auf 0 °C.
- Das Eis beginnt bei 0 °C zu schmelzen.

In den beiden Vorgängen wird der Flüssigkeit Wärme entzogen. Die Temperatur der Flüssigkeit verringert sich, solange noch Eis vorhanden ist. Kälter als 0 °C kann das Gemisch nicht werden. Diese Temperatur wird aber meist nicht erreicht, weil ein ständiger Austausch der Wärme mit der Umgebung des Raumes stattfindet.

1 Je mehr Eis in einem Getränk schmilzt, umso kälter wird es, aber nicht kälter als 0 °C.

Ist das Eis vollständig geschmolzen, erwärmt sich das Getränk wieder. Die dafür erforderliche Wärme stammt aus der Umgebung des Glases. Diese kühlt sich demzufolge geringfügig ab.

Mosaik

Destillation – ein Verfahren zur Stofftrennung

Die unterschiedlichen Siedetemperaturen von Flüssigkeiten werden zum Trennen von Flüssigkeitsgemischen genutzt. Das Verfahren nennt man **Destillieren** (Abb. 2). Mit ihm wird aus Rohöl Benzin gewonnen, reiner Alkohol hergestellt oder Wasser gereinigt.
Wird einem Flüssigkeitsgemisch Wärme zugeführt, so verdampft zunächst die Flüssigkeit mit der niedrigsten Siedetemperatur. Fängt man diesen Dampf auf und kühlt ihn, so kondensiert er und kann aufgefangen werden. Das geschieht so lange, bis eine der Flüssigkeiten vollständig verdampft ist.

Um destilliertes Wasser herzustellen, wird die Temperatur langsam erhöht, damit Flüssigkeiten mit einer Siedetemperatur unter der des Wassers verdampfen können. Feste Anteile bleiben in dem Kolben zurück, in dem das Wasser erhitzt wird. Wenn man sehr reines Wasser benötigt, muss der Vorgang mehrfach wiederholt werden.
Die Aufbereitung von Erdöl durch Destillation erfolgt in den riesigen Destillationskolonnen von Erdölraffinerien. Bei Erdöl handelt es sich um ein Gemisch aus Kohlenwasserstoffen.
Das Rohöl wird bei etwa 300 °C verdampft und die Dämpfe werden von unten in eine Destillationskolonne geleitet. Dort kondensieren die verschiedenen Bestandteile je nach Siedepunkt in verschiedenen Etagen und werden von dort als Flüssigkeiten abgesaugt. So kondensieren z. B. unten in der Kolonne Dieselöl bei 240 bis 280 °C, oben in der Kolonne Leichtbenzin bei 50 bis 100 °C.

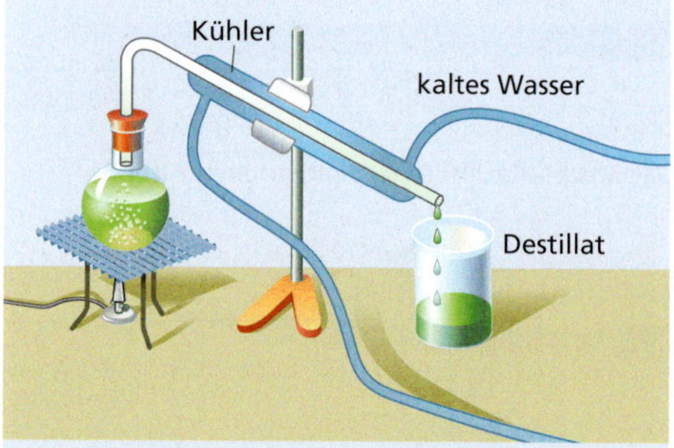

2 Eine einfache Destillationsanlage

Ein Schrank zum Kühlen

Um früher Nahrungsmittel längere Zeit zu lagern, nutzte man Höhlen oder Keller. Heute ist bei uns in fast jedem Haushalt ein elektrisch betriebener Kühlschrank zu finden.
Wie ist ein solcher Kühlschrank aufgebaut? Wie funktioniert er?

Die Abb. 1 und 2 zeigen die wichtigsten Teile eines Kühlschranks. In seinem Innenraum befindet sich ein System von Rohren, der **Verdampfer** (Abb. 1, 2). In diesem verdampft das Kühlmittel. Das Kühlmittel ist eine Flüssigkeit, die bei normalem Luftdruck bei Temperaturen weit unter dem Gefrierpunkt, z. B. bei −25 °C, siedet. Die zum Verdampfen notwendige Wärme wird der Luft und den Lebensmitteln im Kühlschrank entzogen. Sie kühlen ab.

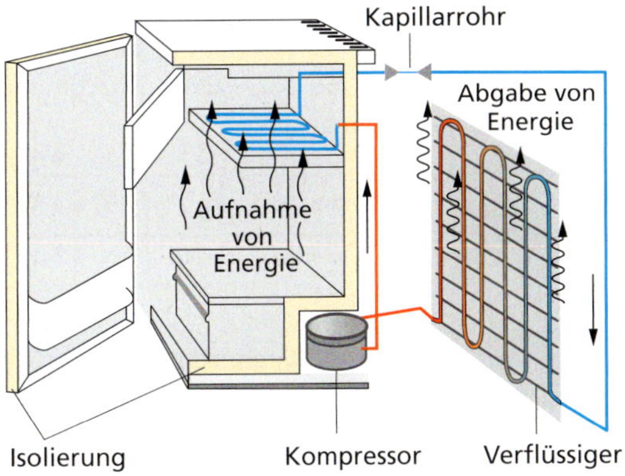

1 Aufbau eines Kühlschranks

Der **Kompressor** ist eine Pumpe. Sie saugt den Dampf ab, der im Verdampfer entstanden ist, und presst ihn in den Verflüssiger. Durch das Absaugen wird die Verdampfung beschleunigt und die Kühlung verstärkt. Beim Zusammenpressen erhöhen sich, ähnlich wie bei einer Luftpumpe, der Druck und damit die Temperatur des Dampfes. Sie steigt auf etwa 40 °C an.
Im **Verflüssiger** kondensiert der Dampf. Dabei wird Kondensationswärme frei, die über die Kühlrippen abgegeben wird. Diese Wärme spürst du, wenn du deine Hand über die Lüftungsschlitze des Kühlschranks hältst.

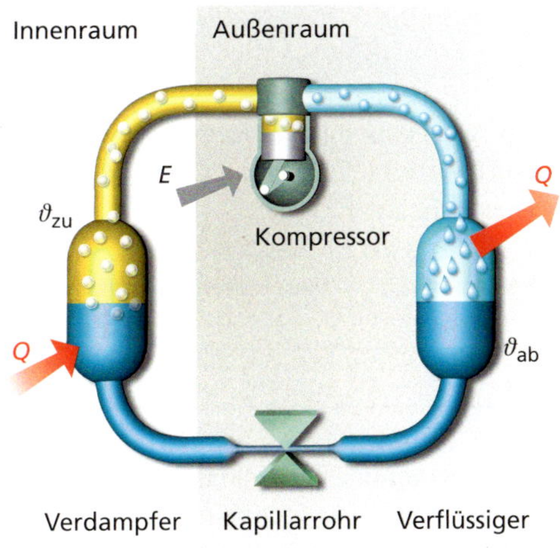

2 Kreislauf des Kühlmittels in einem Kühlschrank

Durch ein **Kapillarrohr** gelangt das Kühlmittel wieder in den Verdampfer. Dadurch verringert sich sein Druck und es beginnt wieder zu verdampfen. Der Kreislauf beginnt erneut.
Worin unterscheidet sich ein Kühlschrank von einer Wärmepumpe?

Der grundsätzliche Aufbau beider Geräte ist gleich. Bei einem **Kühlschrank** wird mithilfe des Kühlaggregats Wärme aus dem Inneren des Geräts nach außen transportiert (Abb. 1, 2). Dadurch wird der Innenraum gekühlt und die Umgebung erwärmt.
Bei einer **Wärmepumpe** dagegen wird dem Außenraum (Erdreich, Grundwasser, Luft) Wärme durch einen Verdampfer entzogen. Der Verdampfer befindet sich außerhalb des Hauses (Abb. 3). Der Verflüssiger steht im Haus. Er gibt die Kondensationswärme an den Innenraum ab.

3 Wärme wird außen aufgenommen und ins Innere des Hauses transportiert.

Gewusst · Gekonnt

1. Erkunde, was für Thermometer es bei euch zu Hause gibt! Fertige nach dem Muster eine Übersicht an!

Verwendungszweck	Messbereich	Messgenauigkeit
...	...	...

2. Als Thermometerflüssigkeiten für Außenthermometer werden Quecksilber oder Alkohol verwendet. Warum ist Wasser als Thermometerflüssigkeit für Außenthermometer nicht geeignet?

***3.** Warum ist es schwierig, die Temperatur eines kompakten Körpers, z. B. einer Zimmerwand, zu messen? Wie könnte man dessen Temperatur bestimmen?

4. Erkunde, welche höchsten und welche tiefsten Lufttemperaturen in Deutschland und in der Welt jemals gemessen worden sind! Nutze für deine Recherche das Internet, insbesondere auch die Adresse **www.schuelerlexikon.de!**

5. Wasser aus der Wasserleitung (15 °C) soll zum Teekochen bis zum Sieden erhitzt werden. Um wie viele Kelvin muss die Temperatur des Wassers erhöht werden?

6. An einem Wintertag wird früh um 7 Uhr eine Temperatur von −8 °C gemessen. Mittags steigt die Quecksilbersäule des Thermometers auf 4 °C. Wie groß ist der Temperaturunterschied?

7. In einer Zeitung liest Julian folgende Temperaturangaben: 20 K, 173 K, 278 K, 362 K, 450 K. Gib diese Temperaturen in °C an!

8. Wie viele Kelvin sind 250 °C, 100 °C, 25 °C, −10 °C, −210 °C?

9. Bestimme die jeweiligen Temperaturdifferenzen $\vartheta_1 - \vartheta_2$ und $\vartheta_2 - \vartheta_1$!

ϑ_1 in °C	20	40	−8	10	−25
ϑ_2 in °C	5	−6	15	65	−10

10. Ein Topf mit heißem Wasser kühlt sich allmählich ab. Messungen ergeben folgende Werte:

t in min	0	10	20	30	40
ϑ in °C	90	55	38	28	24

a) Stelle die Messwerte grafisch dar!
b) Nach welcher Zeit hat sich das Wasser auf 40 °C abgekühlt? Welche Temperatur hat das Wasser nach 25 min?

11. In den unteren Luftschichten nimmt die Temperatur mit der Höhe ab. In der Tabelle sind Messwerte angegeben.

h in km	0	0,5	1	2	3	4
ϑ in °C	20	16,5	12	5	−1	−9

a) Zeichne das ϑ-h-Diagramm!
b) In welcher Höhe befindet sich die Null-Grad-Grenze?
c) Welche Temperatur würde auf dem Gipfel des Brockens im Harz und in deinem Schulort herrschen?

12. Eine Wasserflasche aus Glas blieb unbemerkt bei starkem Frost im Kofferraum eines Autos liegen. Als am nächsten Tag die Temperaturen wieder bei etwa 6 °C lagen, gab es eine unangenehme Überraschung. Welche könnte das gewesen sein? Erkläre!

13. Der 1889 gebaute, 300 m hohe Pariser Eiffelturm besteht aus Stahl. Bei intensiver Sonneneinstrahlung wird der Turm nicht nur etwas höher, sondern biegt sich auch zur Seite. Begründe das physikalisch!

14. Ein Tischtennisball kann leicht eine Delle bekommen. Was kann man tun, um ihn wieder auszubeulen? Begründe!

15. Große Brücken sind an mindestens einer Seite auf Rollen gelagert (Abb. links), in der Fahrbahn befinden sich Dehnungsfugen (Abb. rechts). Welche Funktion haben die Rollen bzw. die Fugen?

16. Warum ist es sinnvoller, den Reifendruck eines Autos vor als nach einer langen Fahrt zu kontrollieren?

17. Befestige das Ende einer Stricknadel fest auf einem Holzklotz! Das andere Ende der Stricknadel soll beweglich auf einer Stopfnadel mit Zeiger lagern.

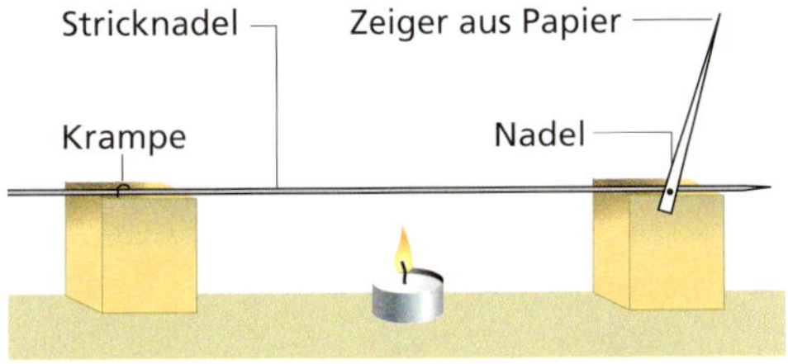

Nun erwärme die Stricknadel vorsichtig mit einer Kerzenflamme! **Vorsicht!** Es besteht Brandgefahr. Beschreibe und erkläre deine Beobachtungen!

18. Die Fahrdrähte für Elektrolokomotiven müssen immer straff gespannt sein. Das wird mithilfe von Rollen und angehängten Körpern gewährleistet.
Wie groß ist die Längenänderung eines 100 m langen Fahrdrahtes aus Kupfer zwischen Winter und Sommer? Die tiefste Temperatur im Winter beträgt –15 °C, die Höchsttemperatur im Sommer 35 °C.

19. Warmwasserleitungen von einem Heizkraftwerk zu einem Wohngebiet verfügen über „Dehnungsschleifen" (↗ Abb.).

Welche Funktion haben sie?

20. In welche Richtung werden sich die Bimetallstreifen bei Abkühlung biegen? Begründe deine Aussagen!

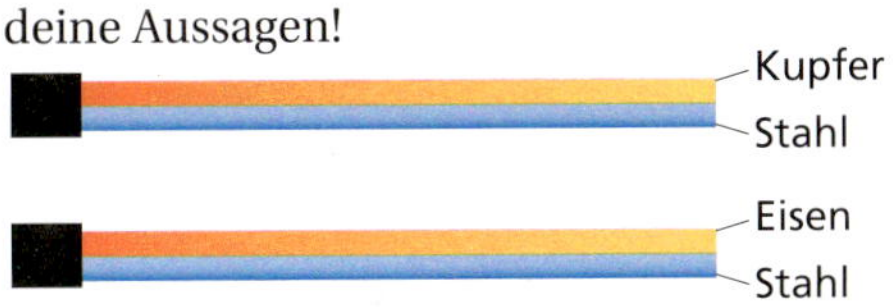

***21.** Zur Regulierung der Raumtemperatur benutzt man Thermostatventile an den Heizkörpern (↗ Abb.).

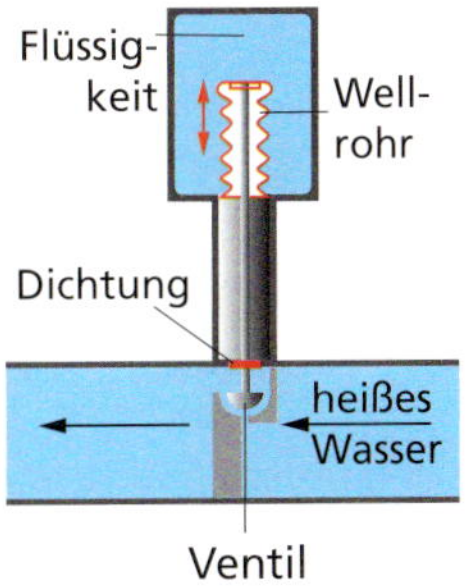

Die Flüssigkeit kann ein Wellrohr zusammendrücken, das wie eine starke Feder wirkt. Wie funktioniert ein solches Ventil?

22. Eine Tasse mit heißem Tee steht längere Zeit auf dem Tisch.
Beschreibe die Veränderungen, die vor sich gehen, mit den Begriffen Wärme, Temperatur und thermische Energie!

23. Die thermische Energie eines Topfs mit Wasser soll erhöht werden.
a) Nenne verschiedene Möglichkeiten!
b) Was geschieht dabei mit der Temperatur des Wassers? Begründe!

24. Nimm eine kleine Wassermenge und miss deren Temperatur! Fülle das Wasser in einen Becher, verschließe diesen und schüttle kräftig einige Minuten!
Miss wieder die Temperatur und vergleiche mit der Anfangstemperatur! Erkläre!

25. Ein Streichholz kann man durch Reiben an der Reibfläche entzünden. Erkläre!

26. Vergleiche die Größen Energie und Wärme! Stelle Gemeinsamkeiten und Unterschiede dar!

27. Ein glühender Stahlblock mit einer Masse von 1 t hat eine Temperatur von 900 °C und kühlt allmählich auf 20 °C ab. Wie viel Wärme wird dabei an die Umgebung abgegeben?

28. Bei der Erwärmung von 0,5 l Wasser auf einem Gasherd steigt die Temperatur in jeder halben Minute um 7,5 K. Welche Wärme wird in einer Minute auf das Wasser übertragen?

29. Ein Liter Wasser soll von 18 auf 60 °C erwärmt werden. Wie viel Wärme muss dem Wasser zugeführt werden?

***30.** Bei einer Warmwasserheizung besitzt das vom Heizkessel zu den Heizkörpern strömende Wasser eine Temperatur von 55 °C. Das zurückströmende Wasser hat nur noch eine Temperatur von 35 °C.
Wie viel Wärme geben die Heizkörper in jeder Stunde an die Umgebung ab, wenn in einer Minute insgesamt 10 l Wasser durch die Heizkörper fließen?

31. Nenne und erläutere einige Aggregatzustandsänderungen in der Natur und im Haushalt!

32. In der Natur finden wir Eiszapfen, Wasserdampf und Regentropfen. Was ist ihnen gemeinsam? Worin unterscheiden sie sich?

33. Durch Frostaufbrüche können Straßen stark beschädigt werden.
Erkläre anhand der Bilder, wie es zu diesen Schäden kommen kann!

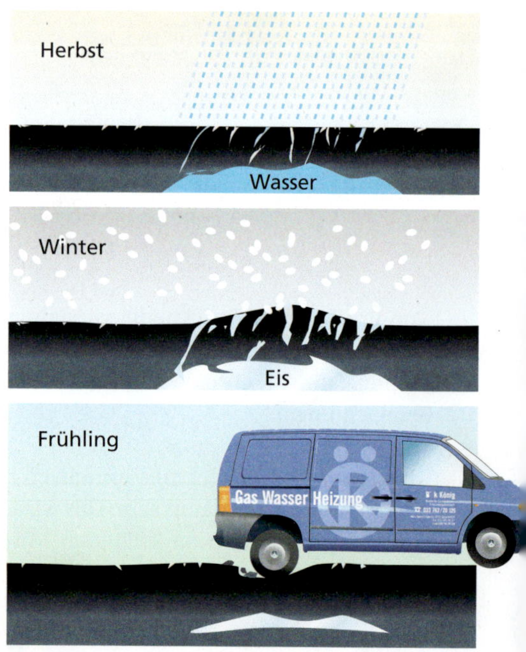

34. Fülle ein kleines Plastikgefäß randvoll mit Wasser, stelle es auf einen Teller und dann vorsichtig in ein Gefrierfach!
Was stellst du fest, wenn du das Gefäß nach einigen Stunden wieder hervorholst?
Erkläre deine Beobachtungen!

35. Jan behauptet: „Wenn einem Körper Wärme zugeführt wird, so erhöht sich dessen Temperatur immer." Britta dagegen meint: „Wenn einem Körper Wärme zugeführt wird, so erhöht sich dessen Temperatur nicht immer."
Wer hat recht? Begründe!

36. Beim Föhnen der Haare kannst du eine interessante Beobachtung machen: Solange die Haare feucht sind, ist der heiße Luftstrom des Föhns kaum spürbar, mitunter erscheint er sogar kühl. Bei trockenen Haaren merkst du, dass der Luftstrom tatsächlich heiß ist.
Wie sind diese Unterschiede zu erklären?

37. Wenn du einen angefeuchteten Finger hochhältst, kannst du recht gut die Windrichtung bestimmen. Probiere es aus! Erkläre!

38. Untersuche, ob sich die Temperatur von Wasser während des Verdampfens ändert!
Vorbereitung:
Stelle ein Gefäß mit Wasser, eine Heizplatte und ein Thermometer bereit!
Durchführung:
Stelle das Gefäß auf eine Heizplatte, die vorher schon einige Minuten eingeschaltet wurde! Miss in Abständen von einer Minute die Temperatur! Notiere die Messwerte! Miss so lange, bis ein Teil des Wassers verdampft ist. Vorsicht! Es besteht Verbrühungsgefahr!
Auswertung:
Trage die Messwerte in ein Diagramm ein! Wähle für die waagerechte Achse die Zeit und für die senkrechte Achse die Temperatur! Formuliere ein Ergebnis!

39. Wie viel Wärme ist erforderlich, um 200 g Eis zu schmelzen bzw. um 200 ml Wasser vollständig zu verdampfen?

40. Bei sehr warmem Wetter oder starker Anstrengung schützt sich der menschliche Körper vor Überhitzen durch die Absonderung von Schweiß.
Erläutere, wie durch Schweißabsonderung die menschliche Haut gekühlt wird!

41. Nicht nur der Mensch, sondern auch Tiere schützen sich bei hohen Temperaturen vor Überhitzung. Dabei werden verschiedene Strategien genutzt.
Erkunde, wie verschiedene Tiere ihre Körpertemperatur regulieren!

42. Wie kann es sein, dass du unmittelbar nach dem Baden leicht frierst, obwohl die Lufttemperatur wesentlich höher als die Wassertemperatur ist?

43. Wickle um ein Thermometergefäß eines Flüssigkeitsthermometers oder um den Messfühler eines elektronischen Thermometers Watte oder Löschpapier.
a) Feuchte die Watte mit Spiritus an!
Was kannst du beobachten? Erkläre!
b) Wiederhole den Versuch! Blase dabei möglichst ständig kalte Luft gegen die angefeuchtete Watte!
Vergleiche das Ergebnis mit dem bei Teilaufgabe a! Erkläre!

***44.** Flugzeuge, die in großer Höhe fliegen, ziehen oft „Kondensstreifen" hinter sich her.

Wie kommen solche Kondensstreifen zustande?

Thermisches Verhalten von Körpern

Die **Temperatur** gibt an, wie heiß oder wie kalt ein Körper ist. Bei Temperaturangaben wird meist die **Celsiusskala** oder die **Kelvinskala** genutzt.

Celsiusskala:
Formelzeichen: ϑ
Einheit: ein Grad Celsius (1 °C)

Kelvinskala:
Formelzeichen: T
Einheit: ein Kelvin (1 K)

0 °C = 273 K
100 °C = 373 K

Temperaturdifferenzen werden meist in der Einheit Kelvin angegeben.
Es gilt zum Beispiel: 20 °C – 12 °C = 8 K

Fast alle festen Körper, Flüssigkeiten und Gase dehnen sich beim Erwärmen aus und ziehen sich beim Abkühlen zusammen. Wasser bildet im Temperaturbereich zwischen 0 und 4 °C eine Ausnahme.

Die **Längen-** bzw. **Volumenänderung** von Körpern wird teilweise genutzt (Bimetallstreifen, Flüssigkeitsthermometer), ist in vielen Fällen aber auch unerwünscht und muss beachtet werden (z. B. bei Brücken, Rohrleitungen, Hochspannungsleitungen, Gefäßen mit Flüssigkeiten, Spraydosen).

Aufgrund ihrer Temperatur besitzen alle Körper Energie. Sie wird als **thermische Energie** bezeichnet. Energie kann in Form von Wärme von einem Körper auf einen anderen Körper oder auf die Umgebung übertragen werden.

Die **Wärme** Q gibt an, wie viel Energie E von einem Körper auf einen anderen übertragen wird.

Wärme und Energie werden in der Einheit ein Joule (1 J) gemessen.

Vielfache der Einheit sind:
1 kJ = 1 000 J
1 MJ = 1 000 kJ = 1 000 000 J

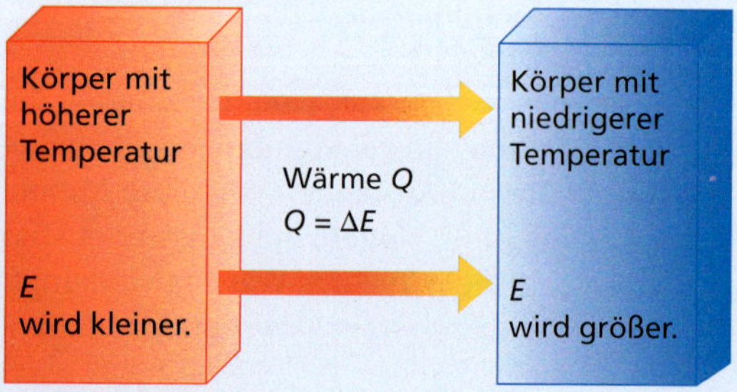

Für die von einem Körper in einem bestimmten Aggregatzustand aufgenommene oder abgegebene Wärme Q gilt die Grundgleichung der Wärmelehre.

$$Q = c \cdot m \cdot \Delta T$$

c spezifische Wärmekapazität
m Masse des Körpers
ΔT Temperaturdifferenz

Aggregatzustandsänderungen

Wird einem Körper Wärme zugeführt oder von ihm abgegeben, so kann das unterschiedliche Auswirkungen haben.

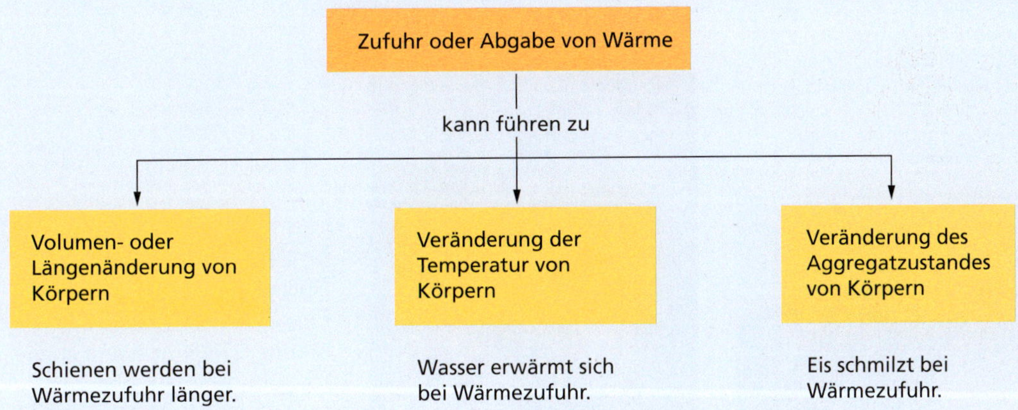

Körper aus einem Stoff können sich in verschiedenen Aggregatzuständen befinden. Der Aggregatzustand hängt von der Temperatur und vom Druck ab.

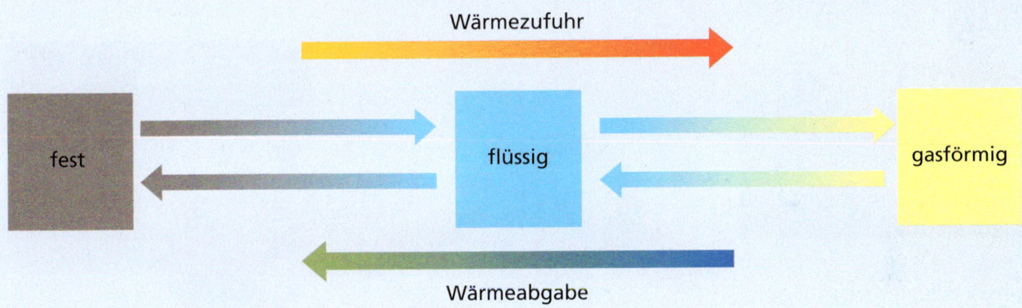

Während des **Schmelzens** und **Erstarrens** bleibt die Temperatur (Schmelztemperatur, Erstarrungstemperatur) gleich groß.

Während des **Siedens** und **Kondensierens** bleibt die Temperatur (Siedetemperatur, Kondensationstemperatur) gleich groß.

Für Wasser gelten die nachfolgenden Daten:

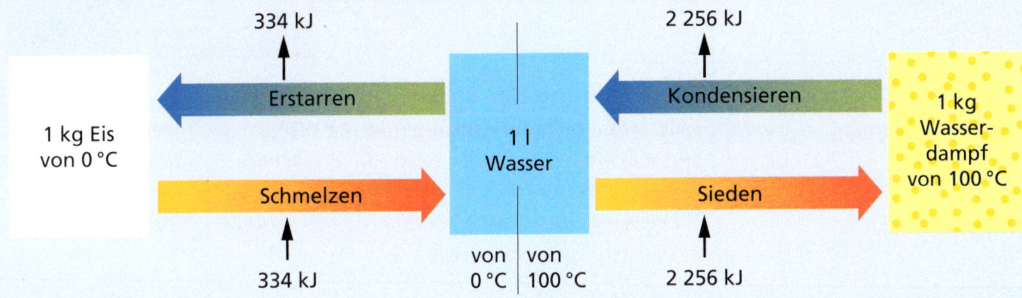

3.2 Arten der Wärmeübertragung

Energie und Wärme

Holz oder Kohle besitzen Energie. Sie wird beim Verbrennen freigesetzt und an die Umgebung abgegeben. Am Lagerfeuer empfinden wir eine angenehme Wärme.
Wie gelangt die Wärme vom Lagerfeuer zu uns?

Warmes Wasser vom Dach

Mit Sonnenkollektoren kann man warmes Wasser gewinnen und damit Energie sparen.
Wie ist ein solcher Sonnenkollektor aufgebaut?
Wie funktioniert er?

Die Strahlung der Sonne

Jeder von uns kennt die angenehme Wärme der Sonnenstrahlung. Die Wärme wird von der etwa 6 000 °C heißen Sonnenoberfläche bis zur Erde übertragen.
Wie gelangt die Wärme von der ca. 150 Millionen Kilometer entfernten Sonne bis zur Erde?

Arten der Wärmeübertragung

Energie kann in unterschiedlicher Weise von einem Körper auf andere Körper übertragen werden (Abb. 1a–c).
Die Heizplatte eines Herdes erwärmt einen Kochtopf. Die Heißluft eines Föhns trocknet Haare. Die Sonne erwärmt die Erde. In jedem Fall wird dabei thermische Energie von einem Körper höherer Temperatur auf einen Körper mit niedrigerer Temperatur übertragen.

Wärmeleitung: Wärme wird durch einen Körper hindurch von einem Ort höherer Temperatur zu einem Ort niedrigerer Temperatur transportiert (Abb. 1a). Im Teilchenmodell lässt sich dieser Vorgang so deuten: Am Ort höherer Temperatur bewegen sich die Teilchen im Mittel schneller. Durch die zwischen den Teilchen wirkenden Kräfte werden jeweils benachbarte Teilchen in schnellere Bewegung versetzt. Damit wird Wärme transportiert und die Energie an den betreffenden Stellen vergrößert sich. Diese Art der Wärmeübertragung heißt **Wärmeleitung.**

Wie viel Wärme übertragen wird, hängt u. a. von dem Temperaturunterschied innerhalb des Körpers und von den beteiligten Stoffen ab. Gute Wärmeleiter sind fast alle Metalle, vor allem Kupfer und Aluminium. Schlechte Wärmeleiter sind viele Kunststoffe, Wasser (Abb. 2) und vor allem Luft. Dämmstoffe wie Glaswolle oder Styropor enthalten in Poren und Zwischenräumen viel Luft. Sie sind geeignet, die Wärmeleitung durch Wände, Dächer oder Heizungsrohre zu dämmen. Fenster mit Doppel- oder Dreifachverglasung nutzen ebenfalls die eingeschlossene Luft zur **Wärmedämmung.** Das gilt auch für Kleidungsstücke.

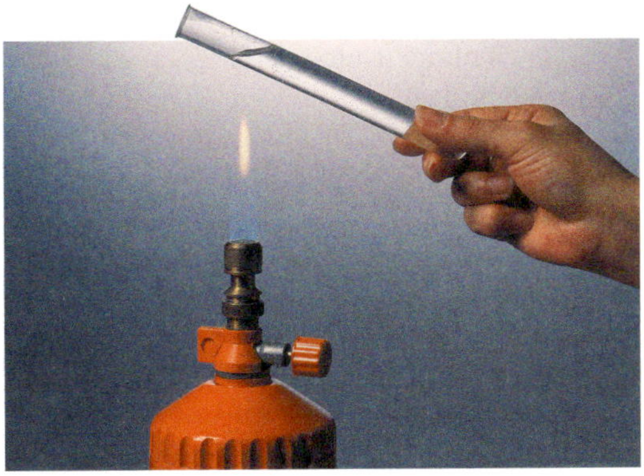

2 Wasser ist ein schlechter Wärmeleiter. Während das Wasser im oberen Bereich siedet, merkt man an der Hand kaum eine Erwärmung.

Viele alltägliche Erfahrungen lassen sich ebenfalls mit der unterschiedlichen Wärmeleitung der Stoffe erklären. Fasst du in einem Raum die metallische Türklinke und anschließend die Holztür an, so erscheint dir die Klinke kühler, obwohl beide Raumtemperatur haben. Barfuß laufen auf Badfliesen erscheint kälter als auf der Duschvorlage. Metall und Fliesen leiten die Körperwärme schneller ab als Holz und Textilien. Unser Körper kann nicht schnell genug Wärme nachliefern. Wir spüren die Verringerung der Hauttemperatur.

1a Wärme gelangt durch Wärmeleitung vom heißen Tee bis zum Ende des Löffels.

1b Wärme wird durch die strömende Luft vom Föhn zu den Haaren transportiert.

1c Wärme gelangt durch Strahlung ohne Stoff von der Sonne zur Erde.

Wärmeströmung: Durch strömende Luft wird Wärme übertragen. Das spüren wir, wenn Warmluft aus dem Süden zu uns gelangt. In Warmwasserheizungen strömt erhitztes Wasser durch Rohre bis in die einzelnen Heizkörper. Durch das strömende Wasser wird Wärme übertragen. Die Art der Wärmeübertragung, bei der die Wärme mit dem Stoff (Luft, Wasser) transportiert wird, heißt **Wärmeströmung** oder **Konvektion.**
Im Experiment kann man zeigen, dass Wasser aufwärtszuströmen beginnt, wenn man es an einer Stelle erwärmt. Kaltes Wasser strömt nach, wird erwärmt usw. (Abb. 1). Dieser Kreislauf ist vergleichbar mit dem der strömenden Luft in einem Zimmer (↗ S. 105). Die Ursache für solche Wärmeströmungen ist: Warme Luft bzw. warmes Wasser haben eine kleinere Dichte als kalte Luft bzw. kaltes Wasser. Deshalb steigen sie nach oben.

Wärmestrahlung: Jeder von uns kennt die angenehme Wärme der Sonnenstrahlung. Sie gelangt praktisch durch den leeren Weltraum, also ohne Stoff, zur Erde. Diese Art der Wärmeübertragung wird **Wärmestrahlung** genannt.

1 Erwärmtes Wasser strömt nach oben. Es entsteht ein Kreislauf, den man durch Farbstoff sichtbar machen kann.

Die Oberfläche der Sonne ist etwa 6000 °C heiß. Die Temperatur der Sohle eines Bügeleisens z. B. ist dagegen etwa zwanzigmal kleiner. Trotzdem strahlt auch sie Wärme ab. Der Unterschied zwischen beiden besteht darin, dass im Falle der Sonne die Strahlung sichtbar ist, beim Bügeleisen nicht. Nur sehr heiße Körper wie die Sonne oder ein glühender Metalldraht senden auch sichtbares Licht aus.

> Heiße Körper senden Wärmestrahlung aus. Das geschieht ohne Mitwirkung eines Stoffs.

Auch Rotlichtlampen (Abb. 2), Öfen, Lebewesen oder heiße Speisen strahlen Wärme ab.
Jeder Körper sendet aber nicht nur Wärmestrahlung aus, sondern er nimmt sie auch auf. Dabei können sich die Temperatur und damit die Energie des Körpers vergrößern, gleich bleiben oder verkleinern. Was geschieht, hängt von den jeweiligen Bedingungen ab.
Für alle drei Formen der Wärmeübertragung gilt:

> Wird auf einen Körper oder von einem Körper Wärme Q übertragen, so ändert sich seine Energie E. Es gilt: $Q = \Delta E$

Ein analoger Zusammenhang besteht zwischen Arbeit und Energie (↗ S. 56).

2 Rotlichtlampen nutzt man bei Erkältungen. Durch die Wärmestrahlung wird die Haut erwärmt und besser durchblutet.

Mosaik

Reflexion und Absorption von Wärmestrahlung

Wenn Wärmestrahlung auf einen Körper trifft, so wird sie zum Teil hindurchgelassen, zum Teil absorbiert (verschluckt) und zum Teil reflektiert (zurückgeworfen). Die absorbierte Wärmestrahlung führt zu einer Erwärmung des Körpers.
Wie viel Wärmestrahlung von einem Körper hindurchgelassen, absorbiert oder reflektiert wird, hängt ab von
- dem Stoff, aus dem der Körper besteht,
- der Schichtdicke des Körpers und
- der Oberfläche des Körpers.

Körper mit dunklen, rauen oder matten Oberflächen absorbieren viel, reflektieren aber wenig Wärmestrahlung. Dieser Effekt wird in Sonnenkollektoren genutzt, bei denen Wasser in Heizschlangen erwärmt wird (↗ S. 106 f.). Auch dunkle Kleidung nimmt wesentlich mehr Wärmestrahlung auf als helle Kleidung.

Körper mit hellen, glatten oder glänzenden Oberflächen nehmen wenig Wärmestrahlung auf. Den größten Teil reflektieren sie. Aus diesem Grund bevorzugt man im Sommer und auch in warmen Regionen möglichst helle Kleidung. Kühlwagen und Tanklaster haben eine helle, glatte Lackierung (Abb. 1), damit möglichst viel Wärmestrahlung reflektiert und möglichst wenig absorbiert wird.
Allgemein gilt: Je besser ein Körper Wärmestrahlung absorbiert, desto mehr Wärmestrahlung gibt er umgekehrt auch ab.

1 Durch die weiße Lackierung des Tankwagens wird viel Wärmestrahlung reflektiert.

Körper im Strahlungsgleichgewicht

Jeder Körper, auf den Wärmestrahlung trifft, gibt in der Regel auch wieder Wärme in Form von Wärmestrahlung ab. Das gilt für den menschlichen Körper ebenso wie für ein in der Sonne stehendes Auto oder für unsere Erde. So heizt sich z. B. ein in der Sonne stehendes Auto zunächst auf. Es erreicht aber trotz ständiger Sonneneinstrahlung nicht eine beliebig hohe Temperatur. Vielmehr gilt: Je mehr es sich erwärmt, desto mehr Energie in Form von Wärme gibt es an die Umgebung ab. Es stellt sich schließlich ein Strahlungsgleichgewicht ein.

> Ein Körper befindet sich im Strahlungsgleichgewicht, wenn die von ihm aufgenommene Energie genauso groß ist wie die von ihm abgegebene Energie.

In diesem Fall bleibt seine Temperatur konstant. Unsere Erde befindet sich ebenfalls im Strahlungsgleichgewicht (↗ Abb. unten). Deshalb liegt seit Millionen von Jahren ihre durchschnittliche Oberflächentemperatur bei 15 °C.

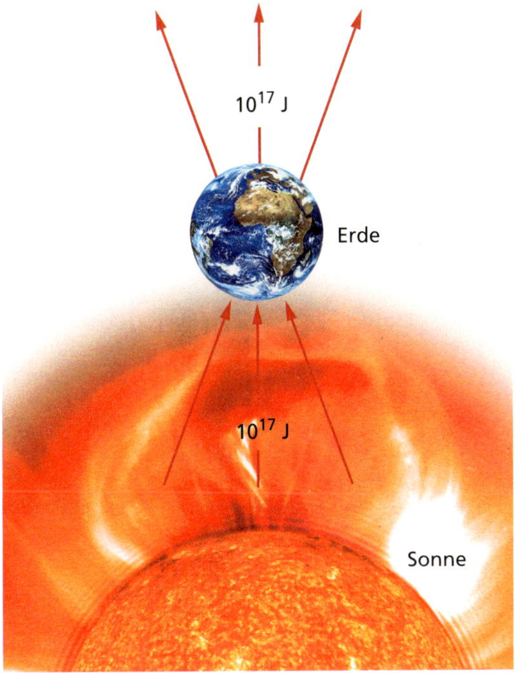

Mosaik

Lebewesen geben Körperwärme ab

Lebewesen benötigen zur Aufrechterhaltung aller Lebensfunktionen eine bestimmte Körpertemperatur. Beim Menschen beträgt sie 37 °C, bei den meisten Vögeln 40 bis 42 °C, bei Säugetieren zwischen 30 und 42 °C.
Die zur Aufrechterhaltung der Körpertemperatur notwendige Körperwärme wird durch chemische Prozesse im Körper erzeugt. Dabei wird die zugeführte Nahrung z. T. in Wärme umgewandelt.

Durch die „Verbrennungsvorgänge" im Körperinneren wird ständig Wärme produziert, die zu einem Aufheizen des Körpers führen würde, wenn über die Körperoberfläche keine Wärmeabgabe an die Umgebung erfolgt. Die Wärmeabgabe an die Umgebung geschieht vorrangig in Form von Wärmestrahlung, aber auch Wärmeströmung spielt eine Rolle, vor allem bei Wind.

Der Mensch schützt sich bei niedrigen Temperaturen und Wind durch eine dem Wetter angemessene Bekleidung, wobei die Auswahl der Kleidung stark von den äußeren Bedingungen abhängig ist.
Besonders warm ist Kleidung, die viel Luft enthält, z. B. Thermobekleidung.
Ein guter Wärmeschutz wird auch erreicht, wenn man mehrere Kleidungsstücke übereinanderzieht. Die eingeschlossene Luft sorgt dann für eine gute Wärmedämmung.

Bei hoher Temperatur wird leichte und luftige Kleidung gewählt. Trotzdem kommt es dann leicht zur Bildung von Schweiß. Das ist eine natürliche Reaktion des Körpers, die ihn vor einer Überhitzung schützt.
Durch das Verdunsten des Schweißes wird dem Körper zusätzlich Wärme entzogen, er wird gekühlt.

1 Das Fell von Tieren ist ein guter Schutz vor Wärme und auch vor Kälte.

Eine Kühlung erfolgt auch bei Wind. Dann wird Körperwärme schneller an die Umgebung abgeführt und es kann auch leicht passieren, dass wir frieren. Das ist besonders deutlich zu spüren, wenn man sich nach dem Baden nicht abtrocknet. Dann erscheint manchmal die warme Luft kühler als das kalte Wasser.
Kann vom Körper nicht genügend Wärme abgegeben werden, so kommt es zu einem Wärmestau, der bis zu einem lebensgefährlichen Hitzschlag führen kann. Dann muss schnell die Körpertemperatur gesenkt und der Kreislauf angeregt werden.

Auch Tiere geben Körperwärme in Form von Wärmestrahlung und Wärmeleitung ab. Vor Hitze und Kälte schützen sie sich in unterschiedlicher Weise. Viele Tiere verfügen über ein dichtes Fell (Abb. 1). Vögel schützen sich mit ihrem Gefieder und der dort eingelagerten Luft. Eine Reihe von Tieren hat als Schutz eine dicke Speckschicht (Abb. 2).

2 Wale, Robben und andere Wassertiere schützen sich mit einer dicken Speckschicht vor Wärmeabgabe an die Umgebung.

Physik in Natur und Technik

Eine Thermoskanne hält heiß oder kalt

Eine Thermoskanne dient dazu, Getränke längere Zeit warm oder kalt zu halten. Das gelingt nur, wenn der Wärmeaustausch mit der Umgebung sehr klein ist.
Wie ist eine solche Thermoskanne aufgebaut? Weshalb ist der Wärmeaustausch mit der Umgebung bei einer Thermoskanne gering?

Besonders wichtig für einen geringen Wärmeaustausch ist das doppelwandige, innen und außen verspiegelte Thermosgefäß, aus dem fast alle Luft herausgepumpt wurde.
Wärmeströmung tritt zwar innerhalb der Flüssigkeit auf, spielt aber für den Wärmeaustausch mit der Umgebung keine Rolle.
Wärmeleitung wird durch zwei Maßnahmen gering gehalten: Die wenige Luft im doppelwandigen Gefäß ist ein schlechter Wärmeleiter. Auch der Dämmstoff verkleinert die Wärmeleitung zwischen dem Innern des Gefäßes und seiner Umgebung. **Wärmestrahlung** wird gering gehalten, weil diese Strahlung an der verspiegelten inneren Fläche des Thermosgefäßes reflektiert wird.
Erfinder der Thermoskanne ist REINHOLD BURGER (1866–1954). Er meldete seine Erfindung am 1. 10. 1903 zum Patent an.

1 Aufbau einer Thermoskanne: Der Wärmeaustausch mit der Umgebung ist gering.

Überall Luftströmungen

Warme Luft steigt nach oben (↗ Abb.). Das kann man z. B. mit einer Papierspirale nachweisen, wenn man sie über eine Heizung hält. In Räumen wird Luft durch einen Heizkörper oder durch einen Ofen erwärmt.
Welche Luftströmung kommt dadurch in einem Zimmer zustande? Wo sollte ein Heizkörper angebracht werden?

Wir betrachten als Beispiel zwei Räume, in denen sich die Heizkörper an unterschiedlichen Stellen befinden (Abb. 2). In beiden Fällen kommt eine Wärmeströmung der Luft zustande. Da die warme Luft über dem Heizkörper nach oben steigt, hängt die Richtung der Luftströmung von der Lage des Heizkörpers im Raum ab.

Günstiger für das Anbringen des Heizkörpers ist der in Abb. 2a dargestellte Fall. Dort wird die am Fenster vorhandene kühle Luft mit erwärmt. Die zum Heizkörper zurückströmende Luft ist wärmer als im Fall b. Der Raum ist damit „fußwärmer“ als bei einer anderen Anordnung des Heizkörpers. Bei gut wärmegedämmten Wohnungen sind die Unterschiede aber gering.

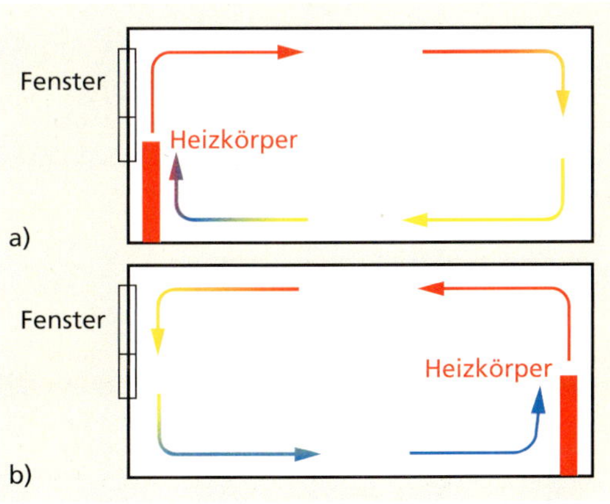

2 Luftströmung im Zimmer: Die Strömungsrichtung hängt von der Anordnung des Heizkörpers ab.

Warmes Wasser für das ganze Haus

Moderne Häuser haben zentrale Warmwasserheizungen, die alle Räume mit Wärme versorgen. *Beschreibe den Aufbau und erkläre die Wirkungsweise einer Warmwasserheizung! Gehe auf die verschiedenen Arten der Wärmeübertragung ein!*

Eine zentrale Warmwasserheizung dient der Versorgung aller Zimmer eines Hauses mit Wärme von einer Stelle aus.
Die wesentlichen Teile der Heizung sind der Heizkessel, die Heizkörper, die Rohrleitungen und die Pumpe (Abb. 1). In der Heizungsanlage befindet sich Wasser. Es ist nicht nur wegen seiner guten Verfügbarkeit, sondern auch wegen seines großen Speichervermögens für Energie besonders gut als Stoff für die Wärmeübertragung geeignet. Außerdem hat die Heizungsanlage ein Ausgleichsgefäß, damit die Volumenänderung des Wassers bei Temperaturänderung nicht zu Schäden am Rohrleitungssystem und an den Heizkörpern führt.
Im Heizkessel wird durch Verbrennung von Gas, Öl oder Kohle das Wasser von Zimmertemperatur auf eine Temperatur von ca. 80 °C erwärmt.

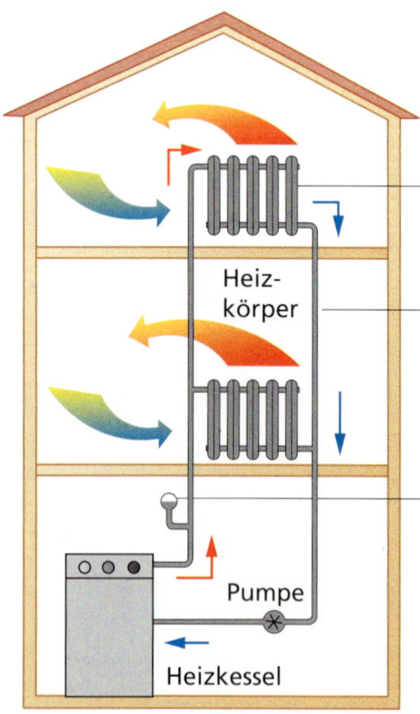

1 Die Wärmeübertragung erfolgt durch Wärmeleitung, Wärmeströmung und Wärmestrahlung.

Mithilfe einer Pumpe wird das Wasser in der Heizungsanlage in Bewegung gesetzt. Dabei wird die Wärme aus dem Heizkessel durch **Wärmeströmung** des Wassers in die Rohre und Heizkörper übertragen. Durch **Wärmeleitung** innerhalb der Metallwände der Rohre und der Heizkörper gelangt die Wärme des Wassers an deren Oberfläche. Von dort wird die Wärme an die Umgebung abgestrahlt. Die Luft in der Nähe der Heizkörper wird wärmer. Sie steigt nach oben. So entsteht eine **Wärmeströmung** der Luft im Raum. Sie sorgt zusammen mit der Wärmestrahlung der Heizkörper für eine Verteilung der Wärme im gesamten Raum.
Durch die Abgabe von Wärme über die Heizkörper kühlt sich das Wasser in den Heizkörpern ab. Das kühlere Wasser strömt durch die Rohrleitungen zurück zum Heizkessel, in dem es erneut erwärmt wird. Der Kreislauf beginnt von Neuem.

Warmes Wasser vom Dach

Besonders umweltfreundlich sind das Heizen und die Warmwasseraufbereitung mit Sonnenkollektoren (Abb. 2), die auf Häuserdächern angebracht werden.
Beschreibe den Aufbau und erkläre die Wirkungsweise eines Sonnenkollektors!

In Sonnenkollektoren wird Wasser mithilfe der Sonnenstrahlung erwärmt. Die meisten Anlagen bestehen aus zwei Wasserkreisläufen, die durch einen Wärmetauscher verbunden sind, und dem

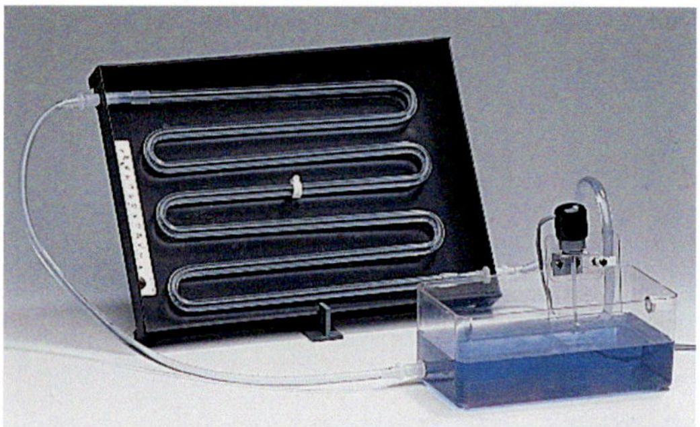

2 Wasser wird durch die Strahlung der Sonne in Sonnenkollektoren erwärmt.

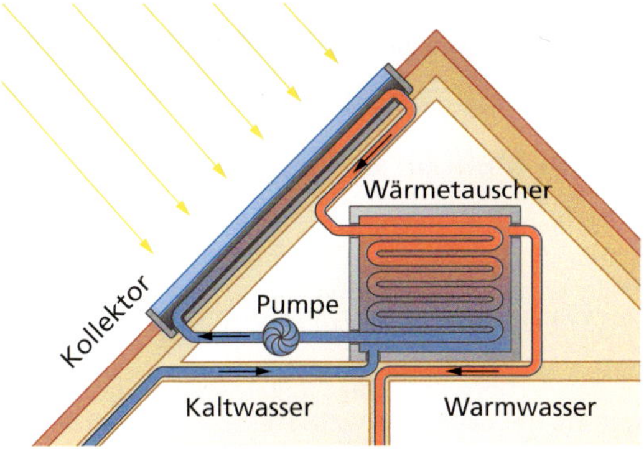

1 Aufbau eines Sonnenkollektors

eigentlichen Kollektor (Sammler). Pumpen halten die Kreisläufe in Gang (Abb. 1). Kaltes Wasser wird im Kollektor durch die Sonnenstrahlung erwärmt. Von dort aus gelangt es in den Wärmetauscher und gibt Wärme an das dort befindliche kältere Wasser des anderen Kreislaufs ab. Das erwärmte Wasser wird zum Heizen und als Brauchwasser verwendet.
Messungen zeigen, wie die Sonneneinstrahlung in Deutschland verteilt ist (Abb. 2).

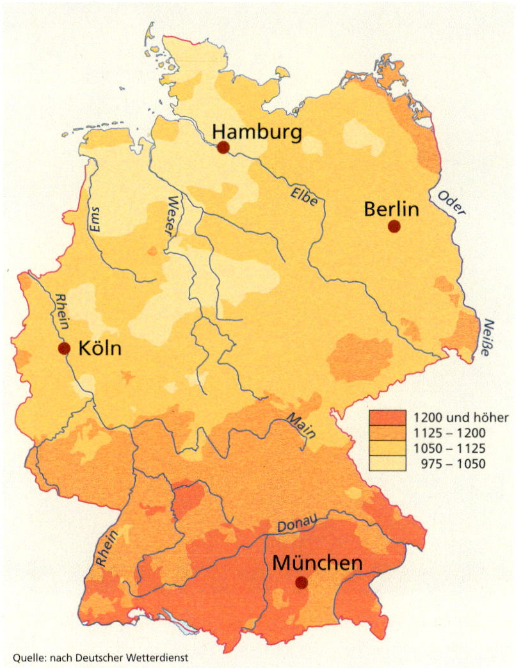

2 Gesamte Sonneneinstrahlung auf eine nach Süden geneigte Fläche pro Jahr in kWh/m^2

Ein seltsamer Kochherd

Ein Sonnenofen kann eine Alternative zu anderen Kochherden sein (Abb. 3).
Beschreibe, wie ein Sonnenofen funktioniert! Baue dir aus einfachen Mitteln einen Sonnenofen!

3 Ein Sonnenofen eignet sich zum Braten und Kochen.

Sonnenöfen nutzen die Wärmestrahlung der Sonne. Sie bestehen aus Hohlspiegeln, in deren Brennpunkt sich die Wärmestrahlung von der Sonne konzentriert. In Abb. 4 ist ein einfacher Sonnenofen abgebildet.
Das Licht der Sonne trifft auf den Reflektor eines Scheinwerfers und wird von den verspiegelten Wänden so zurückgeworfen, dass es sich in einem Bereich sammelt. An diese Stelle muss das Aluminiumtöpfchen gebracht werden. Es kann mit einem Draht an einem Korken befestigt werden. Nachdem etwas Wasser in das Töpfchen gefüllt wurde, kann man in zeitlichen Abständen eine Temperaturerhöhung nachweisen.

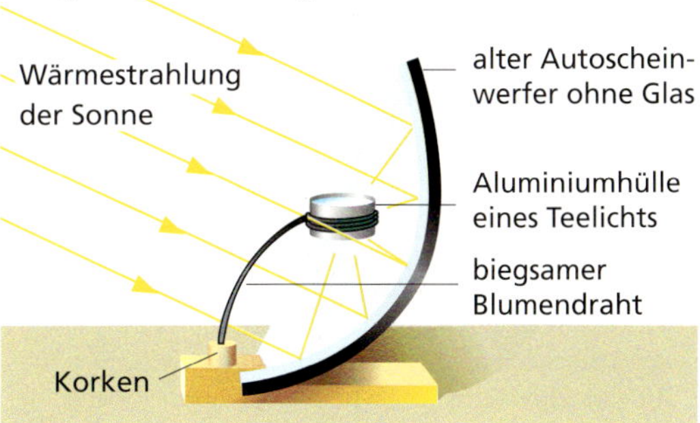

4 Aufbau eines einfachen Sonnenofens, den man sich selbst bauen kann

Mosaik

Die Thermografie – ein Hilfsmittel in Medizin und Technik

Viele Körper geben Wärme an ihre Umgebung ab. Das ist z. T. erwünscht, manchmal aber auch unerwünscht. Die von Körpern abgegebene Wärmestrahlung kann mit speziellen Kameras registriert werden. Aus den Aufnahmen (Abb. 1, 2) kann man erkennen, welche Stellen viel und welche wenig Wärme abgeben. Da Stellen, die mehr Wärme abgeben, auch eine höhere Temperatur haben, kann man aus solchen speziellen Aufnahmen die Temperaturverteilung auf einem Körper ablesen und mit einer Temperaturskala die Temperatur ermitteln. Das beschriebene Verfahren wird als **Thermografie** bezeichnet.

Die Thermografie wird heute in vielfältiger Weise in der Technik, aber auch in der Medizin genutzt. So kann man z. B. in der Medizin durch eine thermografische Aufnahme die Hauttemperatur ermitteln und aus der Temperaturverteilung auf mögliche Erkrankungen schließen (Abb. 1). So haben z. B. entzündete Stellen eine höhere Temperatur. Dabei ist zu beachten, dass auch normalerweise die Hauttemperatur des Menschen nicht überall gleich groß ist (Abb. 1).

In der Technik kann man die Thermografie z. B. nutzen, um bei Häusern die Stellen zu finden, von denen besonders viel Wärme abgegeben wird (↗ S. 109, Abb. 2). Es lässt sich viel Energie sparen, wenn genau an diesen Stellen eines Hauses die Wärmedämmung verbessert wird.

Bei Rohrleitungen (Abb. 2) kann man Mängel in der Isolierung oder schadhafte Stellen feststellen. In Abb. 2 sind das die roten Bereiche.
Bei komplizierten elektronischen Schaltungen und Bauelementen lassen sich durch thermografische Aufnahmen die Stellen herausfinden, die sich stärker erwärmen und an denen dadurch eventuell Fehler auftreten können.

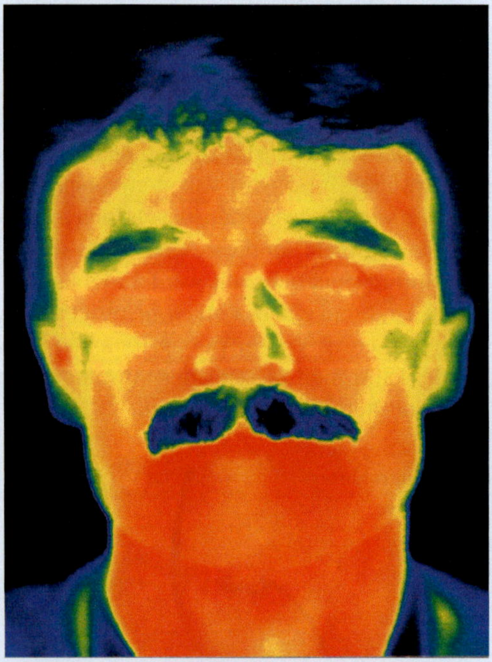

1 Thermografische Aufnahme eines Kopfes: Unterschiedliche Farbe bedeutet verschiedene Hauttemperatur. Rechts ist eine Farbskala mit Temperaturen angegeben.

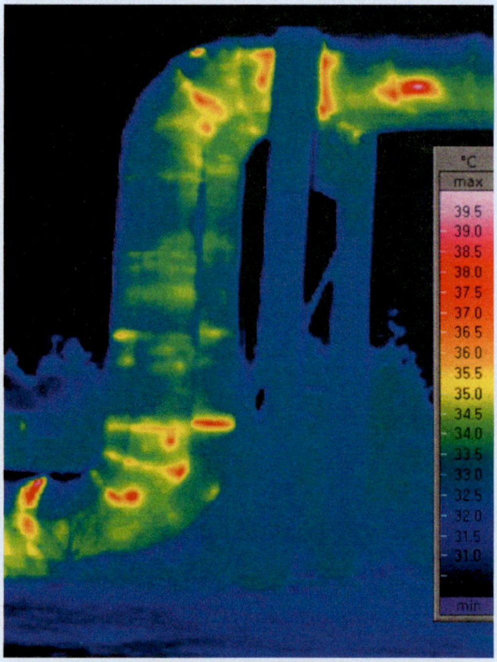

2 An den roten Stellen ist bei der Rohrleitung die Temperatur höher. Möglicherweise ist dort die Isolierung schadhaft. Die Temperaturskala gilt auch für den links abgebildeten Kopf.

Wärmeübertragung bei Häusern

Die Heizungsanlage eines Hauses muss so konstruiert sein, dass die Wärme gut in alle Räume übertragen wird. Dazu werden Wärmeleitung, Wärmestrahlung und Wärmeströmung genutzt. Die Wärmeübertragung aus dem Inneren des Hauses an die Umgebung soll jedoch möglichst gering sein. Das ist aus ökonomischer Sicht sinnvoll, denn man spart dadurch Heizkosten. Es ist auch aus ökologischer Sicht zweckmäßig, denn bei geringer Wärmeübertragung vom Haus nach außen wird Brennstoff gespart. Damit werden Ressourcen geschont und es entstehen weniger Schadstoffe.

1. *Diskutiert, welche Arten der Wärmeübertragung bei einem Haus eine Rolle spielen. Nutzt dazu Abb. 1!*

2. *Erkunde, welche Temperaturen für die unterschiedlichen Räume in einem Haus empfohlen werden und warum!*

Spezielle Fotoaufnahmen zeigen, an welchen Stellen Wärme aus dem Inneren eines Hauses nach außen gelangt (Abb. 2).
Durch Maßnahmen der Wärmedämmung kann die Wärmeübertragung aus geheizten Räumen an die Umwelt verringert werden. Dazu ist es notwendig, Wärmeleitung, Wärmeströmung und Wärmestrahlung zwischen dem Inneren des Hauses und der Umwelt zu verringern.

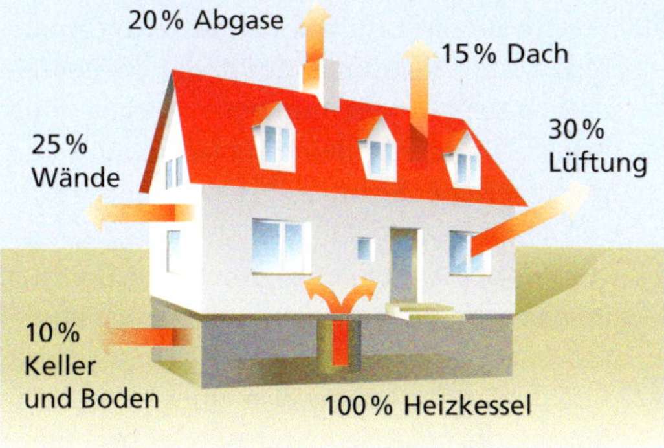

1 Wärmeverluste bei einem Haus: Angegeben sind Durchschnittswerte.

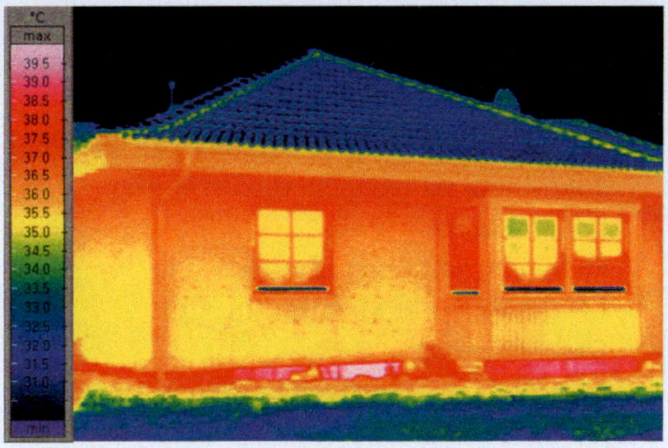

2 Die Wärmeabgabe ist an den roten Stellen besonders groß, an den blauen Stellen gering.

3. *Wie kann man die Wärmeleitung nach außen verringern? Welche Stoffe eignen sich als Dämmstoffe, welche nicht?*

4. *Wie kann man die Wärmeströmung bzw. die Wärmestrahlung nach außen verhindern bzw. verringern?*

5. *Warum ist es günstiger, kurz und intensiv zu lüften, als den ganzen Tag das Fenster einen Spalt weit offen zu lassen?*

6. *Baue aus Pappe ein Modellhaus! Es soll ein Becherglas oder eine große Tasse mit Wasser hineinpassen.*
   Untersuche, wie man die Wärmedämmung verbessern kann!

   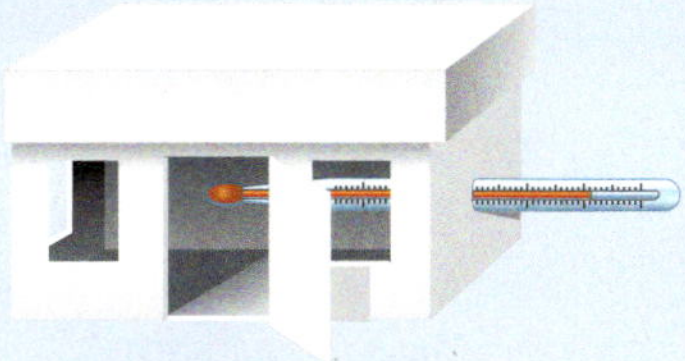

   Durchführung:
   a) *Stelle eine Tasse mit heißem Wasser in das Modellhaus! Miss in Abständen von 5 min die Temperatur im Haus!*
   b) *Wiederhole die Messungen nach Auskleidung des Modellhauses mit unterschiedlichen Dämmstoffen! Du kannst auch Fenster und Türen in verschiedener Weise abschirmen.*

   Auswertung:
   Welche Folgerungen ergeben sich aus diesen Untersuchungen für die Verwendung von Materialien beim Hausbau?

Gewusst · Gekonnt

1. Untersuche die Wärmeleitfähigkeit von Metalldrähten aus verschiedenen Stoffen!
Vorbereitung:
Stelle Vermutungen über eine Rangfolge der Leitfähigkeit der Metalldrähte auf!
Durchführung:
Miss die Zeit, die jeweils bis zum Abschmelzen einer Paraffinkugel benötigt wird!
Vorsicht! Brandgefahr!

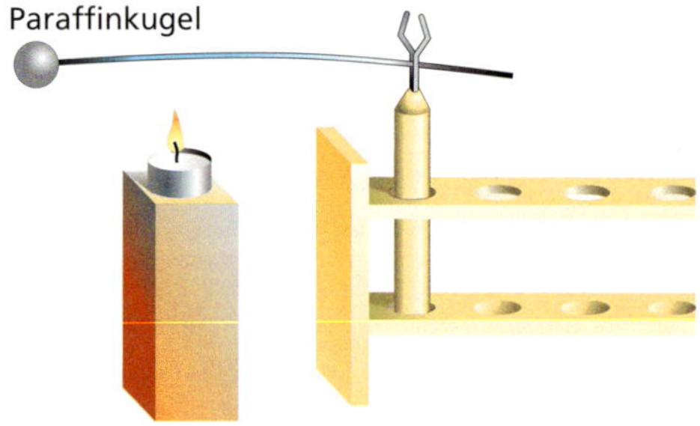

Auswertung:
Vergleiche die Versuchsergebnisse mit deinen Vermutungen!

2. Nenne drei gute und drei schlechte Wärmeleiter! Wo werden gute bzw. schlechte Wärmeleiter genutzt?

3. Warum verhindert ein Drahtnetz unter dem Gefäß (↗ Abb.), dass das Glas zerspringt?

4. Die Henkel von Töpfen und Pfannen bestehen oft aus Holz oder Kunststoff.
Begründe, warum dies sinnvoll ist!

5. Wie kannst du verhindern, dass dicke Gläser beim Eingießen heißer Getränke zerplatzen?

6. Kochtöpfe mit gerillten Böden sind für Elektroherde wenig geeignet, jedoch für Gasherde gut zu verwenden. Begründe die Aussage physikalisch!

7. Zwei Bechergläser unterschiedlicher Größe enthalten Wasser verschiedener Temperatur.

a) Bestimme die Wassertemperaturen in den beiden Bechergläsern zu einem Zeitpunkt $t = 0$!
b) Stelle dann die Bechergläser ineinander und miss im Abstand von jeweils einer Minute die Temperaturen! Erfasse sie in einer Messwertetabelle!
c) Zeichne ein Temperatur-Zeit-Diagramm, in das der Temperaturverlauf für das Wasser in beiden Bechergläsern eingezeichnet wird! Interpretiere das Diagramm!
d) Welche Aussage kann man über die zwischen beiden Bechergläsern übertragene Wärme machen? Wie verändert sich dabei die thermische Energie der beiden Wassermengen?

8. Erkläre, warum man in Isoliertaschen Tiefkühlkost problemlos vom Einkauf nach Hause transportieren kann!

9. Mit einem Föhn kann man seine Haare trocknen. Beschreibe diesen Vorgang physikalisch! Nutze die Fachsprache der Physik!

10. Was bevorzugst du bei kaltem Wetter: mehrere dünne Kleidungsstücke, die du übereinanderziehst, oder nur einen dicken Pullover? Diskutiere deine Entscheidung aus physikalischer Sicht!

11. Heizkörper sind häufig unter dem Fenster angebracht. Erkläre, warum das sinnvoll ist!

12. Erkläre die Wirkungsweise eines luftgekühlten Motors bei einem Moped oder bei einem Motorrad! Welche Funktion haben dabei die Kühlrippen aus einer Aluminiumlegierung?

13. Untersuche mit einer brennenden Kerze oder einem sogenannten Luftpendel die Luftströmungen in einem Zimmer!

Durchführung:

a) Baue aus einem Nähfaden und einer kleinen Vogelfeder ein Luftpendel (↗ Abb.)!

b) Halte die Kerze bzw. das Luftpendel an verschiedene Stellen des Raumes! Vorsicht! Es besteht Brandgefahr!

Auswertung:

Beschreibe die Unterschiede innerhalb des Raums und erkläre sie!

14. Neben dem Golfstrom gibt es weitere kalte und warme Meeresströmungen. Suche genauere Informationen zu einer dieser Meeresströmungen und zu Auswirkungen, die mit ihr verbunden sind! Bereite dazu eine kurze Präsentation vor!

15. An Berghängen, die von der Sonne bestrahlt werden, bilden sich Luftströmungen aus.

a) Erkläre ihr Entstehen!

b) Nenne und erläutere Beispiele für die Nutzung solcher Luftströmungen!

16. Wie funktioniert die Wasserkühlung eines Motors (↗ Abb.) in einem Pkw?

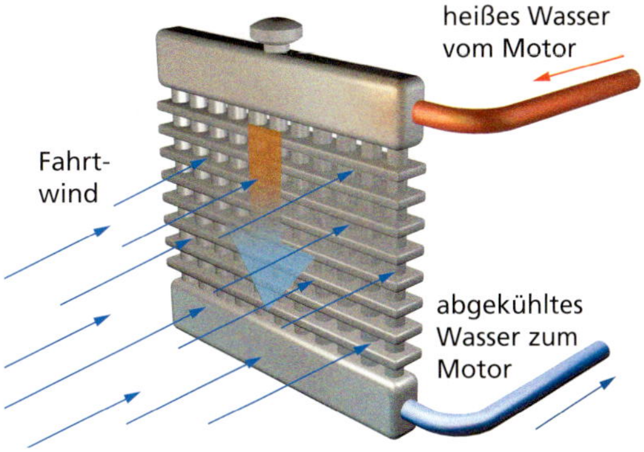

17. Die Abbildung zeigt in der Natur auftretende Luftströmungen.
Besonders über trockenen Getreidefeldern und Sand gibt es starke Luftströmungen nach oben. Diese werden von Segelfliegern, aber auch von Vögeln genutzt.

a) Erkläre, wie diese Luftströmungen in der Natur entstehen!

*b) An warmen Sommertagen weht am Meer der Wind häufig aus Richtung Meer, nach Sonnenuntergang in umgekehrter Richtung. Begründe!

18. Die Wärmestrahlung der Sonne kann genutzt werden, um Wasser zu erwärmen.

a) Warum sollten Sonnenkollektoren auf der Südseite eines Daches und geneigt befestigt werden?

b) Baue dir selbst mit einfachen Mitteln einen Sonnenkollektor!

*c) Funktioniert ein Sonnenkollektor auch, wenn der Himmel bewölkt ist?

Arten der Wärmeübertragung

Energie kann in unterschiedlicher Weise von einem Körper auf einen anderen Körper oder auf die Umgebung übertragen werden.

Wärme kann übertragen werden durch

Wärmeleitung

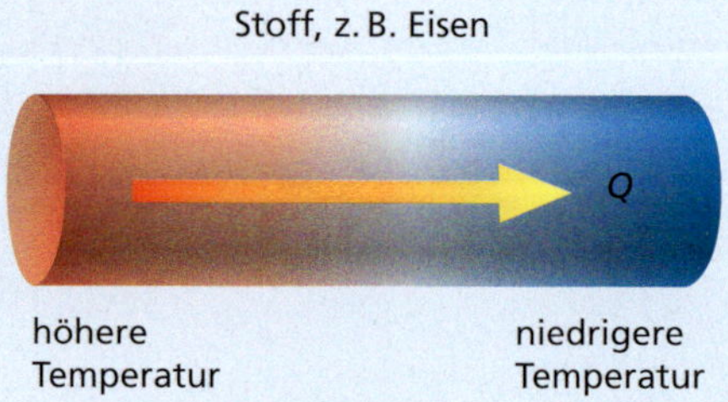

Wärmeleitung erfolgt durch Stoffe hindurch. Dabei wird Wärme und damit Energie immer von Stellen höherer Temperatur zu solchen niedrigerer Temperatur geleitet.

Metalle sind gute Wärmeleiter. Wasser, Gase (Luft) oder Holz leiten die Wärme schlecht.

Wärmestrahlung

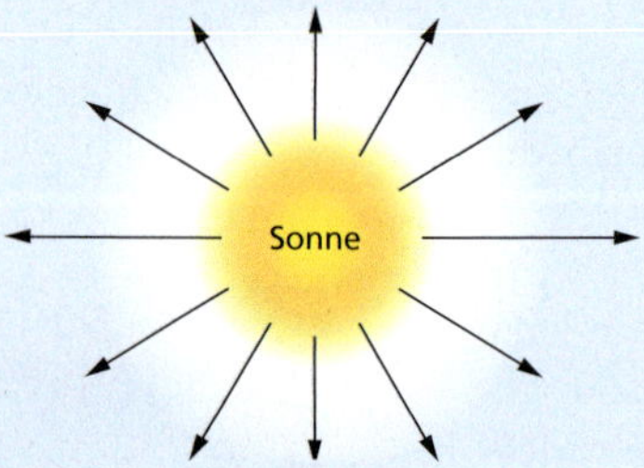

Wärmestrahlung erfolgt vorrangig durch eine für uns nicht sichtbare Art der Strahlung, die Infrarotstrahlung. Der größte Teil der Sonnenstrahlung, der zur Erde gelangt, ist Infrarotstrahlung.

Wärmestrahlung breitet sich in der Luft, aber auch ohne Stoff aus.

Wärmeströmung

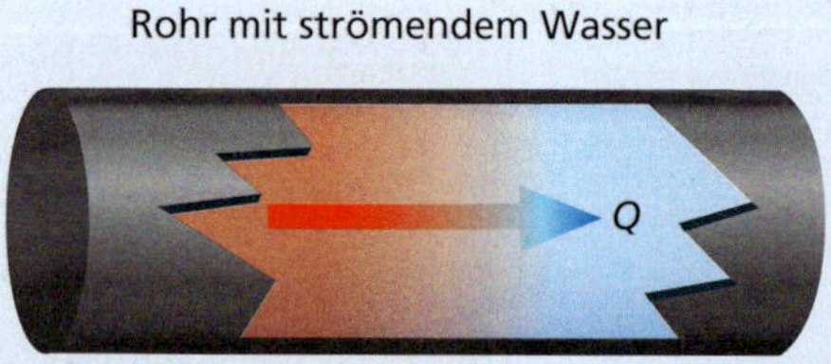

Mit dem heißen Wasser, das durch das Rohr strömt, wird thermische Energie und damit Wärme transportiert.

Durch strömende Flüssigkeiten und Gase wird Wärme übertragen.

Maßnahmen zur Verringerung der Wärmeübertragung bezeichnet man als **Wärmedämmung.** Wärmedämmung bedeutet die Verhinderung oder Verminderung von Wärmeleitung, Wärmeströmung und Wärmestrahlung.

4 Leben mit Elektrizität

4.1 Elektrische Energie, elektrischer Strom, elektrische Ladung

Quellen elektrischer Energie

Für Handys, Taschenlampen, Laptops oder Fotoapparate nutzen wir Batterien oder Akkumulatoren als Spannungsquellen. Ist ein Akku entladen, so kann er mit einem Ladegerät wieder aufgeladen werden.
Woher kommt die elektrische Energie, die wir der Steckdose entnehmen?

Haare stehen zu Berge

Wenn man trockene Haare mit einem Plastikkamm kämmt, kann es passieren, dass einem die Haare zu Berge stehen. Die Haare werden regelrecht von dem Kamm angezogen und man sieht aus wie Struwwelpeter. Ähnliches kann man auch feststellen, wenn man mit einer elektrisch geladenen Kugel verbunden ist.
Wie ist diese Erscheinung zu erklären?

Überall elektrischer Strom

Die meisten Haushaltsgeräte werden heute mit elektrischem Strom betrieben. Ohne Strom würden kein Wasserkocher, kein Föhn und keine Kaffeemaschine funktionieren.
Was aber ist elektrischer Strom? Was fließt in den Leitungen?

Quellen elektrischer Energie

Quellen elektrischer Energie werden auch als Spannungsquellen, Stromquellen oder elektrische Quellen bezeichnet. Sie alle liefern elektrische Energie, die in andere Energieformen umgewandelt werden kann.
Wichtige elektrische Quellen sind **Batterien** und **Akkumulatoren** (Kurzform: Akkus) unterschiedlicher Bauart (Abb. 1). Gemeinsam ist ihnen, dass chemische Energie in elektrische Energie umgewandelt wird. Die Unterschiede bestehen darin, dass Akkumulatoren wiederaufladbar sind, Batterien dagegen nicht. In Handys, Fotoapparaten oder MP3-Playern werden Akkus genutzt, die mit Ladegeräten aufgeladen werden können.
Elektrische Energie kann man auch unmittelbar aus Lichtenergie gewinnen. Dazu werden **Solarzellen** genutzt, in denen Lichtenergie in elektrische Energie umgewandelt wird (Abb. 2). Das ist eine sehr umweltfreundliche Art der Gewinnung von Elektroenergie. Der Nachteil von Solarzellen besteht darin, dass sie nur dann elektrische Energie liefern, wenn sie mit Licht bestrahlt werden. Die Technik der direkten Umwandlung von Lichtenergie in elektrische Energie wird als **Fotovoltaik** bezeichnet.

2 In Solarzellen wird Lichtenergie direkt in elektrische Energie umgewandelt.

Bei Häusern (Abb. 3) nutzt man häufig eine Kombination aus Sonnenkollektoren (Gewinnung von Warmwasser) und Solarzellen (Gewinnung von Elektroenergie). Das ist besonders umweltfreundlich.
Der größte Teil der elektrischen Energie wird in Kraftwerken aus verschiedenen Energieträgern gewonnen. Eine große Rolle spielt dabei die Kernenergie, aber auch die Gewinnung elektrischer Energie aus Kohle. Erneuerbare Energieträger spielen eine immer größere Rolle.

> Elektrische Energie wird durch Umwandlung aus anderen Energieformen gewonnen.

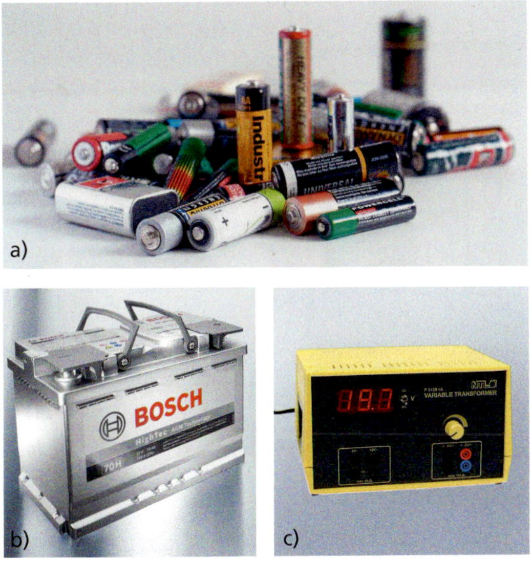

1 Batterien (a), Akkumulatoren (b) oder Stromversorgungsgeräte (c) sind Quellen elektrischer Energie.

3 Auf den Dächern der Gebäude sind Solarzellen angebracht.

Tragbare Spannungsquellen

Möglichkeiten zur Erzeugung elektrischer Spannung

Die Erforschung der elektrischen Spannung hat eine lange Geschichte. Schon bei den Griechen war bekannt, dass geriebener Bernstein andere Körper anzieht. Vom Bernstein sind auch die Namen Elektron und Elektrizität abgeleitet. Bernstein heißt auf Griechisch „electron".

Bis zum 18. Jahrhundert kannte man nur die Reibung als Möglichkeit, Ladungen zu trennen und somit elektrische Spannung zu erzeugen.

Im 17. und 18. Jahrhundert gab es zahlreiche Versuche, Elektrisiermaschinen zu bauen. Sie nutzten das Prinzip der **Reibungselektrizität**.

Eine der ersten funktionsfähigen Elektrisiermaschinen baute der Magdeburger Bürgermeister und Forscher Otto von Guericke (1602–1686). Diese elektrische Quelle eignete sich zur Untersuchung der elektrischen Spannung. Sie wurde auch genutzt, um interessante Effekte vorzuführen. Für technische Anwendungen war sie jedoch nicht brauchbar.

Mit Reibungselektrizität machen wir auch im Alltag Erfahrungen. Wenn man im Auto gesessen hat, aussteigt und die Tür berührt, kann man einen **elektrischen Schlag** bekommen. Beim Ausziehen von Pullovern hört man es manchmal knistern. Im Dunkeln kann man sogar kleine Funken sehen. Ursache für diese Erscheinungen ist die Reibung unterschiedlicher Materialien aneinander. 1780 beobachtete der italienische Arzt Luigi Galvani (1737–1798), dass frisch präparierte Froschschenkel zucken, wenn in ihrer Nähe ein Funken an einer Elektrisiermaschine überspringt und die Nerven des Froschschenkels gleichzeitig mit einer Messerspitze berührt werden. Weitere Untersuchungen zu dieser „tierischen Elektrizität" ergaben:

Der Froschschenkel beginnt auch zu zucken, wenn man verschiedene Teile mit einem Bogen aus zwei verschiedenen Metallen verbindet.

Später stellte sich heraus, dass nicht der Froschschenkel das Entscheidende ist, sondern eine leitende Flüssigkeit und zwei verschiedene Metalle. Nach seinem Entdecker heißen aus solchen Teilen aufgebaute elektrische Quellen **galvanische Elemente**.

1. *Halte einen Stift aus Kunststoff, den du kräftig am Ärmel deiner Kleidung gerieben hast, über kleine Papierschnipsel! Beschreibe, was du beobachtest! Erkläre!*

2. *Hält man ein Blatt Papier an eine senkrechte, glatte Wand (Tür, Schrank), so fällt das Papier ab. Reibt man das Papier zuvor z. B. am Ärmel, so bleibt es an der senkrechten Wand kleben. Probiere es aus! Erkläre diese Erscheinungen!*

3. *Aus zwei verschiedenen Metallen und einer leitenden Flüssigkeit kann man sich eine einfache elektrische Quelle herstellen. Statt der leitenden Flüssigkeit in einem Becherglas ist auch eine Zitrone, ein Apfel oder eine Kartoffel nutzbar (Abb. 1).*
   a) *Baue dir ein solches einfaches galvanisches Element!*
   b) *Miss die Spannung bei verschiedenen Kombinationen von Metallen!*
   c) *Welches Ergebnis erhält man mit zwei gleichen Metallen?*
   d) *Nutze für den Versuch verschiedene leitende Flüssigkeiten. Was kannst du feststellen?*

1 Selbst gebautes galvanisches Element

Wirkungen des elektrischen Stroms

Fließt elektrischer Strom durch elektrische Leiter oder elektrische Geräte, so kann er verschiedene Wirkungen hervorrufen. Die charakteristischen Wirkungen des elektrischen Stroms sind in der Übersicht unten an Beispielen dargestellt.

> Elektrischer Strom kann eine Lichtwirkung, eine Wärmewirkung, eine chemische Wirkung und eine magnetische Wirkung haben.

Ob ein elektrischer Strom fließt oder nicht, kann man nur an seinen Wirkungen erkennen. Auch alle Nachweismöglichkeiten für Strom beruhen auf seinen Wirkungen.

> Elektrischen Strom kann man nur an seinen Wirkungen erkennen.

Die Wirkungen des Stromes werden auch bei den vielfältigen Anwendungen genutzt. Glühlampen oder Leuchtstofflampen sind Beispiele für die Nutzung der Lichtwirkung.
Die Wärmewirkung wird z. B. bei Elektroherden oder beim Föhn angewendet.
Elektromagnete findet man in allen Elektromotoren, als Lasthebemagnete, bei Türöffnern oder Türgongs. Zum Verchromen oder Vergolden von Gegenständen nutzt man die chemische Wirkung des elektrischen Stroms.

Methode

Regeln für einen sicheren Umgang mit elektrischem Strom

1. Experimentiere niemals mit elektrischen Quellen, die eine Spannung von 25 V und mehr besitzen!
   Beachte: Die Netzspannung beträgt 230 V und ist daher lebensgefährlich.
2. Berühre niemals die Pole einer Steckdose, blanke Leitungen oder Leitungen mit schadhafter Isolierung mit bloßen Händen, metallischen Gegenständen oder anderen Leitern des elektrischen Stroms, z. B. Bleistift- oder Kugelschreiberminen!
3. Schließe Geräte stets an die richtige elektrische Quelle an! Die Voltzahlen von elektrischer Quelle und Gerät müssen annähernd übereinstimmen.
4. Ziehe Stecker niemals an der Leitung aus der Steckdose, sondern stets am Stecker!
5. Baue elektrische Schaltungen stets bei ausgeschalteter elektrischer Quelle auf! Die elektrische Quelle darf erst nach Überprüfung der Schaltung eingeschaltet werden.
6. Bei gefährlichen Schaltungen müssen Sicherungen eingebaut werden. Wenn eine Sicherung kaputtgeht, dann ist
   - zunächst die Ursache der Störung zu beseitigen (z. B. Kurzschluss) und
   - dann eine neue Sicherung einzusetzen.

Elektrischer Strom kann unterschiedliche Wirkungen haben			
Der elektrische Strom in einer Glühlampe kann Licht erzeugen.	Der elektrische Strom in einem Bügeleisen erwärmt die Heizplatte.	Der elektrische Strom macht aus der Spule einen Elektromagneten.	Mithilfe des elektrischen Stromes kann man einen metallischen Gegenstand verkupfern.
	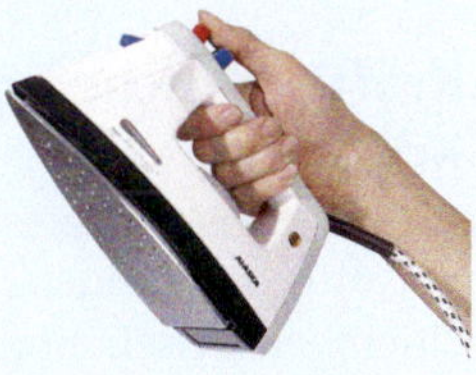	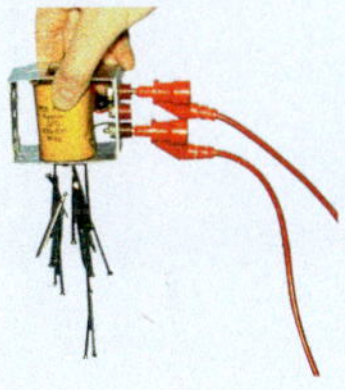	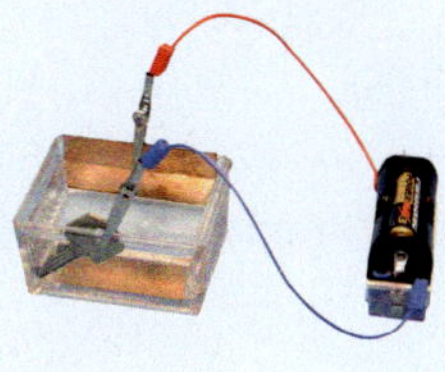
Der Strom hat eine **Lichtwirkung.**	Der Strom hat eine **Wärmewirkung.**	Der Strom hat eine **magnetische Wirkung.**	Der Strom hat eine **chemische Wirkung.**

Elektrisch geladene Körper

Körper unserer Umgebung können elektrisch geladen sein. Die Ursache dafür liegt in ihrem Aufbau begründet. Alle Körper sind aus Atomen und Molekülen aufgebaut. Atome wiederum bestehen aus einer Atomhülle, in der sich elektrisch negativ geladene **Elektronen** befinden, und dem Atomkern (Abb. 2). Der Atomkern enthält u. a. elektrisch positiv geladene **Protonen** und ist damit positiv geladen. Ein Atom, das die gleiche Anzahl positiver Ladungen im Kern und negativer Ladungen in der Atomhülle hat, ist elektrisch neutral. Auch ein Körper, der insgesamt genauso viele Elektronen wie Protonen hat, ist nach außen ungeladen.

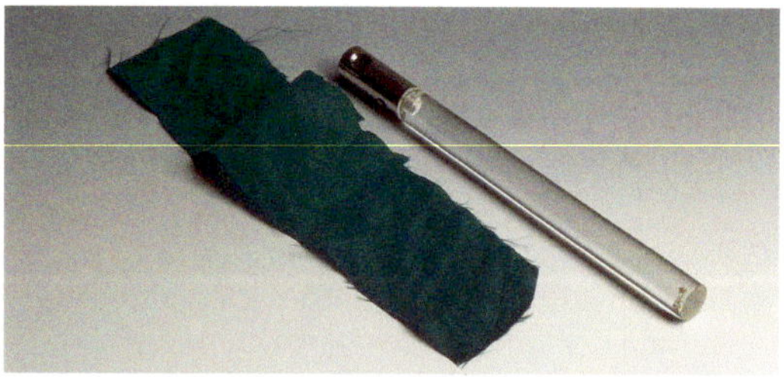

1a Vor der Berührung sind beide Körper neutral.

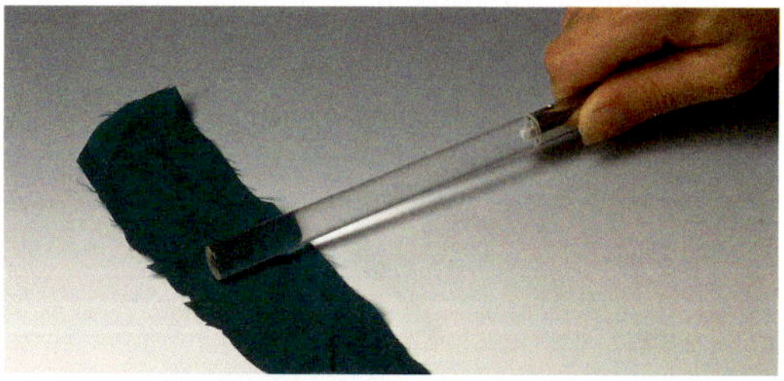

1b Beim innigen Berühren (Reiben) gehen Elektronen vom Tuch auf den Plastikstab über.

1c Nach der Berührung ist das Tuch positiv geladen, der Plastikstab negativ.

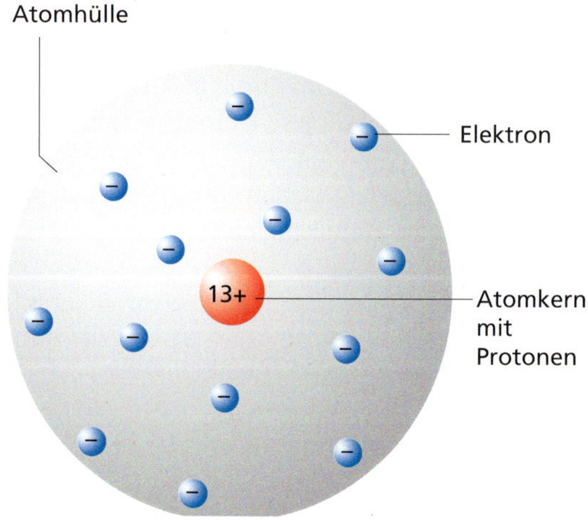

2 Modell vom Aufbau eines Aluminiumatoms

> Durch inniges Berühren bzw. Reiben zweier Körper aneinander können Elektronen von dem einen Körper auf den anderen Körper übergehen.

Danach hat der eine Körper mehr Elektronen als positive Ladungen. Er besitzt **Elektronenüberschuss** und ist negativ geladen.
Der andere Körper hat Elektronen abgegeben und besitzt nun einen **Elektronenmangel.** Er hat mehr positive Ladungen als Elektronen und ist positiv geladen (Abb. 1).

> Ein negativ geladener Körper hat einen Elektronenüberschuss. Bei einem positiv geladenen Körper herrscht Elektronenmangel.

Da die **Ladungstrennung** durch Berührung bzw. Reibung zustande kommt, spricht man auch von **Reibungselektrizität.**

Kräfte zwischen geladenen Körpern

Berührt man einen ungeladenen Körper mit einem elektrisch negativ geladenen Körper, so können Elektronen von dem geladenen Körper auf den ungeladenen Körper übergehen. Der betroffene Körper ist dann negativ geladen.

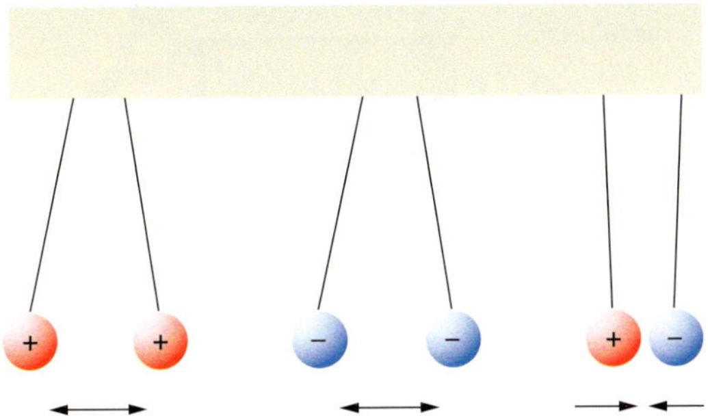

1 Kräfte unterschiedlich geladener Körper

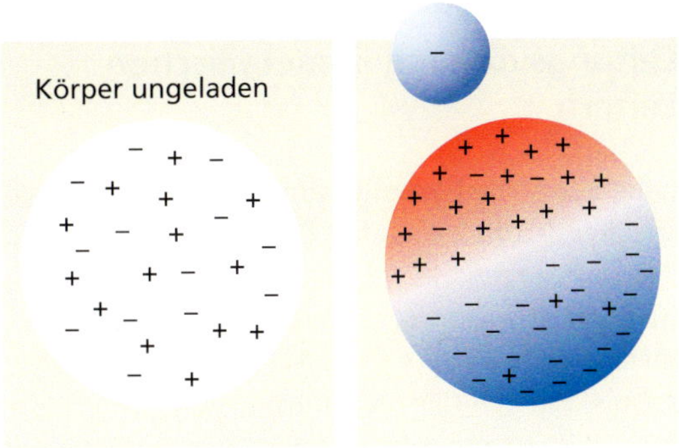

3 Ladungstrennung durch Influenz

Bringt man einen positiv geladenen Körper mit einem ungeladenen Körper in Berührung, so können Elektronen auf den positiv geladenen Körper übergehen. Der zunächst ungeladene Körper ist dann positiv geladen.
Untersucht man das Verhalten elektrisch geladener Körper genauer, dann stellt man fest, dass zwischen elektrisch geladenen Körpern Kräfte wirken. Die Körper ziehen sich an oder stoßen sich ab (Abb. 1).

> Gleichartig geladene Körper stoßen einander ab. Ungleichartig geladene Körper ziehen einander an.

Werden elektrisch geladene Körper leitend miteinander verbunden, so kommt es zum **Ladungsausgleich** (Abb. 2).
Nähert man einem ungeladenen Körper einen negativ geladenen Körper, so wirken zwischen den Ladungen ebenfalls Kräfte (Abb. 3).
Es kommt auf dem ungeladenen Körper zu einer Verschiebung von Ladungen und damit zu einer Ladungstrennung in bzw. auf dem betreffenden Körper.

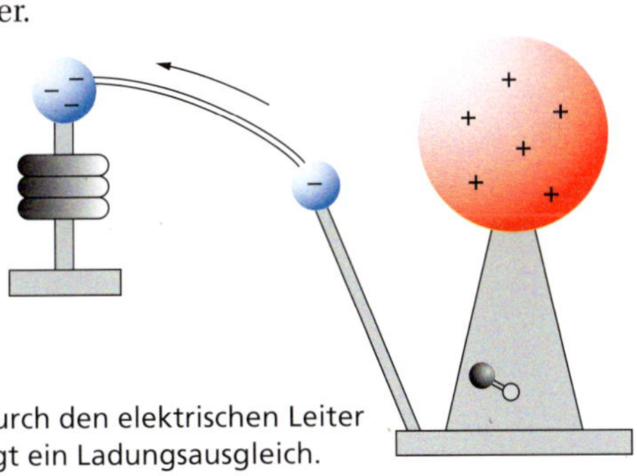

2 Durch den elektrischen Leiter erfolgt ein Ladungsausgleich.

Die Erscheinung der Ladungstrennung unter dem Einfluss eines geladenen Körpers wird als **elektrische Influenz** bezeichnet.

Die elektrische Ladung

Körper können unterschiedlich stark geladen sein. Wie stark ein Körper positiv oder negativ geladen ist, wird durch die Größe **elektrische Ladung** beschrieben.

> Die elektrische Ladung eines Körpers gibt an, wie groß sein Elektronenüberschuss oder sein Elektronenmangel ist.
>
> Formelzeichen: Q
> Einheit: ein Coulomb (1 C)

Die Einheit 1 C ist nach dem französischen Naturforscher CHARLES AUGUSTIN DE COULOMB (1736 bis 1806) benannt.
Ein Körper hat eine Ladung von 1 C, wenn er einen Elektronenüberschuss oder einen Elektronenmangel von $6{,}2 \cdot 10^{18}$ Elektronen besitzt. Das ist die riesige Anzahl von Elektronen, die bei einer Stromstärke von 1 A in einer Sekunde durch einen Leiterquerschnitt hindurchfließt. Die elektrische Ladung von geladenen Körpern in unserer Umgebung (geladene Kugeln, elektrische Aufladung des Menschen) beträgt meist wesentlich weniger als ein Tausendstel Coulomb. Die Ladung eines Elektrons ist $1{,}6 \cdot 10^{-19}$ C.
Beachte: Die Ladung eines Körpers kann positiv oder negativ sein.

Leitungsvorgang in metallischen Leitern

Jeder kennt die Formulierung: „Es fließt ein **elektrischer Strom.**" Was aber fließt in den Leitungen eines Stromkreises?
Betrachten wir dazu zunächst den Aufbau eines metallischen Leiters (Abb. 1), z. B. eines Kupferkabels. Ein Teil der Metallatome gibt je ein Elektron ab. In einem solchen Leiter sind dann neben Metallatomen positiv geladene **Metallionen** und Elektronen vorhanden. Die Elektronen können sich frei im Leiter bewegen.
Wird an den Leiter eine **elektrische Quelle** angeschlossen, dann wirken auf die frei beweglichen Elektronen Kräfte. Sie bewirken, dass sich die Elektronen gerichtet bewegen. Durch die elektrische Quelle werden die Elektronen angetrieben (Abb. 2).

> Elektrischer Strom in einem metallischen Leiter ist die gerichtete Bewegung von Elektronen in diesem Leiter.

Die negativ geladenen Elektronen bewegen sich vom Minuspol in Richtung Pluspol der elektrischen Quelle (Abb. 2, 3). Ihre Geschwindigkeit liegt bei etwa 1 mm/s.

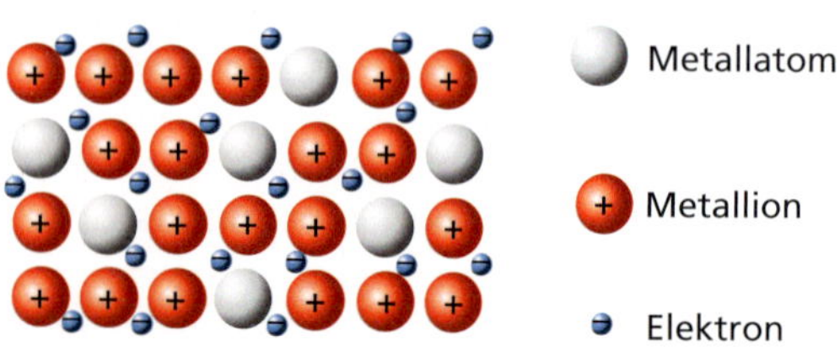

1 Metallischer Leiter ohne Vorhandensein eines elektrischen Feldes

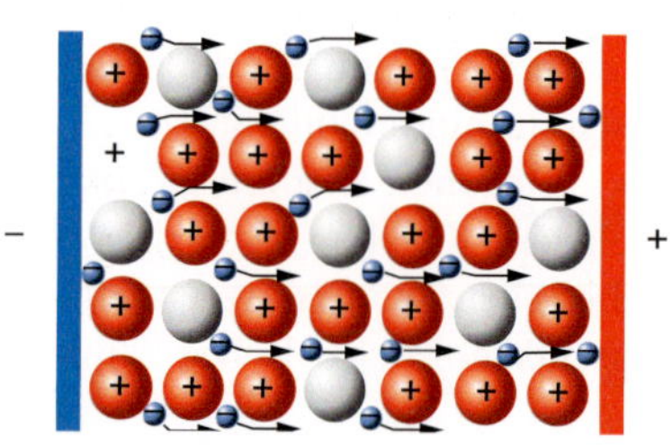

2 Bei Vorhandensein einer elektrischen Quelle bewegen sich die Elektronen in einer Vorzugsrichtung.

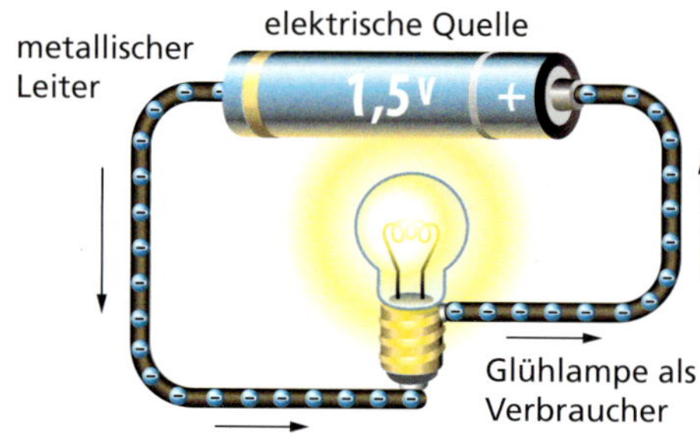

3 Modell eines Stromkreises: Elektronen bewegen sich im metallischen Leiter gerichtet.

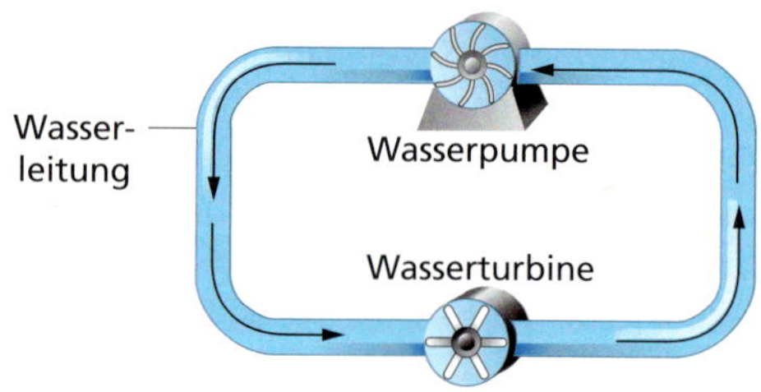

4 Eine Wasserströmung kann ebenfalls als Modell für elektrische Ströme dienen.

Abb. 3 zeigt das Modell eines Stromkreises. Die **elektrische Quelle** bewirkt den **Antrieb der Elektronen** im Stromkreis. Ein Strom fließt nur dann, wenn der Stromkreis geschlossen ist. Vergleichbar ist der Stromfluss in einem geschlossenen Stromkreis mit einem Wasserstromkreis (Abb. 4).
Elektrischer Strom kann auch in anderen Stoffen fließen, z. B. in Wasser oder in Luft. Wenn das der Fall sein soll, müssen immer folgende **Voraussetzungen** erfüllt sein:
(1) Es müssen bewegliche Ladungsträger (z. B. Elektronen oder Ionen) vorhanden sein.
(2) Es muss eine elektrische Quelle existieren, die die Ladungsträger antreibt.

Charakteristisch für den **Verlauf eines Leitungsvorgangs** ist dann:
(1) Durch den Antrieb bewegen sich die Ladungsträger im elektrischen Stromkreis gerichtet.
(2) Je stärker der Antrieb ist, desto mehr Ladungsträger bewegen sich in einer bestimmten Zeit durch den Leiterquerschnitt.
(3) Die gerichtete Bewegung der Ladungsträger wird durch die Metallatome bzw. die Metallionen behindert.

Dauermagnete und Elektromagnete

Magnete werden heute vielfältig genutzt: als Haftmagnete, für Türverschlüsse, als Kompassnadeln. Sie haben eine besondere Eigenschaft: Sie ziehen Körper aus bestimmten Stoffen an.

> Magnete sind Körper, die andere Körper aus Eisen, Nickel oder Cobalt anziehen.

Körper, die diese magnetische Eigenschaft auf Dauer oder über sehr lange Zeit besitzen, nennt man **Dauermagnete** oder **Permanentmagnete.** Dauermagnete bestehen ebenfalls aus Eisen, Nickel oder Cobalt. Sie können verschiedene Formen haben (Abb. 2). Weit verbreitet sind Stabmagnete und Hufeisenmagnete, aber auch kreisförmige Magnete.
Dauermagnete werden heute meist aus speziellen Legierungen (Eisen-Nickel, Eisen-Aluminium, Eisen-Neodym) hergestellt. Dabei nutzt man, dass Körper aus Eisen, Nickel und Cobalt selbst magnetisch werden, wenn man sie in die Nähe eines starken Magneten bringt.

> Körper, die von Magneten angezogen werden, sind auch selbst magnetisierbar.

Diese Eigenschaft von Körpern aus Eisen, Nickel und Cobalt, den **ferromagnetischen Stoffen,** ergibt sich aus ihrem Aufbau.

Magnetisierbare Stoffe bestehen aus winzigen Bereichen, von denen sich jeder wie ein kleiner Magnet verhält. Im unmagnetisierten Zustand sind diese **Elementarmagnete** völlig ungeordnet (Abb. 1a). Der Körper ist nach außen hin unmagnetisch. Unter dem Einfluss eines Magneten können sich die Elementarmagnete ausrichten (Abb. 1b). Der Körper wird selbst magnetisch.
Diese Erscheinung wird **magnetische Influenz** genannt.

Die Ausrichtung der Elementarmagnete und damit der Magnetismus des Körpers geht verloren, wenn man einen Magneten zu stark erhitzt oder starken Erschütterungen aussetzt.

a)

b)

1 Unmagnetisiertes (a) und magnetisiertes (b) Eisen im Modell

Lassen sich in einem Stoff die Elementarmagnete leicht ausrichten, so bezeichnet man diesen Stoff als **magnetisch weich.** Die Ausrichtung der Elementarmagnete geht bei weichmagnetischen Stoffen aber auch leicht wieder teilweise oder ganz verloren. Ein Stoff, für den das zutrifft, ist z. B. Weicheisen, das man für die Herstellung von Transformatoren, Elektromotoren und Generatoren verwendet. Die Eisenkerne von Elektromagneten bestehen ebenfalls aus Weicheisen. Auch wenn sich in der Nähe eines magnetisch weichen Stoffs kein Magnet befindet, bleibt meist ein geringer Restmagnetismus zurück. Stoffe, bei denen die Ausrichtung der Elementarmagnete nur unter dem Einfluss starker Magnete erfolgt und lange Zeit erhalten bleibt, bezeichnet man als **magnetisch hart.** Aus solchen Stoffen stellt man Dauermagnete her, die z. B. als Haftmagnete verwendet werden.

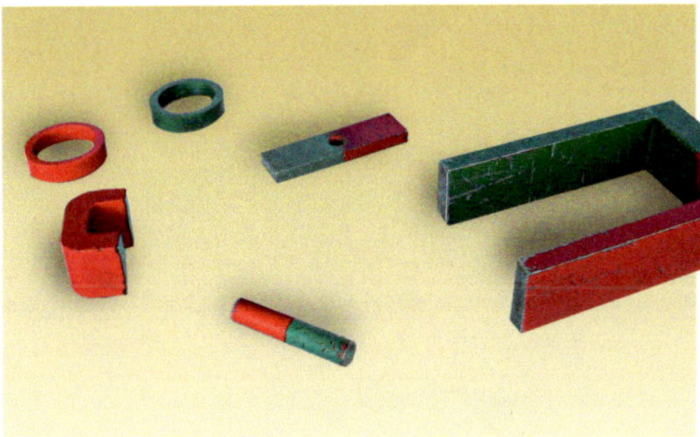

2 Dauermagnete unterschiedlicher Form: Sie bestehen aus speziellen Legierungen.

Magnete ziehen Körper aus ferromagnetischen Stoffen an. Diese Anziehung ist nicht an allen Stellen des Magneten gleich stark. An bestimmten Stellen ist die Anziehung am größten. Bei Stabmagneten und Hufeisenmagneten sind es die Enden (Abb. 1). Diese Stellen, an denen die stärksten anziehenden Kräfte wirken, nennt man **Pole** des Magneten.

> Jeder Magnet hat mindestens zwei Pole, einen Nordpol und einen Südpol.

Auch wenn man einen Magneten zerteilt, hat jeder Teil wieder zwei Pole, einen **Nordpol** und einen **Südpol.** Das ergibt sich aus dem Aufbau eines Magneten (↗ Abb. 1b, S. 121). Darüber hinaus gibt es auch keramische Magnete, die mehr als ein Polpaar besitzen. Solche Magnete verwendet man z. B. bei Fahrraddynamos.

Magnete können sich anziehen oder abstoßen, je nachdem, welche Pole sich gegenüberstehen (Abb. 2). Die anziehende und abstoßende Wirkung von Magneten kann auch durch andere Körper (z. B. Holz, Papier) hindurchgehen.
Nur Gegenstände aus Eisen, Nickel und Cobalt, also ferromagnetische Stoffe, können nicht durchdrungen werden. Besonders gut zur **magnetischen Abschirmung** eignen sich Körper aus weichmagnetischen Stoffen, z. B. aus Weicheisen. Zur magnetischen Abschirmung empfindlicher Messgeräte und Anlagen nutzt man Bleche aus Weicheisen.

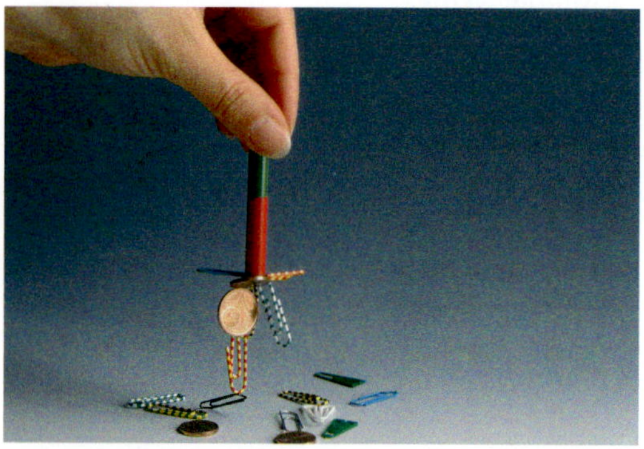

1 An den Polen eines Magneten sind die magnetischen Kräfte am größten.

Gleichnamige Magnetpole stoßen sich ab.

Ungleichnamige Magnetpole ziehen sich an.

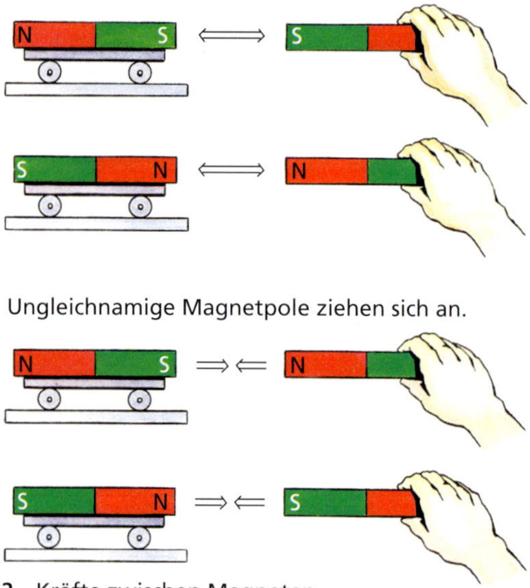

2 Kräfte zwischen Magneten

Die magnetische Wirkung des elektrischen Stroms (↗ S. 117) kann genutzt werden, um sich einen Elektromagnet zu bauen. Ein solcher Elektromagnet besteht aus einer stromdurchflossenen Spule mit einem Eisenkern (Abb. 3).
Die magnetische Wirkung eines solchen Elektromagneten ist umso größer,
- je mehr Strom durch die Spule fließt und
- je mehr Windungen die Spule hat.

Schaltet man den Strom durch die Spule ab, so hört die magnetische Wirkung auf. Das wird bei Lasthebemagneten (↗ S. 127) genutzt.

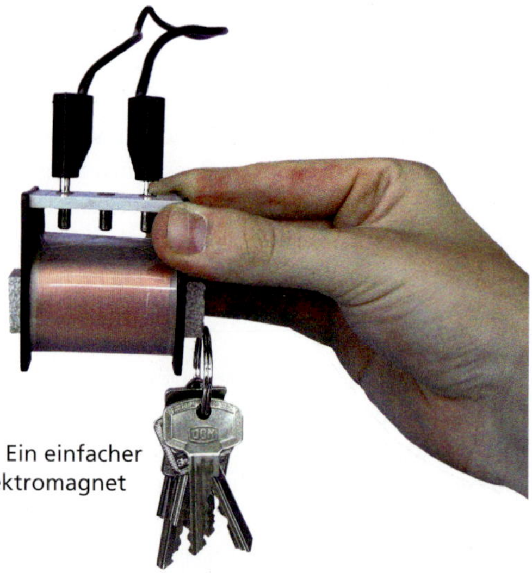

3 Ein einfacher Elektromagnet

Physik in Natur und Technik

Das Elektroskop

Um nachzuweisen, ob ein Körper elektrisch geladen ist, benutzt man ein Elektroskop (Abb. 1).
Beschreibe den Aufbau und erkläre die Wirkungsweise eines Elektroskops!
Kann man mit einem Elektroskop die Art der elektrischen Ladung eines Körpers bestimmen?

Ein Elektroskop dient dem Nachweis elektrischer Ladungen.
Es besteht aus einem Metallstab, der leitend mit einem drehbar gelagerten Metallzeiger verbunden ist. Berührt man das obere Ende des Metallstabes mit einem negativ geladenen Körper (Abb. 2), so gehen Elektronen auf dieses Ende über. Von dort verteilen sie sich auf den gesamten Metallstab und den Metallzeiger. Nun sind Metallstab und Metallzeiger negativ geladen. Gleichartig geladene Körper stoßen sich ab. Da der Zeiger drehbar gelagert ist, wird er vom Metallstab abgestoßen. Es kommt zu einem Zeigerausschlag.
Wird die Spitze des Metallstabes mit einem positiv geladenen Körper berührt (Abb. 3), so wandern Elektronen von Metallstab und Metallzeiger zum positiv geladenen Körper, denn ungleiche Ladungen ziehen sich an. Dadurch entsteht auf dem Metallstab und auf dem Zeiger ein Elektronenmangel, also positive Ladung. Metallstab und Zeiger stoßen sich ebenfalls ab.

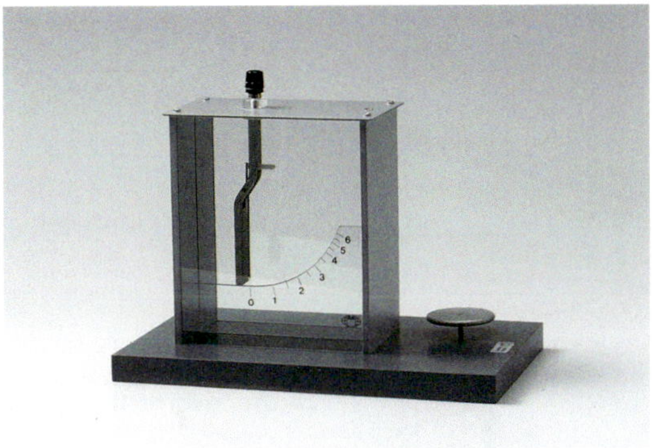

1 Aufbau eines einfachen Elektroskops aus Metallstab, Metallzeiger und Skala

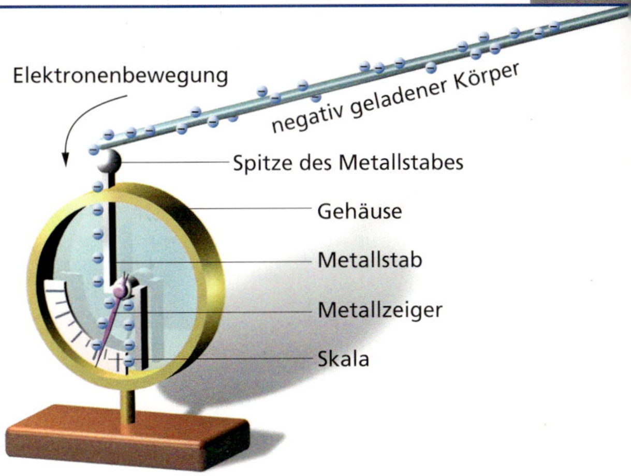

2 Negativ geladenes Elektroskop

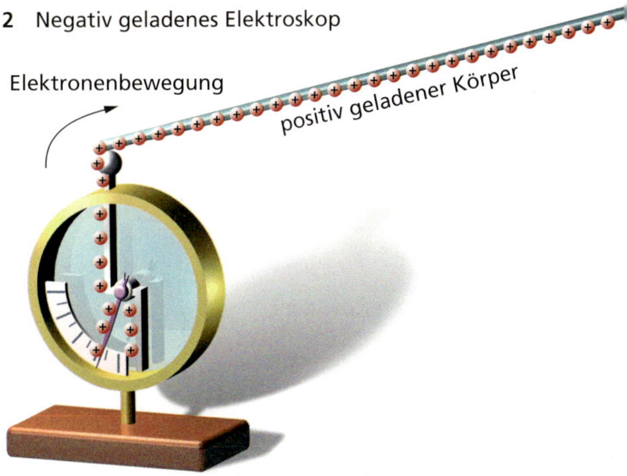

3 Positiv geladenes Elektroskop

Der Ausschlag erfolgt also bei einem Elektroskop unabhängig von der Art der Ladung. Demzufolge kann man mit einem Elektroskop nur nachweisen, ob und wie stark ein Körper geladen ist, nicht jedoch, welche Ladung er besitzt.

Ladungstrennung durch Influenz

Durch inniges Berühren bzw. Reiben können Elektronen von einem Körper auf einen anderen übergehen. Anschließend ist der eine Körper positiv, der andere negativ geladen. Diese Erscheinung wird als **Reibungselektrizität** bezeichnet.
Eine Ladungstrennung auf einem Körper kann auch erreicht werden, wenn man diesen Körper überhaupt nicht berührt.

Wie kann man auf einem Körper Ladungstrennung hervorrufen, ohne diesen Körper zu berühren?

Wir wissen bereits, dass elektrisch geladenene Körper auf andere elektrisch geladene Körper anziehend oder abstoßend wirken. Diese Kräfte kann man nutzen, um auf Körpern Ladungstrennung hervorzurufen.
Bringt man eine negativ geladene Kugel in die Nähe eines Elektrometers, so schlägt der Zeiger aus (Abb. 1).

1 Elektroskop bei Annäherung eines geladenen Körpers: Es kommt zu einem Zeigerausschlag.

Die im Metallstab und Metallzeiger des Elektroskops vorhandenen beweglichen negativen Elektronen werden von der negativ geladenen Kugel abgestoßen, bewegen sich also von der negativ geladenen Kugel weg. Die Spitze des Metallstabs des Elektroskops ist dann positiv geladen, der Metallstab und der Zeiger negativ. Da sich gleichartig geladene Körper immer abstoßen, schlägt der Zeiger des Elektroskops aus.
Entfernt man die negativ geladene Kugel, so verteilen sich die negativ geladenen Elektronen wieder gleichmäßig auf Metallstab und Zeiger. Der Ausschlag des Zeigers geht zurück.

Die Ladungstrennung auf einem Körper unter dem Einfluss eines anderen geladenen Körpers bezeichnet man als **elektrische Influenz.**
Eine solche Influenz tritt immer dann auf, wenn sich ein geladener Körper in der Nähe ungeladener, leitender Körper befindet.
Nähert man z. B. einen positiv geladenen Körper einer ungeladenen metallischen Kugeln, so tritt auf dieser Kugel eine Ladungstrennung auf.

Elektrofilter gegen Staub

Staub gibt es überall: in Wohnungen, in Betrieben und im Freien.
Auch in Kohlekraftwerken entsteht viel Staub in Form von Asche. Gelangt diese Asche mit dem Rauch ins Freie, kann sie die Umwelt stark belasten. Deshalb versucht man, die Asche aufzufangen und zu entsorgen. Dazu werden Entstaubungsanlagen genutzt. Das Herzstück einer solchen Entstaubungsanlage ist ein Elektrofilter.
Wie kann die Wirkungsweise eines Elektrofilters erklärt werden?

Ein Elektrofilter besteht aus zwei Platten, die positiv geladen sind. Zwischen diesen Platten befindet sich ein Draht, der so stark negativ geladen ist, dass er Elektronen versprüht. Diese Elektronen setzen sich auf den Staubteilchen des Rauchgases fest, das durch den Filter geleitet wird. Dadurch werden die Staubteilchen selbst negativ geladen. Die negativ geladenen Staubteilchen werden von den positiv geladenen äußeren Platten angezogen, denn zwischen ungleichartig geladenen Körpern wirken anziehende Kräfte. Dadurch bewegen sich die Staubteilchen nach außen. Die Staubteilchen lagern sich an den positiv geladenen Platten ab. Mithilfe eines Klopfwerks wird der angelagerte Staub abgeschüttelt, in einer Auffangvorrichtung gesammelt und entsorgt (↗ Abb.).

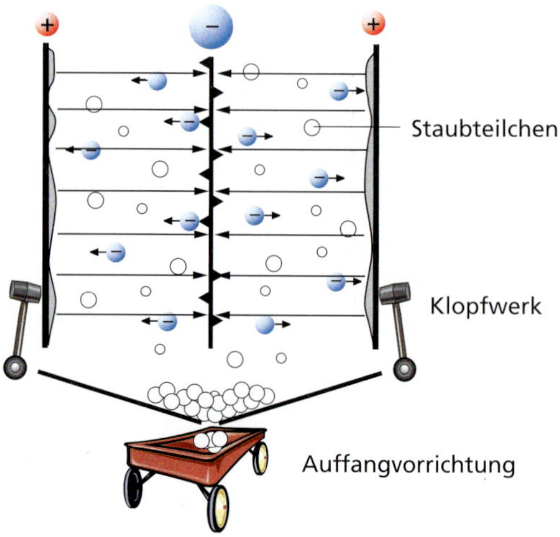

2 Aufbau eines Elektrofilters zur Rauchgasreinigung

1 Elektrofilter in einem Kraftwerk: Den Aufbau zeigt die Abb. 2 auf S. 124.

2 Blitze sind kurzzeitige elektrische Entladungen zwischen Wolke–Erde bzw. zwischen Wolke–Wolke.

In Kohlekraftwerken wird der Rauch durch solche Elektrofilter geleitet und von Asche gereinigt. Das ist ein wichtiger Beitrag zur Verringerung der Luftverschmutzung.

Blitz und Donner

Mit Blitz und Donner kündigt sich ein Gewitter an. Während eines Gewitters können Dutzende von Blitzen auftreten. Weltweit werden 70 bis 100 Blitze in jeder Sekunde registriert.
Die durchschnittliche Stromstärke beträgt etwa 40 000 A bei einem Durchmesser der Blitze von 10 bis 20 cm, ihre Länge beträgt meist 2 bis 3 km und ihre Dauer weniger als 1 s.
Wie entsteht ein Blitz? Gibt es nur Blitze zwischen einer Wolke und der Erde?

Ein Blitz ist ein zeitlich kurzer, aber sehr starker elektrischer Strom, der die unterschiedlichen Ladungen zwischen geladenen Wolken bzw. Wolken und der Erde ausgleicht.
Elektrisch geladene Gewitterwolken entstehen vor allem an warmen, schwülen Tagen. Warme, aber auch feuchte Luft steigt nach oben. Dabei kühlt sie sich ab. Aus dem in der Luft befindlichen Wasserdampf werden dadurch Wassertropfen, Eiskristalle und Hagelkörner. Der Mechanismus der Ladungstrennung in der Wolke ist noch nicht in allen Einzelheiten geklärt. Ein Erklärungsansatz ist folgender (Abb. 3): Ein Teil der aufgestiegenen Hagelkörner fällt wieder herab, weil sie zu schwer sind. Durch das schnelle Aufsteigen von Luft mit Wassertropfen und Eiskristallen sowie das Herabfallen von Hagelkörnern kommt es infolge von Reibung zu Ladungstrennungen. Damit entstehen in Gewitterwolken Bereiche, die unterschiedlich geladen sind.
Wenn die unterschiedlichen Ladungen in Gewitterwolken groß genug sind, kommt es zu einem Ladungsausgleich durch einen Blitz. Dabei wandern Elektronen zum positiv geladenen Körper (Abb. 2).

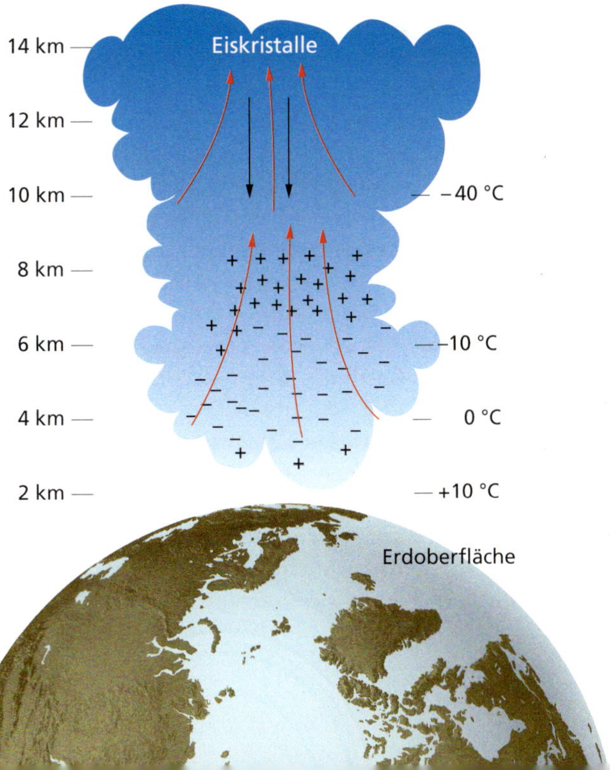

3 Aufbau einer Gewitterwolke

1 Ein Ladungsausgleich durch Blitze kann zwischen Wolken oder zwischen Wolken und der Erde erfolgen.

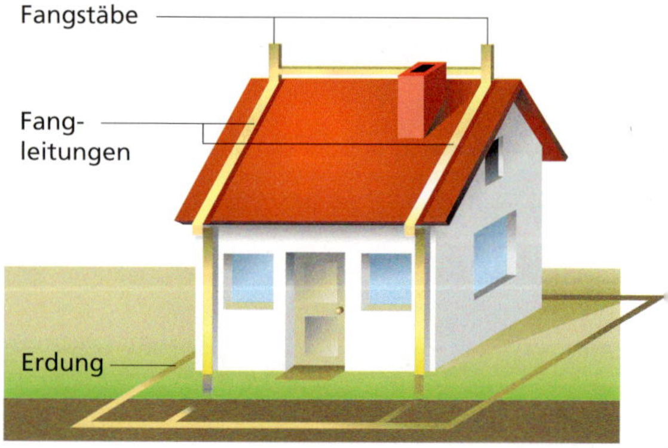

2 Blitzschutzanlage eines Hauses: Über Fangstäbe und Fangleitungen wird der Blitz zur Erde abgeleitet.

Der Blitzableiter

Gewitter sind häufig mit Sturmböen, starkem Regen oder Hagel verbunden. Erhebliche Schäden können aber auch dann entstehen, wenn ein Blitz in eine Hochspannungsleitung, in Gebäude, in Bäume oder gar in Menschen einschlägt. Deshalb muss man sich vor Blitzen schützen. An Häusern werden dazu häufig Blitzschutzanlagen angebracht.

Wie funktioniert eine Blitzschutzanlage? Wie kann man sich vor Blitzeinschlag schützen, wenn man im Freien von einem Gewitter überrascht wird?

Blitze schlagen vor allem in hohe, spitze Gebäude und Gegenstände ein, z. B. in hohe Bäume, Kirchturmspitzen oder Spitzen von Dächern. Mithilfe einer Blitzschutzanlage wird der Blitz „aufgefangen" und ungefährlich in die Erde abgeleitet.
Eine Blitzschutzanlage (Abb. 2) besitzt Fangstäbe und Fangleitungen, die die höchsten Stellen des Gebäudes bilden, sodass der Blitz dort einschlägt. Über dicke Eisendrähte wird der elektrische Strom des Blitzes in die Erde abgeleitet. Damit ist man in Gebäuden relativ sicher. Das gilt auch für Pkws und andere geschlossene Fahrzeuge, die wie ein **faradayscher Käfig** wirken (Abb. 3).
Für den Menschen ist ein Blitzeinschlag in den Körper und auch in unmittelbare Nähe seines Aufenthaltsorts lebensgefährlich. Am sichersten ist es, sich in eine Mulde zu legen oder zu hocken.
Beachte: Bäume bieten keinen Schutz.

Darüber hinaus gilt:
- Wenn möglich sollte man sich in Gebäuden mit Blitzableiter oder in Autos zurückziehen.
- Radfahrer sollten ihre Fahrt unterbrechen und sich vom Rad entfernen.
- Schwimmer sollten das Wasser umgehend verlassen.

3 Schon MICHAEL FARADAY (1791–1867) stellte fest, dass elektrische Entladungen (Blitze) nicht in einen Raum eindringen, der von einem elektrischen Leiter umgeben ist. Eine solche Anordnung wird als faradayscher Käfig bezeichnet.

1 Lasthebemagnete werden z. B. auf Schrottplätzen genutzt.

Ein Elektromagnet als Kran

Große Elektromagnete werden genutzt, um schwere Lasten zu heben und zu transportieren. Solche Lasthebemagnete werden vor allem auf Schrottplätzen, in Stahlwerken und auf Baustellen eingesetzt (Abb. 1).
Wie ist ein Lasthebemagnet aufgebaut?
Wie kann man seine Wirkungsweise erklären?

Ein Lasthebemagnet besteht aus einer Spule und einem Eisenkern. Fließt durch die Spule ein Strom, so entsteht ein starker Magnet. Körper aus Eisen und Stahl werden von diesem Magneten angezogen. Damit kann man Schrott, Stahlbleche oder Stahlträger transportieren. Beim Abschalten des Stroms ist keine Magnetische Wirkung mehr vorhanden. Die Körper fallen ab.

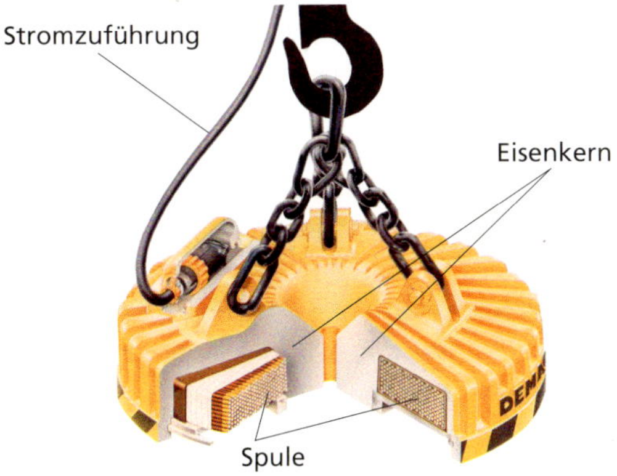

2 Aufbau eines Lasthebemagneten

Ein klingender Magnet

Das wichtigste Bauteil einer elektrischen Klingel ist ein Elektromagnet. Auch in einem Türgong (Abb. 3), der zwei Töne erzeugt, ist ein Elektromagnet enthalten.
Beschreibe den Aufbau und erkläre die Wirkungsweise eines elektrischen Türgongs!

Der Türgong enthält einen Stromkreis mit einer Spule. In der Spule befindet sich ein Metallstab, der auf einer Feder gelagert ist. Oberhalb und unterhalb der Spule befinden sich die Klingstäbe (Abb. 3). Die Spule befindet sich in einem Stromkreis mit einer elektrischen Quelle und einem Schalter (Klingelknopf).

Wird durch Betätigung des Klingelknopfs (Schalter) der Stromkreis geschlossen, so fließt ein elektrischer Strom. Durch die magnetische Wirkung des elektrischen Stroms wird die Spule zu einem Elektromagneten. Der Elektromagnet übt eine Kraft auf den in der Spule befindlichen Metallstab aus, sodass dieser gegen den Klingstab stößt.
Dabei wird der Metallstab zunächst gegen den einen Klingstab gelenkt. Nach Loslassen des Klingelknopfs wird der Stromkreis geöffnet und die magnetische Wirkung auf den Metallstab hört auf.
Durch die Feder wird der Metallstab zurückgezogen und aufgrund seiner Trägheit gegen den anderen Klingstab gelenkt. Danach bewegt er sich wieder in die Ruhelage.

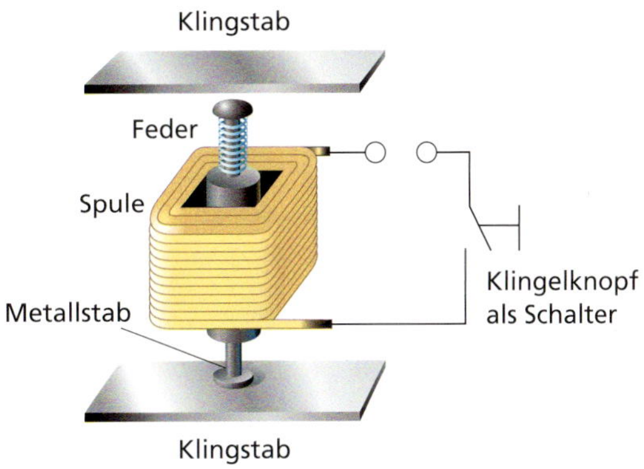

3 Aufbau eines Türgongs

Gewusst · Gekonnt

1. Begründe mit eigenen Worten, warum Elektroenergie als wichtigste Energieform für uns bezeichnet wird!

2. In den letzten Jahren hat es mehrere große Stromausfälle gegeben, von denen teilweise ganze Gebiete betroffen waren.
  a) Erkunde unter Nutzung des Internets, wann und wo solche Stromausfälle aufgetreten sind!
  b) Fertige über einen dieser Stromausfälle eine Präsentation (↗ S. 88–89) an!

3. Stelle in einer Übersicht elektrische Quellen zusammen, die du zu Hause und im Alltag nutzt! Denke dabei auch an Fahrrad, Handy und Fernbedienung des Fernsehers.

4. In Brandenburg gibt es neben großen Kohlekraftwerken und zahlreichen Heizkraftwerken auch Windkraftwerke. Stelle zu einem der Kraftwerke einen kurzen Vortrag zusammen (Schwerpunkte: Energieträger, Energieumwandlungen)!

5. In den Abbildungen sind verschiedene Geräte bzw. Bauteile dargestellt. Gib für jedes Gerät an, welche Wirkungen des elektrischen Stroms genutzt werden!

a)

b)

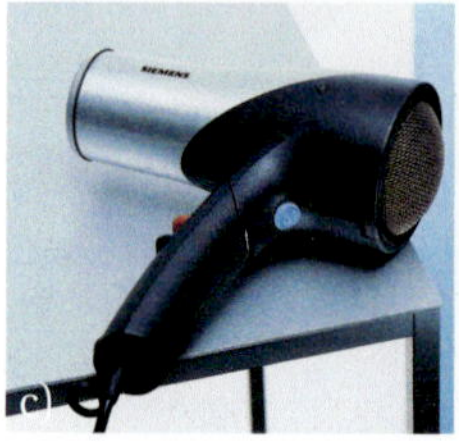
c)

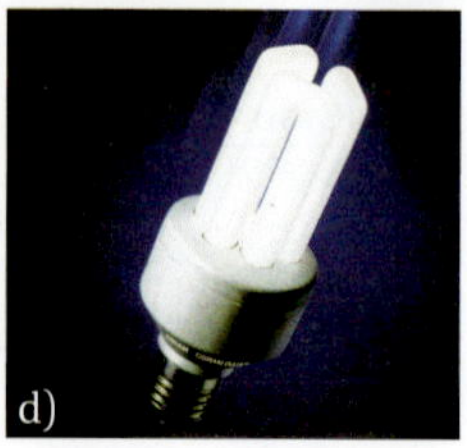
d)

6. Stelle eine Übersicht über Geräte zusammen, die im Haushalt oder im Alltag genutzt werden und bei denen
  a) die Wärmewirkung,
  b) die Lichtwirkung,
  c) die chemische Wirkung,
  d) die magnetische Wirkung
des elektrischen Stroms genutzt werden!

7. Wenn man einen zunächst ungeladenen Glasstab mit einem Tuch reibt, dann ist anschließend der Glasstab positiv geladen.
Wie ist das Tuch geladen? Begründe deine Aussage!

8. Nenne und erläutere Beispiele aus Natur, Technik und Alltag für die Ladungstrennung durch Reibung!

9. Reibe einen Plastikkamm an Stoff und halte ihn über einige kleine Papierschnitzel oder Styroporkugeln!

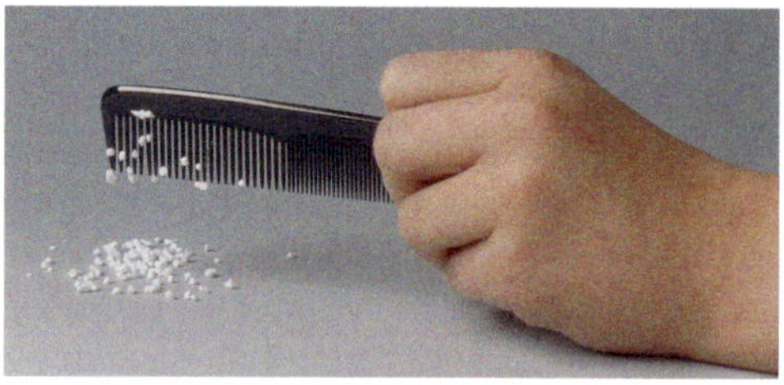

  a) Was kannst du beobachten?
  b) Erkläre deine Beobachtungen!

10. Wenn man einen Pullover auszieht, knistert es manchmal. Im Dunkeln kann man sogar Funken sehen.
Ähnliches tritt auf, wenn man sich frisch gewaschene, trockene Haare mit einem Plastikkamm kämmt. Erkläre diese Erscheinungen!

11. Geht man eine Treppe hinunter, rutscht mit den Händen auf der Plastikoberfläche des Geländers entlang und berührt anschließend das Metallgeländer, so bekommt man manchmal einen elektrischen Schlag.
Erkläre diese Erscheinung!

***12.** Mit einem Bandgenerator (↗ Abb.) kann man elektrische Ladungen trennen. Beschreibe den Aufbau und erkläre die Wirkungsweise eines Bandgenerators!

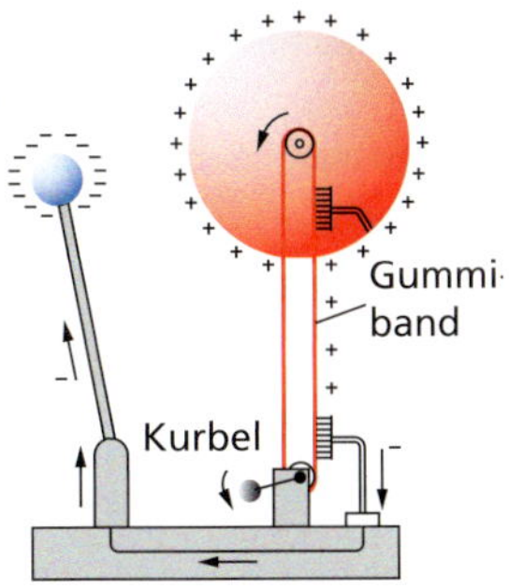

13. Legt man ein Blatt Papier auf eine Schreibtischunterlage aus Kunststoff, so haftet das Blatt fest daran.

a) Erkläre diese Erscheinung!
b) Wo treten ähnliche Erscheinungen auf?

14. Wenn man einen durch Reiben aufgeladenen Gegenstand (z. B. ein Lineal oder einen Kunststoffstab) in die Nähe eines dünnen Wasserstrahls hält, kann man eine interessante Beobachtung machen (↗ Abb.).

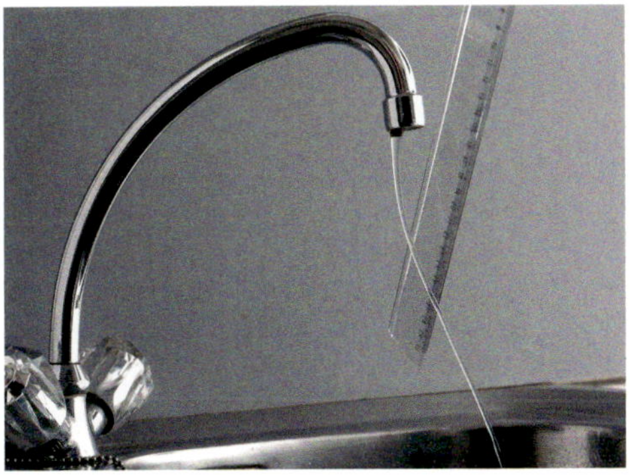

a) Probiere es selbst aus!
b) Wie kann man diese merkwürdige Erscheinung erklären?

15. Du kannst eigene Untersuchungen mit geladenen Körpern machen, wenn du einen Luftballon aufbläst, ihn an einem dünnen Faden aufhängst, ihn durch Reiben mit den Händen auflädst und ihm dann geladene Gegenstände, z. B. ein Lineal aus Kunststoff, näherst. Beschreibe und erkläre deine Beobachtungen!

16. Eine positiv geladene Kugel wird einem Elektroskop genähert (↗ Abb.).

a) Was kann man beobachten, wenn man die Kugel nähert bzw. entfernt?
b) Erkläre diese Beobachtungen!

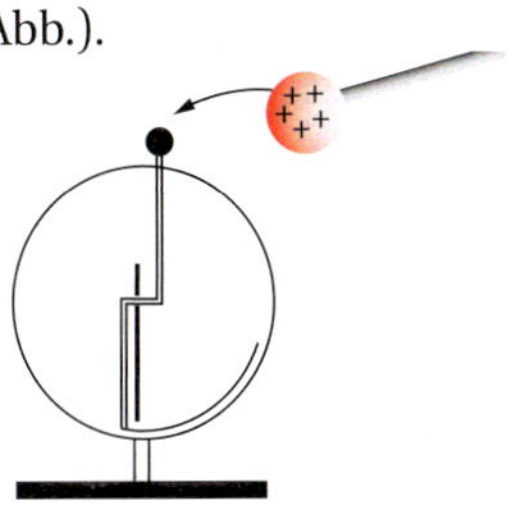

17. Baue dir ein Ladungsmessgerät und nutze es bei Experimenten! Den fertigen Aufbau zeigt die Skizze.

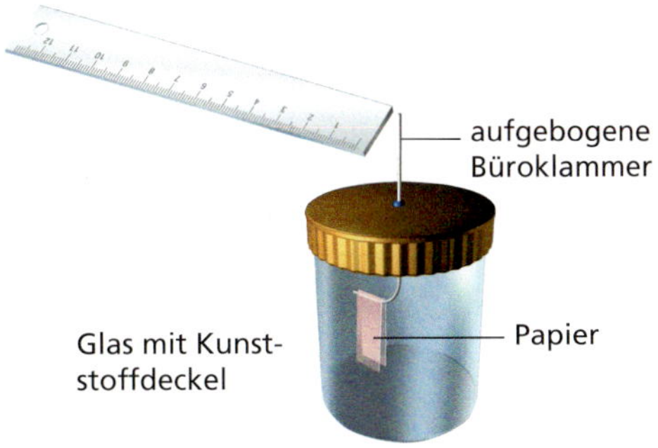

Führe mit deinem Ladungsmessgerät Experimente durch! Beschreibe und erkläre!

18. Als Erfinder des Blitzableiters gilt der amerikanische Staatsmann und Naturforscher BENJAMIN FRANKLIN (1706–1790).

a) Informiere dich über Leben und Wirken von B. FRANKLIN! Nutze dazu z. B. die Internetadresse **www.schuelerlexikon.de**!
b) Erkunde, welche Wirkungen Blitzeinschläge haben können!
c) Formuliere und begründe Regeln für das Verhalten bei Gewittern im Freien!

Elektrische Energie, elektrischer Strom, elektrische Ladung

Für unser tägliches Leben ist **elektrische Energie** die wichtigste Energieform. Sie wird aus anderen Energieformen gewonnen.

Quellen elektrischer Energie sind für uns Batterien, Akkumulatoren und Steckdosen, die durch Kraftwerke mit Elektroenergie versorgt werden.

Für elektrischen Strom besitzen wir kein Sinnesorgan. Er ruft aber bestimmte Wirkungen hervor, die wir im Alltag und in der Technik nutzen können.

Der elektrische Strom ist nur an seinen Wirkungen erkennbar, wir nutzen diese Wirkungen.

- **Lichtwirkung** (z. B. Glühlampe)
- **Wärmewirkung** (z. B. Heizplatte)
- **magnetische Wirkung** (z. B. Elektromagnet)
- **chemische Wirkung** (z. B. Verkupfern von Gegenständen)

Körper können elektrisch neutral, positiv oder negativ geladen sein.

elektrisch neutral	positiv geladen	negativ geladen
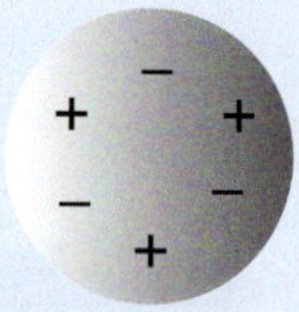	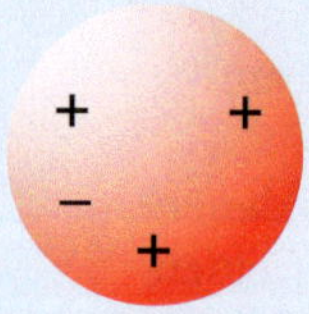	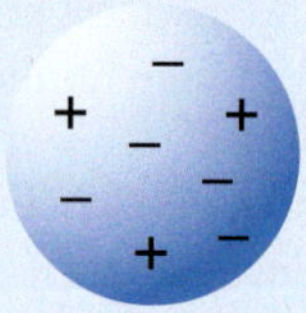
Die positive und negative Ladung ist gleich groß.	Es herrscht Elektronenmangel.	Es herrscht Elektronenüberschuss.

Zwischen geladenen Körpern wirken anziehende oder abstoßende Kräfte. Der Betrag der Kraft hängt von der Größe der Ladungen und ihrem Abstand voneinander ab.

Gleichartig geladene Körper stoßen einander ab.	Ungleichartig geladene Körper ziehen einander an.
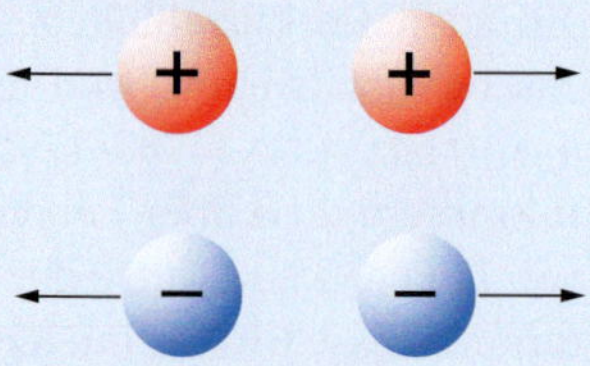	

Zwischen unterschiedlich geladenen Körpern kann durch elektrische Überschläge (Blitze, elektrische Schläge) oder durch eine leitende Verbindung (Kabel) eine Übertragung von Ladungen und damit ein **Ladungsausgleich** erfolgen.

4.2 Größen der Elektrik

Widerstände brennen durch

Die Glühwendel jeder Glühlampe brennt einmal durch. Meistens geschieht das beim Einschalten.
Im kalten Zustand ist der elektrische Widerstand des Glühdrahtes erheblich kleiner als bei normalem Betrieb der Lampe. Hersteller geben die Haltbarkeit von Glühlampen mit ca. 1 000 Betriebsstunden an.
Warum brennen Glühlampen nach einer bestimmten Betriebsdauer durch? Warum passiert das meistens beim Einschalten?

Überall die gleiche Spannung?

Im Alltag nutzt du viele verschiedene elektrische Geräte, z. B. eine Spielkonsole, das Handy oder einen MP3-Player. Alle diese Geräte funktionieren nur, wenn eine Spannung anliegt. Haushaltsgeräte arbeiten mit einer Spannung von 230 V.
Wie erreicht man, dass alle Steckdosen in der Wohnung 230 V haben?

Widerstände schalten

Um zu verhindern, dass Treibstoff in einem Tank überläuft, wird in den Tank eine elektrische Überfüllsicherung eingebaut. Sie stoppt die Treibstoffzufuhr, wenn der Tank fast voll ist. In dieser Füllhöhe ist ein Kaltleiterwiderstand angebracht, dessen elektrischer Widerstand sich mit der Temperatur ändert.
Wie funktionieren Überfüllsicherungen? Welche Eigenschaft von Widerständen wird dabei genutzt?

Bestandteile eines Stromkreises

Damit in einem Stromkreis ein elektrischer Strom fließt, sind zwei Voraussetzungen erforderlich:

- Es muss eine elektrische Quelle (Spannungsquelle) vorhanden sein. Solche elektrischen Quellen können Batterien, Akkumulatoren, Solarzellen, Stromversorgungsgeräte oder auch eine Steckdose sein.
- Der Stromkreis muss geschlossen sein. Das bedeutet: Die elektrische Quelle und die Bauelemente im Stromkreis müssen leitend miteinander verbunden sein. Ein einfaches Beispiel zeigt Abb. 1 auf S. 133.

> Ein elektrischer Strom fließt nur, wenn ein geschlossener Stromkreis mit einer elektrischen Quelle vorhanden ist.

Die Verbindungsleiter bestehen im Innern aus Materialien, die den elektrischen Strom gut leiten.

> Körper, die den elektrischen Strom gut leiten, nennt man elektrische Leiter.
> Körper, die den elektrischen Strom schlecht oder gar nicht leiten, nennt man elektrische Nichtleiter (Isolatoren).

Fast alle Metalle sind gute **elektrische Leiter.**
Körper aus Kupfer und Aluminium leiten den elektrischen Strom besonders gut. Sie werden deshalb vor allem für elektrische Leitungen eingesetzt.
Daneben gibt es auch viele **Nichtleiter** oder **Isolatoren.** Keramik, die meisten Kunststoffe (z. B. Plastik oder Lack), Glas, Gummi und nicht leuchtende Gase (z. B. Luft) sind Isolatoren. Sie werden deshalb z. B. zur Isolation von elektrischen Leitungen genutzt.
Weitere Bauteile, die sich häufig in Stromkreisen befinden, sind Glühlampen, Widerstände, Sicherungen und Schalter.
Elektrische Stromkreise können in **Schaltplänen** vereinfacht und übersichtlich dargestellt werden. Dabei verwendet man für die einzelnen Bauteile **Schaltzeichen**, die international einheitlich festgelegt wurden (↗ Übersicht rechts).

Schaltzeichen	Bauteil
elektrische Quelle (allgemein)  elektrische Quelle (Batterie) 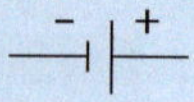	
Glühlampe 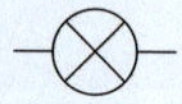	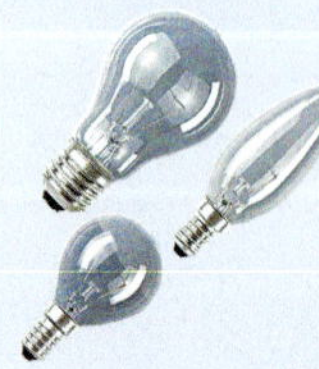
Elektromotor 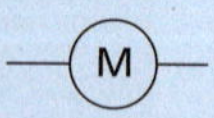	
Widerstand 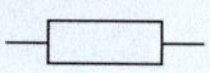	
Sicherung 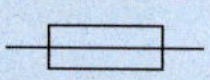	
Leitungen, Kabel 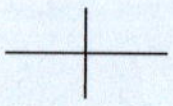 gekreuzt, ohne Verbindung 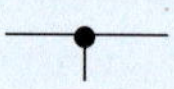 Abzweig	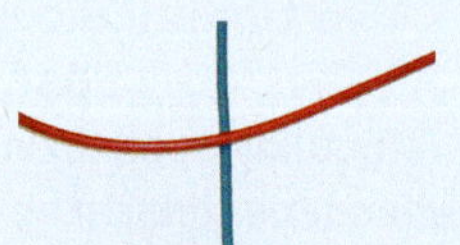 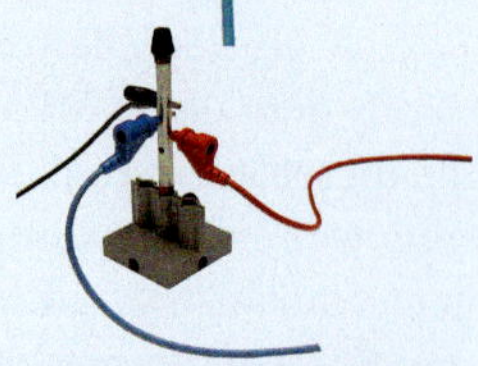
Schalter geöffnet 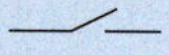 geschlossen 	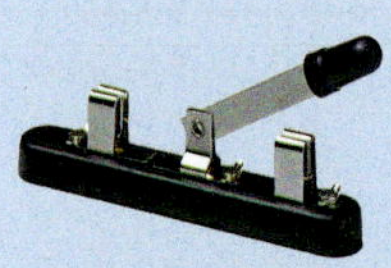

Einfache Stromkreise

Damit ein elektrischer Strom fließen kann, muss ein geschlossener Stromkreis vorliegen. Im einfachsten Fall wird ein elektrisches Gerät, z. B. eine Glühlampe, mit einer elektrischen Quelle verbunden (Abb. 1).
Für viele Anwendungen müssen aber mehrere Geräte im Stromkreis zusammengeschaltet werden. Dafür gibt es verschiedene Möglichkeiten. Als Beispiel betrachten wir die Schaltung von zwei Glühlampen.
Diese Glühlampen können hintereinandergeschaltet sein (Abb. 2). Der Stromkreis ist **unverzweigt.** Eine solche Schaltung wird als **Reihenschaltung** bezeichnet.
Glühlampen können auch parallel zueinander geschaltet werden (Abb. 3). Der Stromkreis ist dann **verzweigt.** Eine solche Schaltung wird als **Parallelschaltung** bezeichnet.

Auch elektrische Quellen und andere Bauteile können in Reihe oder parallel geschaltet sein. Parallel- und Reihenschaltung können miteinander kombiniert sein, also in einer Schaltung vorhanden sein. Welche Schaltung der Bauteile man wählt, hängt von der jeweiligen Anwendung ab. Wenn in einem Haushalt mehrere Verbraucher (z. B. Lampen, Fernsehapparat, Computer) eingeschaltet sind, so sind diese Verbraucher parallel geschaltet. Bei Geräten wie CD-Playern oder Taschenlampen sind die zum Betrieb erforderlichen Batterien in Reihe geschaltet. Eine solche Reihenschaltung liegt auch bei Lichterketten und bei der Weihnachtsbaumbeleuchtung vor.

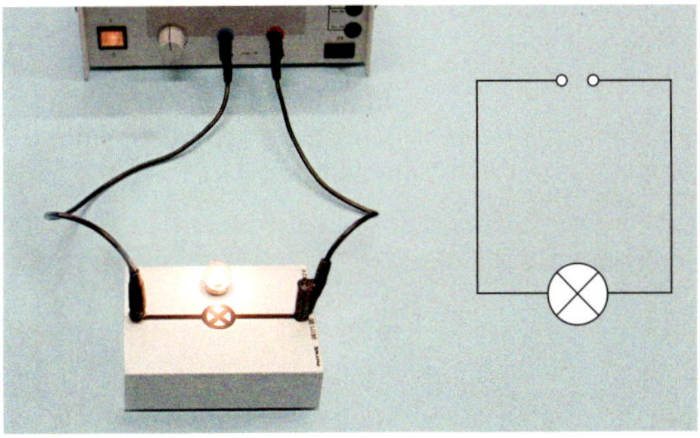

1 Einfacher Stromkreis mit einer Glühlampe

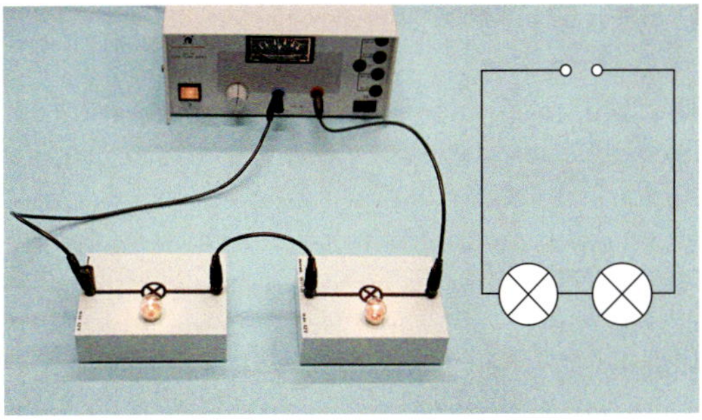

2 Reihenschaltung von Glühlampen (unverzweigt)

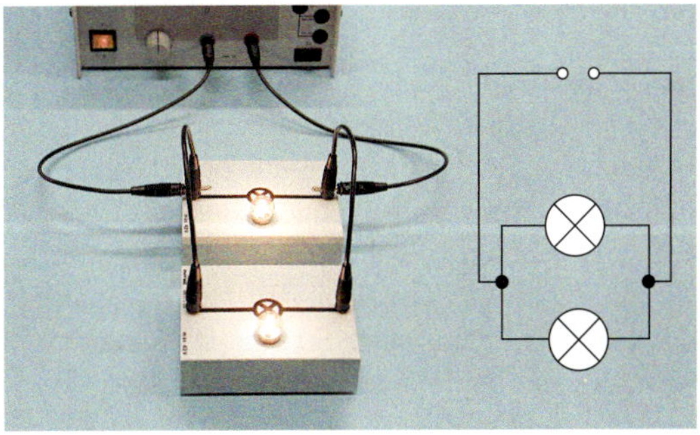

3 Parallelschaltung von Glühlampen (verzweigt)

Der Kurzschluss

Wenn der elektrische Strom z. B. durch eine schadhafte Isolierung die Möglichkeit hat, von einem Pol der elektrischen Quelle zum anderen Pol zu fließen, ohne durch den Verbraucher zu müssen, so wird er diesen Weg wählen. Man spricht dann von einem **Kurzschluss.**

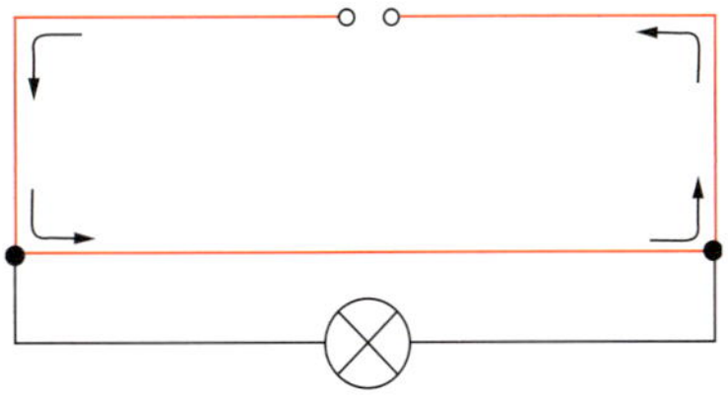

Da bei einem Kurzschluss kein Strom mehr durch den Verbraucher fließt, arbeitet dieser auch nicht mehr. Der elektrische Strom in den Leitungen und in der Quelle kann so groß werden, dass aufgrund der Wärmewirkung des elektrischen Stroms die Leitungen und die Quelle heiß werden. Dadurch können die Quelle oder die Leitungen auch zerstört werden. Bei ungünstigen Bedingungen kann es durch die erhitzten Leitungen sogar zu einem Brand kommen.

Die elektrische Stromstärke

Die Wirkungen des elektrischen Stroms sind u. a. abhängig von der Stärke des Stroms, der durch einen Leiter oder ein Bauteil fließt. So leuchtet eine Lampe mehr oder weniger hell, je nachdem, wie groß der elektrische Strom ist, der durch die Glühlampe fließt. Eine Heizwendel gibt umso mehr Wärme ab, je größer die Stromstärke ist.
Auch im Alltag spricht man von Stromstärke, z. B. im Zusammenhang mit Wasserströmungen, Verkehrs- oder Fußgängerströmen. Die Stärke einer Wasserströmung ist umso größer, je mehr Wasser pro Sekunde durch den Rohrquerschnitt fließt. Ein Fußgängerstrom ist umso stärker, je mehr Fußgänger eine bestimmte Stelle passieren.
Beim elektrischen Strom bewegen sich Elektronen durch einen metallischen Leiter. Die Stärke dieses Elektronenstroms wird durch die physikalische Größe **elektrische Stromstärke** beschrieben. Allgemein gilt:

> Die elektrische Stromstärke gibt an, wie viele Ladungsträger (z. B. Elektronen) sich in jeder Sekunde durch den Querschnitt eines elektrischen Leiters bewegen.
>
> Formelzeichen: I
> Einheit: ein Ampere (1 A)

Die Einheit 1 A ist nach dem Franzosen André Marie Ampère (1775–1836) benannt. Ampère war als Physiker und Mathematiker tätig. In der Physik befasste er sich vor allem mit den magnetischen Wirkungen elektrischer Ströme.

Teile der Einheit 1 A sind ein Milliampere (1 mA) und ein Mikroampere (1 µA):

$$1\,\text{A} = 1\,000\,\text{mA} = 1\,000\,000\,\mu\text{A}$$
$$1\,\text{mA} = 1\,000\,\mu\text{A}$$

Bei einer Stromstärke von einem Ampere (1 A) bewegen sich etwa $6 \cdot 10^{18}$ Elektronen in jeder Sekunde durch den Leiterquerschnitt. Die Geschwindigkeit der Elektronen bei ihrer gerichteten Bewegung ist sehr gering und beträgt in metallischen Leitern nur etwa 1 mm/s. Die elektrische

Elektrische Stromstärken in Natur und Technik	
Fotozelle	10 µA
Radio (batteriebetrieben)	10 mA
lebensgefährliche Stromstärke	> 25 mA
Glühlampe einer Taschenlampe	0,2 A
60-W-Glühlampe (bei 230 V)	0,26 A
100-W-Glühlampe (bei 230 V)	0,43 A
Bügeleisen	5 A
Elektrolokomotive	300 A
Elektroschweißgerät	500 A
Blitz	bis 100 000 A

Stromstärke wird mit **Stromstärkemessern (Amperemetern)** gemessen (Abb. 1, 2).

> Ein Stromstärkemesser wird immer in Reihe zu dem Gerät geschaltet, bei dem die Stromstärke gemessen werden soll.

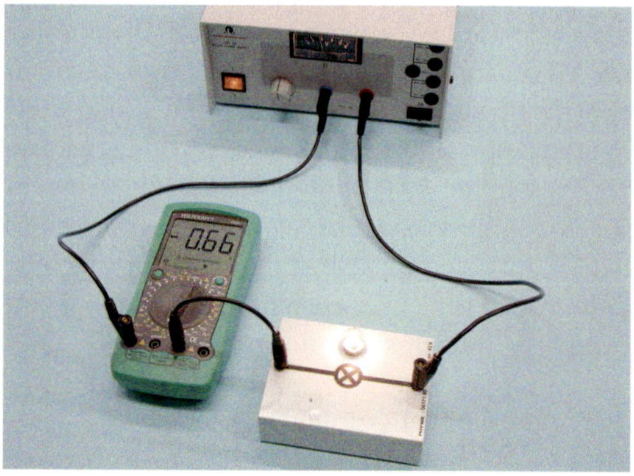

1 Messung der elektrischen Stromstärke in einem Stromkreis mit einer Glühlampe

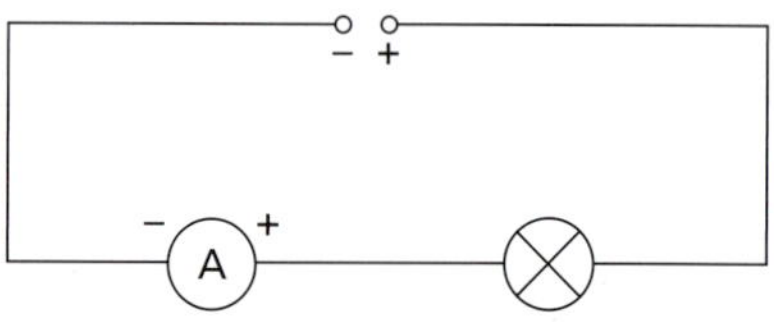

2 Schaltplan für Stromkreis mit Stromstärkemesser

Die elektrische Spannung

Damit sich Elektronen gerichtet durch einen elektrischen Leiter bewegen können, müssen Kräfte auf sie wirken. Diese Kräfte entstehen dadurch, dass ein elektrischer Leiter an eine elektrische Quelle angeschlossen wird.
Die elektrische Quelle treibt die Elektronen und damit den elektrischen Strom an. Man sagt auch, die elektrische Quelle besitzt eine elektrische Spannung und treibt damit die elektrischen Ladungsträger bzw. den elektrischen Strom an.
Verschiedene elektrische Quellen können den elektrischen Strom unterschiedlich stark antreiben. Dadurch werden auch die Wirkungen des elektrischen Stromes beeinflusst. Die Stärke des Antriebs wird durch die physikalische Größe **elektrische Spannung** beschrieben.

> Die elektrische Spannung gibt an, wie stark der Antrieb des elektrischen Stroms ist.
>
> Formelzeichen: *U*
> Einheit: ein Volt (1 V)

Die Einheit 1 V ist nach dem italienischen Forscher ALESSANDRO VOLTA (1745–1827) benannt, der viele elektrische Erscheinungen erforscht hat.

Elektrische Spannungen in Natur und Technik	
Körperzellen des Menschen	0,07 V
Knopfzelle	1,35 V
Monozelle, Mignonzelle	1,5 V
Akkumulator (Handy)	≈ 3,5 V
Fahrraddynamo	6 V
Autobatterie	12 V
Haushaltssteckdose	230 V
Straßenbahn	500 V
Zitteraal	bis 800 V
Elektrolokomotive	15 kV
Generator im Kraftwerk	15 kV
Überlandleitung	bis 380 kV
zwischen Wolken und Erde (Gewitter)	bis 10^9 V

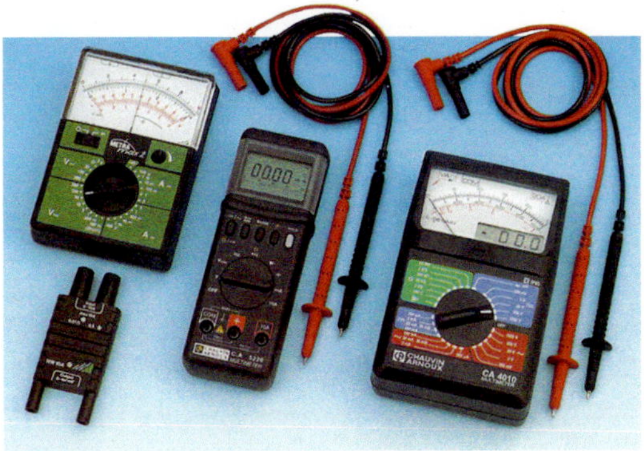

1 Mit Vielfachmessgeräten kann man Stromstärken oder Spannungen messen.

VOLTA konstruierte um 1800 die ersten brauchbaren Spannungsquellen. Er erfand auch den Vorläufer unserer heutigen Batterien, die es inzwischen in den unterschiedlichsten Bauformen gibt (↗ S. 116, 119).
Vielfaches der Einheit 1 V ist ein Kilovolt (1 kV):

1 kV = 1 000 V

Teil der Einheit 1 V ist ein Millivolt (1 mV):

1 V = 1 000 mV

Die elektrische Spannung wird mit **Spannungsmessern (Voltmetern)** gemessen.
Die Spannung kann sowohl an der elektrischen Quelle als auch am Gerät gemessen werden. Dabei ist zu beachten: Eine Spannung liegt immer zwischen zwei verschiedenen Punkten eines Stromkreises.

> Ein Spannungsmesser wird immer parallel zu dem Gerät oder Bauteil geschaltet, an dem die Spannung gemessen werden soll.

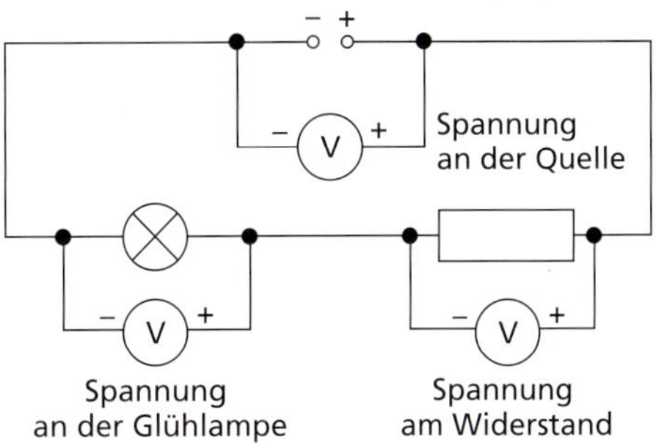

2 Spannungsmesser werden parallel geschaltet.

Die elektrische Stromstärke in unverzweigten und verzweigten Stromkreisen

Elektrische Geräte und Bauteile können in einem Stromkreis in Reihe oder parallel zueinander geschaltet werden.

In einem **unverzweigten Stromkreis,** z. B. bei der Reihenschaltung von zwei Glühlampen (Abb. 1), bewegt sich der gesamte Elektronenstrom durch die Leitungen und die Geräte. Elektronen können weder entweichen noch hinzukommen noch sich stauen.

Ähnlich ist das in einem Wasserstromkreis: An verschiedenen Stellen fließt jeweils die gleiche Wassermenge je Zeiteinheit durch die Querschnittsfläche der Rohre.

> Für die elektrische Stromstärke in unverzweigten Stromkreisen gilt:
>
> $$I = I_1 = I_2 = \dots$$

In **verzweigten Stromkreisen** teilt sich der Elektronenstrom an den Verzweigungspunkten in zwei Teilströme auf (Abb. 2). Ein Teil bewegt sich durch die Glühlampe 1, der andere durch die Glühlampe 2. Sind die Glühlampen unterschiedlich, so sind auch die Ströme der Elektronen unterschiedlich groß. Auch im Wasserstromkreis verteilt sich der Wasserfluss auf die beiden Zweige. Dabei geht aber kein Wasser verloren.

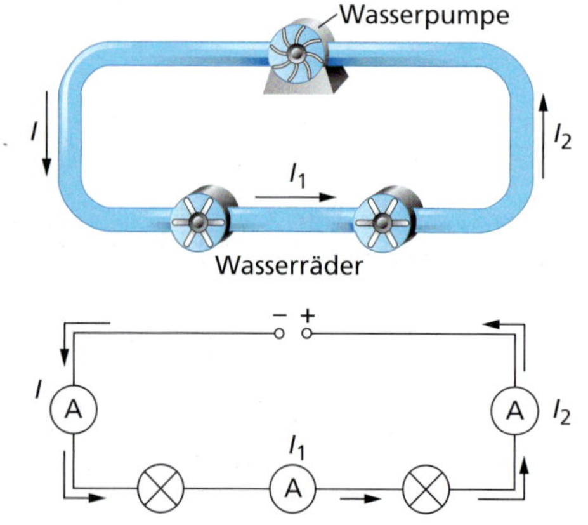

1 Stromstärken im unverzweigten Stromkreis

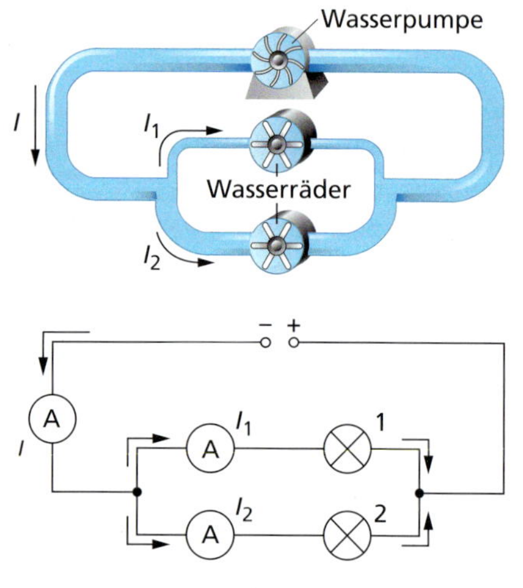

2 Stromstärken im verzweigten Stromkreis

> Für die elektrische Stromstärke in verzweigten Stromkreisen gilt:
>
> $$I = I_1 + I_2 + \dots$$

Methode

Voraussagen physikalischer Erscheinungen

Die elektrische Stromstärke in Stromkreisen kann man mithilfe eines Wassermodells gut veranschaulichen. Modelle kann man aber auch nutzen, um **Voraussagen** zu treffen.

Beim Voraussagen wird auf der Grundlage von Gesetzen oder Modellen eine Folgerung in Bezug auf eine Erscheinung in Natur und Technik abgeleitet. Dabei muss von den Wirkungsbedingungen der Gesetze bzw. den Grenzen der Modelle ausgegangen werden. Beim Voraussagen sollte man deshalb wie folgt vorgehen:

1. Beschreibe die für das Wirken von Gesetzen oder Anwenden von Modellen wesentlichen Seiten in der Erscheinung! Lass unwesentliche Seiten unberücksichtigt!
2. Nenne Gesetze oder Modelle, die der Erscheinung zugrunde liegen, weil deren Wirkungsbedingungen vorliegen!
3. Leite Folgerungen für die Erscheinung ab!

Die elektrische Spannung in unverzweigten und verzweigten Stromkreisen

In **unverzweigten Stromkreisen** sind die elektrischen Geräte, z. B. zwei Glühlampen, in Reihe geschaltet (Abb. 1). Die Stärke des Antriebs der elektrischen Quelle, die Spannung U, teilt sich auf beide Geräte auf. An den Geräten liegen die Teilspannungen U_1 und U_2 an.

> Für die elektrische Spannung in unverzweigten Stromkreisen gilt:
>
> $$U = U_1 + U_2$$

Schaltet man z. B. zwei Glühlampen gleicher Bauart in Reihe und verbindet sie mit einer elektrischen Quelle, dann liegt an jeder der Glühlampen die Hälfte der Spannung U der Quelle.
In **verzweigten Stromkreisen** existiert zwischen den Verzweigungspunkten derselbe Antrieb für beide Teilströme (Abb. 2). Die Teilspannungen U_1 und U_2 in den einzelnen Zweigen sind gleich der Gesamtspannung U.

> Für die elektrische Spannung in verzweigten Stromkreisen gilt:
>
> $$U = U_1 = U_2$$

Soll an verschiedenen Geräten die gleiche Spannung liegen, so werden die Geräte parallel geschaltet. Das ist z. B. bei Haushaltsgeräten der Fall.

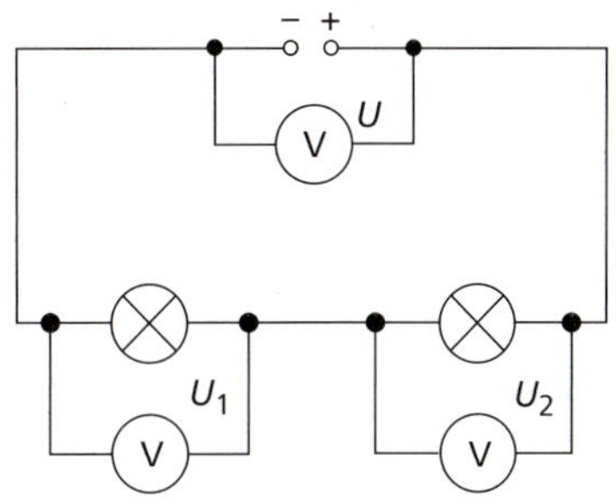

1 Spannungen im unverzweigten Stromkreis

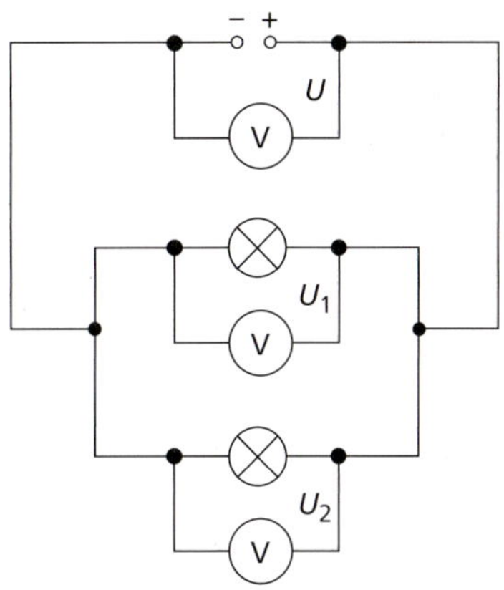

2 Spannungen im verzweigten Stromkreis

Mosaik

Schaltung von elektrischen Quellen

Um einen größeren Antrieb des elektrischen Stromes zu erhalten, werden mehrere elektrische Quellen in Reihe geschaltet (↗ Abb.). Die Spannungen der einzelnen Quellen addieren sich zu einer Gesamtspannung. Das wird z. B. bei Taschenlampen, Radios, CD-Playern und anderen batteriebetriebenen Geräten genutzt, um die erforderliche Betriebsspannung zu erhalten: Man nutzt 2, 3 oder 4 Batterien. Beim Einsetzen der Batterien ist auf die richtige Polung zu achten.

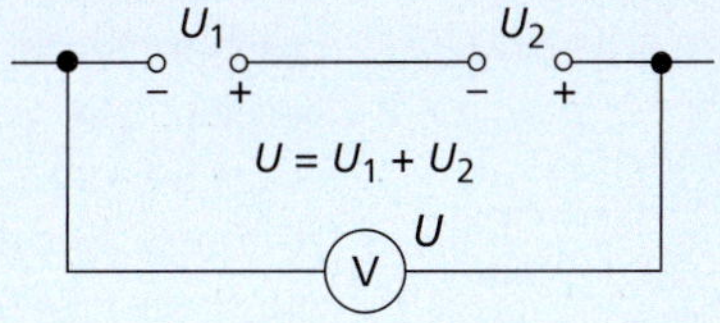

Bei falscher Polung erhält man unter Umständen die Spannung null. Darüber hinaus können Schäden am Gerät auftreten.
Gleiche elektrische Quellen können auch parallel zueinander geschaltet werden. Dann ist die Gesamtspannung gleich der Spannung der einzelnen Quelle. Die Schaltung hat den Vorteil, dass mit ihr ein elektrisches Gerät länger betrieben werden kann als nur mit einer einzigen Quelle, da in mehreren Quellen mehr Energie gespeichert ist.

Zusammenhang zwischen Spannung und Stromstärke – das ohmsche Gesetz

Je größer die elektrische Spannung in einem Stromkreis ist, desto größer ist der Antrieb des elektrischen Stroms. Damit bewegen sich mehr Elektronen durch den Querschnitt des Leiters. Die elektrische Stromstärke steigt. So leuchtet z. B. eine Glühlampe heller, wenn sie an eine stärkere elektrische Quelle angeschlossen wird.
Der Zusammenhang zwischen Stromstärke und Spannung wurde von dem deutschen Forscher GEORG SIMON OHM (Abb. 2) entdeckt und ist im **ohmschen Gesetz** beschrieben.

> Für alle metallischen Leiter gilt unter der Bedingung, dass die Temperatur konstant ist:
>
> $$I \sim U$$

Mit der anliegenden Spannung U wächst auch die Stromstärke I. Die Gesetzesaussage $I \sim U$ ist gleichbedeutend mit der Formulierung

$$\frac{U}{I} = \text{konstant.}$$

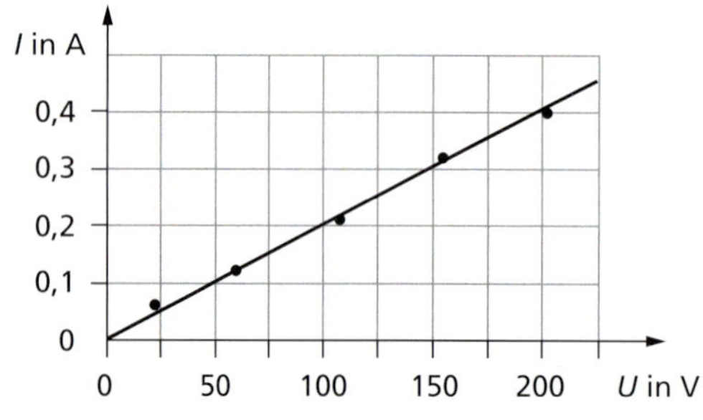

1 Kennlinie eines Konstantandrahtes (ϑ = konstant)

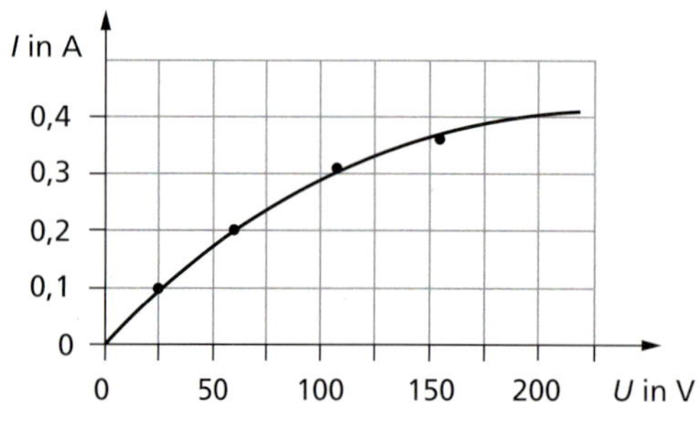

2 Kennlinie einer Metallfadenlampe ($\vartheta \neq$ konstant)

3 GEORG SIMON OHM (1789–1854) arbeitete zunächst als Lehrer für Mathematik und Physik und war später als Professor für Physik in München tätig.

Stellt man für einen metallischen Leiter bei ϑ = konstant den Zusammenhang zwischen der Stromstärke I und der Spannung U in einem Diagramm dar, so erhält man als Graph eine Gerade (Abb. 1). Das ohmsche Gesetz gilt nur unter der Bedingung, dass die Temperatur konstant ist. Diese Gültigkeitsbedingung für das ohmsche Gesetzt ist nicht immer erfüllt. Verändert sich beispielsweise bei einer Glühlampe (Metallfadenlampe) die Spannung, so ändern sich auch die Stromstärke und die Temperatur der Glühwendel. Es gilt nicht $I \sim U$ (Abb. 2).

Der elektrische Widerstand

Bewegen sich die Elektronen im Stromkreis, so stoßen sie mit den Metallionen der elektrischen Leiter zusammen. Dadurch wird die gerichtete Bewegung der Elektronen behindert. Dem elektrischen Strom wird ein Widerstand entgegengesetzt. Die elektrische Spannung verursacht entgegen dem Widerstand einen Stromfluss bestimmter Stromstärke. Der Quotient aus Spannung und Stromstärke ist geeignet, die Größe **elektrischer Widerstand** zu beschreiben.

> Der elektrische Widerstand eines Bauteils gibt an, wie stark der elektrische Strom in ihm behindert wird.
>
> Formelzeichen: *R*
> Einheit: ein Ohm (1 Ω)

Für die Einheit 1 Ohm gilt: $1\,\Omega = \frac{1\,\text{V}}{1\,\text{A}}$

Vielfache der Einheit 1 Ω sind ein Kiloohm (1 kΩ) und ein Megaohm (1 MΩ):

$1\,\text{k}\Omega = 1\,000\,\Omega$

$1\,\text{M}\Omega = 1\,000\,\text{k}\Omega = 1\,000\,000\,\Omega$

Der elektrische Widerstand von Bauteilen oder Geräten kann mithilfe von **Widerstandsmessern** (Ohmmetern) direkt gemessen werden (Abb. 1). Dazu wird in ein Vielfachmessgerät eine elektrische Quelle eingesetzt. Der Nullpunkt der Skala ergibt sich, wenn der Widerstand praktisch null ist. Die Stromstärke und damit der Zeigerausschlag sind dann am größten. Mit Zunahme des Widerstandes nimmt die Stromstärke ab und ist null, wenn der Widerstand sehr groß ist. Jedem Wert der Stromstärke kann so ein Widerstandswert zugeordnet werden.
Der elektrische Widerstand kann aber auch aus der Stromstärke und der Spannung berechnet werden, die man mit Amperemeter und Voltmeter messen kann.

> Der elektrische Widerstand eines Bauteils kann berechnet werden mit der Gleichung:
>
> $R = \frac{U}{I}$ — *U* elektrische Spannung, *I* elektrische Stromstärke

Elektrische Widerstände in Natur und Technik	
Verlängerungsschnur	ca. 0,1 Ω
Heizplatte im Herd	15 Ω
Heizung einer Waschmaschine (1 000 W)	50 Ω
100-W-Glühlampe	530 Ω
60-W-Glühlampe	880 Ω
Körperwiderstand des Menschen (von Hand zu Hand)	ca. 1 kΩ

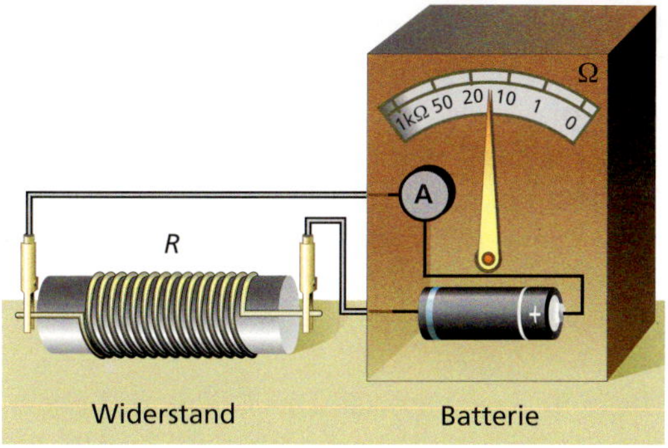

1 Im Ohmmeter wird der unbekannte Widerstand *R* mit einem Strommesser in Reihe an eine Batterie angeschlossen.

Bestimmt man den elektrischen Widerstand von Metalldrähten bei unterschiedlicher Temperatur, dann zeigt sich:

> Bei den meisten Metallen erhöht sich mit steigender Temperatur ihr elektrischer Widerstand.

Das kann man auch bei einer Glühlampe feststellen: Bei Vergrößerung der Spannung erhöhen sich die Stromstärke und damit die Temperatur der Glühwendel. Damit vergrößert sich ihr elektrischer Widerstand (↗ S. 138, Abb. 3). Die Temperaturabhängigkeit des elektrischen Widerstandes hängt vom jeweiligen Stoff ab. Sie muss bei technischen Widerständen beachtet werden und wird bei metallischen Widerstandsthermometern genutzt.
Im Teilchenmodell kann man die Vergrößerung des Widerstands bei Temperaturerhöhung folgendermaßen deuten: Mit Erhöhung der Temperatur bewegen sich die Metallionen im Leiter heftiger. Dadurch wird die gerichtete Bewegung der Elektronen stärker behindert. Der Widerstand wird größer.
Den Technikern ist es gelungen, Materialien herzustellen, deren Widerstand weitgehend temperaturunabhängig ist. Ein solches Material ist **Konstantan**, eine Legierung aus Kupfer, Nickel und Mangan.

2 Rohkupfer

Lösen physikalisch-mathematischer Aufgaben am Beispiel

Ein wichtiges Ziel der Physik ist es, physikalische Gesetze zum **Lösen von Aufgaben und Problemen** anzuwenden, z. B. zum Erklären und Voraussagen von Erscheinungen, zum Konstruieren technischer Geräte oder zum Berechnen physikalischer Größen.
Um z. B. eine physikalische Größe zu berechnen, wendet man Verfahren und Regeln der Gleichungslehre an. Dabei ist es zweckmäßig, eine bestimmte Schrittfolge einzuhalten. Diese **Schrittfolge** soll nachfolgend an einem Beispiel erläutert werden.

Durch eine 40-W-Glühlampe, die an 230 V angeschlossen wurde, fließt bei einer Temperatur des Glühfadens von ca. 2 500 °C ein Strom mit einer Stärke von 175 mA.
Berechne den elektrischen Widerstand der Glühlampe bei Betriebstemperatur!

1. Schritt

Analyse der Aufgabe

- Lies die Aufgabe gründlich durch! Versuche, dir den Sachverhalt der Aufgabe vorzustellen!
- Vereinfache den Sachverhalt aus der Sicht der Physik! Lasse Unwesentliches weg!
- Fertige, wenn möglich, eine Skizze zum Sachverhalt an!
- Stelle die gesuchten und die gegebenen Größen zusammen! Mitunter müssen die Einheiten der Größen noch umgerechnet werden.

Aus Spannung und Stromstärke kann der elektrische Widerstand berechnet werden.

Gesucht: R

Gegeben: $U = 230\ \text{V}$

$I = 175\ \text{mA} = 0{,}175\ \text{A}$

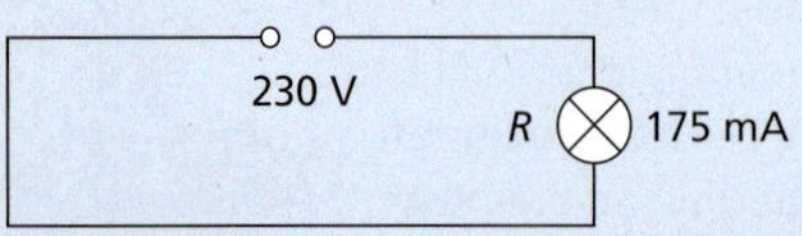

Beachte: Die Angaben zur Leistung der Lampe und zur Temperatur des Glühfadens sind für die Lösung nicht wesentlich.

2. Schritt

Lösung der Aufgabe

- Versuche, im Sachverhalt der Aufgabe Zusammenhänge und Gesetze zu erkennen!
- Gib Gleichungen an, die unter den gegebenen Bedingungen gelten!
- Setze die Werte für die gegebenen Größen in die Gleichung ein und berechne die gesuchte Größe! Beachte die Einheiten!

$$R = \frac{U}{I}$$

$$R = \frac{230\ \text{V}}{0{,}175\ \text{A}}$$

$$R = 1\,300\ \frac{\text{V}}{\text{A}} = 1\,300\ \Omega$$

$$\underline{R = 1{,}3\ \text{k}\Omega}$$

Beachte:
Manchmal muss die Gleichung erst nach der gesuchten Größe umgestellt werden.

3. Schritt

Ergebnis der Aufgabe

- Formuliere das Ergebnis der Aufgabe!
- Berücksichtige die Genauigkeit der Größenangaben!
- Beantworte dabei die Fragen im Aufgabentext!

Im Betrieb hat die 40-W-Glühlampe einen Widerstand von 1,3 kΩ.

Das Ergebnis sollte immer in einer sinnvollen Genauigkeit angegeben werden. Das bedeutet: Das Ergebnis einer Rechnung mit Größen kann nie genauer als der ungenaueste Ausgangswert sein.
Auch bei der Arbeit mit dem Taschenrechner ist sinnvoll zu runden. Beachte dabei immer die Rundungsregeln.

Elektrische Leistung

Auf einem Reisetauchsieder findet man die Angabe 230 V/400 W (sprich: Watt). Bei einer Glühlampe steht auf dem Sockel oder dem Glaskolben 230 V/100 W. Auf dem Typenschild eines jeden elektrischen Geräts werden in der Regel die Betriebsspannung und die elektrische Leistung angegeben (Abb. 1).

Je höher die Leistung ist, umso mehr Energie wandelt das Gerät in einer bestimmten Zeit in andere Energieformen um.

Ein Tauchsieder mit 1 000 W bringt die gleiche Menge Wasser schneller zum Sieden als ein Reisetauchsieder (400 W). Eine Bohrmaschine von 1 000 W leistet mehr als eine von 500 W. Lautsprecherboxen mit großen Leistungen haben mehr „Power" als solche mit niedrigen Wattzahlen. Allgemein gilt:

> Die elektrische Leistung gibt an, wie viel elektrische Energie je Sekunde in einem Gerät in andere Energieformen umgewandelt wird.
>
> Formelzeichen: P
> Einheit: ein Watt (1 W)

Für die Einheit gilt: 1 W = 1 VA

Vielfache der Einheit 1 W sind ein Kilowatt (1 kW) und ein Megawatt (1 MW):

1 kW = 1 000 W
1 MW = 1 000 kW = 1 000 000 W

Die elektrische Leistung eines Geräts ist abhängig von der anliegenden Spannung und von der Stromstärke.

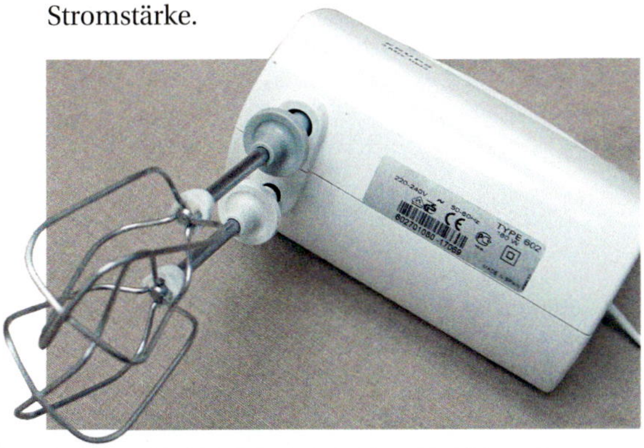

1 Das Typenschild einer Küchenmaschine gibt Auskunft über die Betriebsspannung und die Leistung.

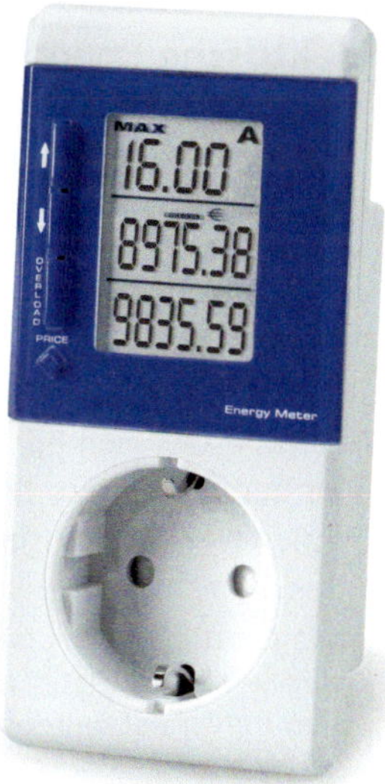

2 Mit Leistungsmessern kann die elektrische Leistung gemessen werden. Mit dem abgebildeten Messgerät kann man die Leistung einzelner Geräte bestimmen.

> Die elektrische Leistung kann berechnet werden mit der Gleichung:
>
> $P = U \cdot I$ U elektrische Spannung
> I elektrische Stromstärke

Um die elektrische Leistung eines Geräts zu ermitteln, kann man Spannung und Stromstärke messen und dann die Leistung mit der Gleichung $P = U \cdot I$ berechnen. Die Leistung kann auch mit **Leistungsmessern (Wattmetern)** direkt gemessen werden (Abb. 2).

Elektrische Leistungen in der Technik	
Taschenrechner	0,02 W
Spielzeugmotor	1 W
Fahrraddynamo	3 W
Energiesparlampen	5–20 W
Glühlampen im Haushalt	25–100 W
Scheinwerferlampen im Auto	60 W
Heizkissen	60 W
Küchenmaschine	bis 200 W
Mikrowelle	0,8 kW
Tauchsieder, Kochplatte	bis 1 kW
Bügeleisen	bis 1,1 kW
Waschmaschine	bis 2 kW
Motor einer Elektrolokomotive	5 MW
Kraftwerksblock	bis 1 000 MW

Elektrische Energie

Ein elektrischer Strom transportiert elektrische Energie von einer Quelle zu einem Verbraucher. So nimmt z. B. eine 17-W-Energiesparlampe 17 J je Sekunde auf und überträgt sie auf Licht und Wärme.

Die Energie, die ein Verbraucher je Sekunde aufnimmt, ergibt sich aus der an ihm anliegenden Spannung und der Stärke des ihn durchfließenden elektrischen Stroms:

> Die Energie, die in einem elektrischen Gerät in der Zeit t umgesetzt wird, kann folgendermaßen berechnet werden:
>
> $E = U \cdot I \cdot t$ oder $E = P \cdot t$
>
> U Spannung am Verbraucher
> I Stromstärke durch den Verbraucher
> t Zeit
> P elektrische Leistung

Als Einheit für die elektrische Energie ergibt sich eine Voltamperesekunde (1 VAs). Dabei gilt:

1 VAs = 1 Ws

1 Ws = 1 J

Vielfaches der Einheit 1 Ws ist eine Kilowattstunde (1 kWh):

1 kWh = 3 600 000 Ws

1 kWh ist z. B. die Energie, die eine Kochplatte mit 1 000 W Leistung in einer Stunde oder eine Glühlampe mit 100 W in 10 Stunden aufnimmt.

2 Ist ein Gerät eingeschaltet, dann dreht sich die Zählerscheibe in einem Elektrizitätszähler. Die Anzahl der Umdrehungen ist proportional zur umgesetzten Energie. Je mehr Umdrehungen in einer bestimmten Zeit erfolgen, desto höher sind die Kosten.

Die genutzte elektrische Energie kann mit einem Elektrizitätszähler (Kilowattstundenzähler) gemessen werden (Abb. 2). Schaltet man z. B. bei einem Heizlüfter verschiedene Heizstufen ein, dann dreht sich die Zählerscheibe bei der größeren Heizstufe schneller als bei der kleineren. Meist gilt: 375 Umdrehungen entsprechen einer genutzten Energie von 1 kWh.

Die Kosten für die von einem Elektrizitätswerk zur Verfügung gestellte und von einem Haushalt tatsächlich abgenommene elektrische Energie werden am Jahresende „in Rechnung" gestellt (Abb. 1). Diese Rechnung beinhaltet neben den Bereitstellungskosten (Grundpreis) vor allem die tatsächlich in Anspruch genommene Energie in Kilowattstunden (kWh). So kostete z. B. eine Kilowattstunde (1 kWh) im Jahre 2007 in Potsdam durchschnittlich 0,18 Euro.

Zähler-Nr. 620960		Verbrauchszeitraum:	15.04. 2007 – 14.04. 2008
Zählerstand (alt):	22434	Zählerstand (neu):	24853
Verbrauch:	2419 kWh		
Arbeitspreis [1]:	18,0000 Cent/kWh x 2419		= 435,42 EUR
Grundbetrag Strom [2]:	22,50 EUR/365 Tage		= 22,50 EUR
Messen/Abrechnen [2]:	20,20 EUR/365 Tage		= 20,20 EUR
		Netto	= 478,12 EUR
		Ust. 19 %	= 90,84 EUR
		Rechnungsbetrag:	= **568,96 EUR**

1) Kosten für in Anspruch genommene Energie
2) Kosten für Energiebereitstellung (Grundpreis)

1 Jahresendabrechnung eines Stromversorgers (Ausschnitt), die der Nutzer erhält

Wirkungsgrad elektrischer Geräte

Elektrische Geräte sind Energiewandler. So wird in einer Kochplatte elektrische Energie in Wärme und Licht umgewandelt. Im Elektromotor eines Staubsaugers erfolgt eine Umwandlung elektrischer Energie in mechanische Energie. Dabei entsteht auch Wärme. Bei einem Fernsehapparat wird elektrische Energie in Licht und Wärme umgewandelt.
Bei der Energieumwandlung in einem elektrischen Gerät entstehen fast immer Energieformen, die wir nutzen, und solche, die zwar entstehen, aber eigentlich unerwünscht sind. So ist bei einem Fernsehapparat das entstehende Licht erwünscht, denn wir wollen die Bilder auf dem Bildschirm wahrnehmen. Unerwünscht ist die Energie, die in Form von Wärme an die umgebende Raumluft abgegeben wird.
Aus energetischer Sicht ist das Verhältnis der nutzbaren Energie E_{nutz} zur zugeführten Energie E_{zu} entscheidend. Dieses Verhältnis wird in Physik und Technik als **Wirkungsgrad** bezeichnet.

> Der Wirkungsgrad η eines elektrischen Geräts gibt an, welcher Anteil der zugeführten elektrischen Energie in nutzbare Energie umgewandelt wird:
> $$\eta = \frac{E_{nutz}}{E_{zu}}$$

Die Wirkungsgrade einiger Geräte sind auf Seite 59 angegeben.

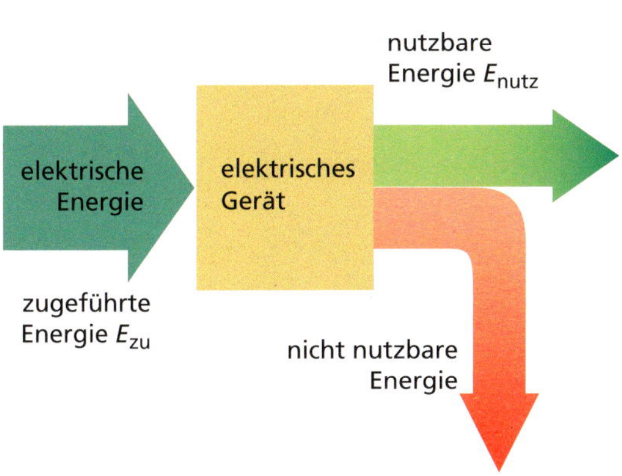

1 Wirkungsgrad eines elektrischen Geräts

2 Allein für die Beleuchtung wird eine Menge Elektroenergie benötigt.

In der Technik und in der Umgangssprache wird häufig vom Energieverbrauch, vom Stromverbrauch oder von Energieverlusten gesprochen. Du weißt aber aus dem bisherigen Physikunterricht, dass für beliebige Vorgänge in Natur und Technik der Energieerhaltungssatz gilt: Energie kann weder erzeugt noch vernichtet werden. Die Gesamtenergie bleibt immer erhalten.
Dieser scheinbare Widerspruch löst sich so: Mit Energieverbrauch meint man nicht, dass Energie vernichtet wird. Sie liegt nach Energieumwandlungen vielmehr in Energieformen vor, die für uns im Weiteren nicht mehr nutzbar sind.
Betrachten wir als Beispiel eine Energiesparlampen. Ihr Wirkungsgrad beträgt etwa 25 %. Das bedeutet: 25 % der zugeführten elektrischen Energie werden in Licht umgewandelt, die restlichen 75 % werden als Wärme an die Umgebung abgegeben. In der Lampe ist die zugeführte elektrische Energie in andere Energieformen umgewandelt worden und damit nicht mehr in der ursprünglichen Form vorhanden.

> In Geräten wird Energie nicht verbraucht, sondern in Energieformen umgewandelt, die nur zum Teil für uns nutzbar sind.

Die Spannungsteilerschaltung

Bei vielen Geräten und beim Experimentieren werden häufig veränderbare Spannungen benötigt. Das ist z. B. in einer Dimmerschaltung der Fall, mit der man die Helligkeit einer Stehlampe stufenlos regeln kann. Ähnlich ist es bei der Lautstärkeregelung beim Radio oder bei der Helligkeitsregelung eines Fernsehapparats. Dazu verwendet man Spannungsteiler.

Den grundsätzlichen Aufbau und die Wirkungsweise eines solchen Spannungsteilers erkennt man am besten aus Abb. 1. Schaltet man zwei Widerstände in Reihe und schließt man sie an eine Spannungsquelle an, so zeigt sich: An jedem der beiden Widerstände liegt eine bestimmte Teilspannung an. Die Größe der Teilspannung hängt von der Größe des Widerstands ab. Aus Abb. 1 ist erkennbar:

> Bei einer Reihenschaltung von zwei Widerständen liegt am größeren Widerstand die höhere Spannung.

Mit einer solchen Schaltung kann man die Spannung der Spannungsquelle in zwei Teilspannungen aufteilen. Will man nun eine Teilspannung kontinuierlich verändern, kann man folgenden Trick anwenden: Anstelle von zwei Widerständen verwendet man einen Widerstand mit drei Anschlüssen. Einer der Anschlüsse ist mit

1 Reihenschaltung von zwei Widerständen: Am größeren Widerstand liegt die höhere Spannung.

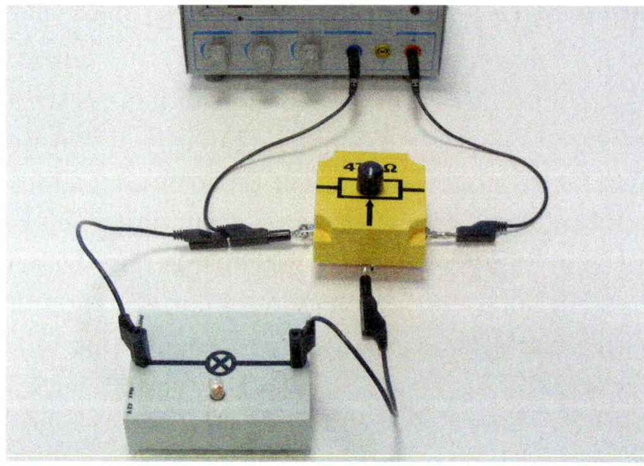

2 Schaltung eines Spannungsteilers

einem vorstellbaren Abgriff verbunden, der den Widerstand in zwei Teilwiderstände R_1 und R_2 aufteilt (Abb. 2, 3). Wie groß die Widerstände R_1 und R_2 sind, hängt von der Stellung des Abgriffs ab. Befindet er sich z. B. am linken Rand, so ist der Widerstand R_1 und damit die Spannung an ihm klein. Bewegt man den Abgriff nach rechts, wird R_1 und damit die Spannung an ihm größer.
Schaltet man ein Gerät, z. B. eine Glühlampe, parallel zu diesem Widerstand, dann liegt am Gerät die gleiche Spannung wie am Widerstand R_1 (Abb. 2, 4). Mit Verschiebung des Abgriffs verändert sich die Spannung am Gerät.

> Einer Spannungsteilerschaltung ermöglicht es, die Spannung an einem Gerät kontinuierlich zu verändern.

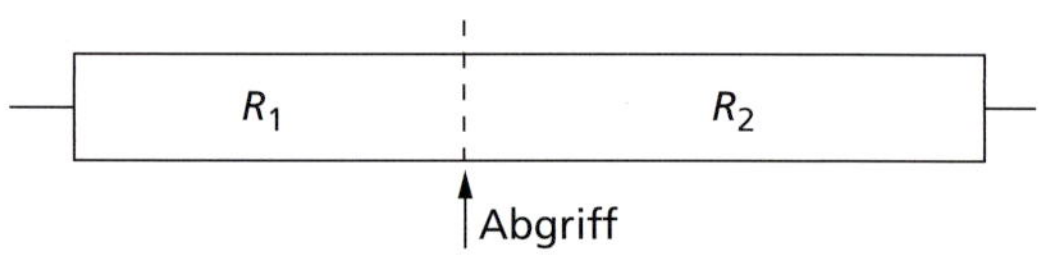

3 Aufbau eines Spannungsteilers

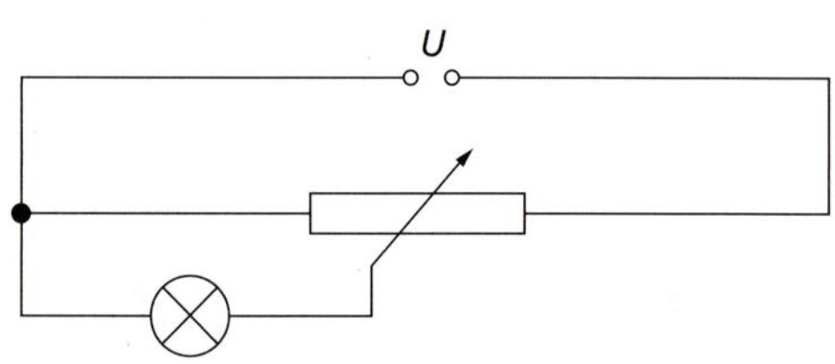

4 Spannungsteilerschaltung im Schaltbild. Man nennt sie auch Potenziometerschaltung.

Der Mensch – ein elektrischer Leiter

Der menschliche Körper kann den elektrischen Strom leiten. Deshalb ist es gefährlich, die Pole von Spannungsquellen oder elektrisch leitende Teile anzufassen. Selbst bei geringen Spannungen kann schon ein elektrischer Strom durch den menschlichen Körper fließen (Abb. 1).
Die Wirkung von elektrischem Strom auf den Menschen hängt ab von der anliegenden Spannung, von der durch den Körper fließenden Stromstärke und vom Weg des Stroms durch den Körper. Sie ist auch von der Stromart (Gleichstrom, Wechselstrom) abhängig.

1. *Diskutiere, welche Stromwege durch den menschlichen Körper möglich sind! Nutze dazu die Skizze rechts.*

Sehr kleine Ströme sind kaum spürbar. Sie sind ungefährlich und werden z. B. im medizinischen Bereich genutzt.

2. *Erkunde, wozu kleine elektrische Ströme in der Medizin genutzt werden!*

Aber bereits etwas größere Ströme sind deutlich spürbar. Sie können zu Verletzungen oder sogar zum Tod führen. Schon Ströme mit einer Stärke von etwa 10 mA können zu schmerzhaften Verkrampfungen führen.
Stärkere Ströme verursachen Atembeschwerden und Verbrennungen. Es kann auch zu Unregelmäßigkeiten in der Herztätigkeit kommen. Das kann zu Bewusstlosigkeit, zum Herzstillstand und damit zum Tod führen. Deshalb sind unbedingt die auf S. 120 genannten Regeln einzuhalten.

Wahrnehmungen für den Stromweg Hand – Hand

2 mA	Strom gerade wahrnehmbar.
10 mA	Es treten deutliche Verkrampfungen auf.
16 mA	starke Verkrampfungen, heftige Schmerzen
über 40 mA	Strom kann tödlich sein.

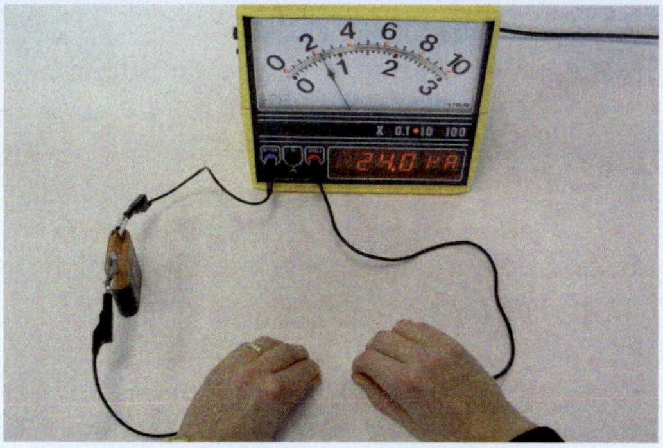

1 Stromfluss von Hand zu Hand ist gefährlich. Experimentiere deshalb nur mit Taschenlampenbatterien.

*3. *Die Skizze zeigt ein vereinfachtes Schaltbild für den menschlichen Körper.*
   a) *Wie groß ist der elektrische Widerstand bei den verschiedenen Stromwegen?*
   b) *Begründe die Regel: Spannungen von über 25 V dürfen nicht zwischen beiden Händen anliegen.*
   c) *Begründe mit den gegebenen Daten, weshalb Netzspannung für den Menschen lebensgefährlich ist!*

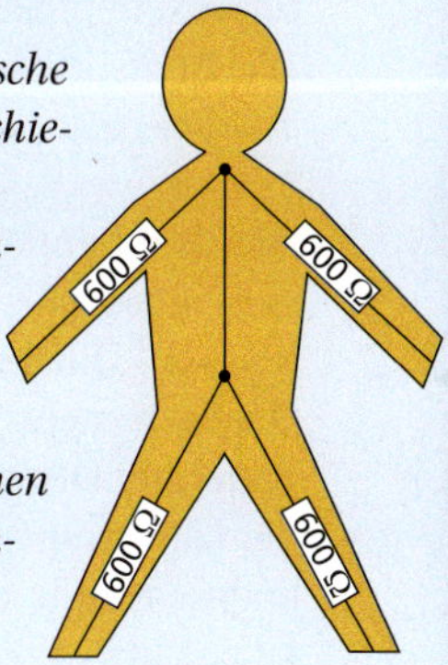

Leider sind Unfälle mit Strom nicht selten, wie die nachfolgende Meldung zeigt.

Steckdose falsch montiert – Installateur tot

Weil ein pensionierter Beamter in der Wohnung seiner Nachbarin eine Steckdose fehlerhaft montiert hatte, wurde ein Installateur von einem tödlichen Stromschlag getroffen. Der Beamte hatte vor dem Tapezieren der Wohnung die Steckdose zunächst abgebaut und dann wieder angebaut. Monate später bestellte die Nachbarin den Installateur, weil das Abflussrohr ihrer Spüle verstopft war. Der Handwerker kam mit einer elektrischen Reinigungsmaschine, schloss sie an die Steckdose nahe der Spüle an und wollte das Rohr säubern. Während er in der einen Hand die Maschine und in der anderen die Reinigungsspirale hielt, kam sein Gesicht in Kontakt mit der Edelstahlspüle. Es traf ihn ein Stromschlag und er starb vor den Augen der entsetzten Hausbewohnerin.

Quelle: Forum Elektronikwerkstatt

4. *Welchen tödlichen Fehler könnte der Beamte gemacht haben?*

Physik in Natur und Technik

Elektrischer Strom in der Tasche – die Taschenlampe

Abb. 1 zeigt den Aufbau einer Stabtaschenlampe mit metallischem Gehäuse.
Die Taschenlampe besitzt zwei Batterien, die in Reihe geschaltet sind. Der eine Pol berührt die Glühlampe. Im Schraubverschluss der Taschenlampe befindet sich eine Metallfeder, die den anderen Pol der Batterie berührt. Eine Rückleitung an das andere Ende der Batterie ist nicht zu erkennen. Trotzdem leuchtet die Lampe bei geschlossenem Schalter.
Wie ist die Wirkungsweise dieser Taschenlampe zu erklären? Zeichne einen Schaltplan!

Die Glühlampe kann nur leuchten, wenn sie in einem geschlossenen Stromkreis mit einer elektrischen Quelle verbunden ist. Die elektrische Quelle besteht bei der Taschenlampe aus zwei Batterien. Der eine Pol der Batterie ist direkt mit der Glühlampe verbunden. Die Rückleitung zum anderen Ende der Batterie übernimmt das Metallgehäuse. Wenn der Schalter geschlossen wird, kann ein elektrischer Strom fließen.

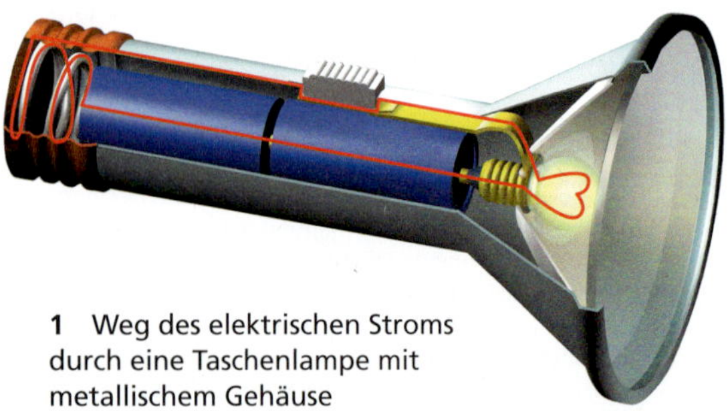

1 Weg des elektrischen Stroms durch eine Taschenlampe mit metallischem Gehäuse

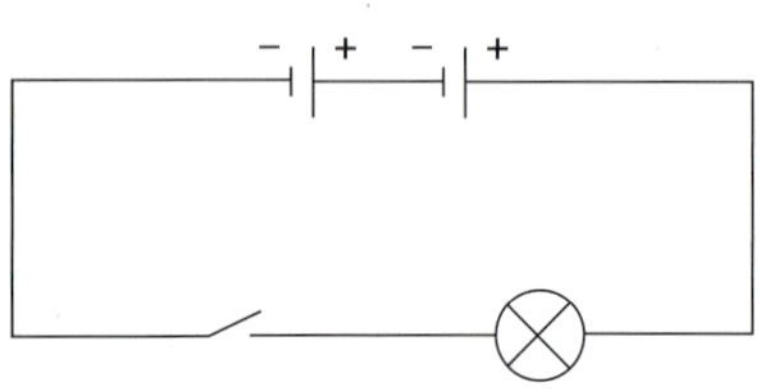

2 Schaltplan für eine Taschenlampe mit zwei gleichen Batterien

Wird der Verschluss der Taschenlampe abgeschraubt, leuchtet die Lampe nicht mehr, weil der Stromkreis dann unterbrochen ist. Bei einer Taschenlampe mit Kunststoffgehäuse, also einem Lichtleiter, kann das Gehäuse die Rückleitung des Stroms nicht übernehmen. Deshalb ist in diesen Taschenlampen eine Rückleitung eingebaut.

Schukostecker – Schukodose: zwei, die zueinander passen

Der Kontakt mit Strom aus der Steckdose kann lebensgefährlich sein. Deshalb muss bei elektrischen Geräten eine solche Berührung ausgeschlossen werden, selbst wenn das Gerät defekt ist. Bei Geräten mit Metallgehäuse sind Schutzkontaktstecker (Schukostecker) vorgeschrieben (Abb. 3).
Was bewirkt die Nutzung von Schukostecker und Schukosteckdose?

Geräte mit Metallgehäuse besitzen im Anschlusskabel drei elektrische Leiter: zwei Leiter zum Betreiben des Gerätes und einen Schutzleiter. Dieser ist im Gerät leitend mit dem Metallgehäuse verbunden. Zugleich ist der Schutzleiter über die sichtbaren Kontakte in Schukostecker und Schukosteckdose mit der Erde verbunden (Abb. 3).
Kommt es wegen eines Defekts im Gerät zu einer Verbindung des Metallgehäuses mit elektrischem Strom, so wird eine Sicherung ausgelöst und damit der Stromfluss unterbrochen.

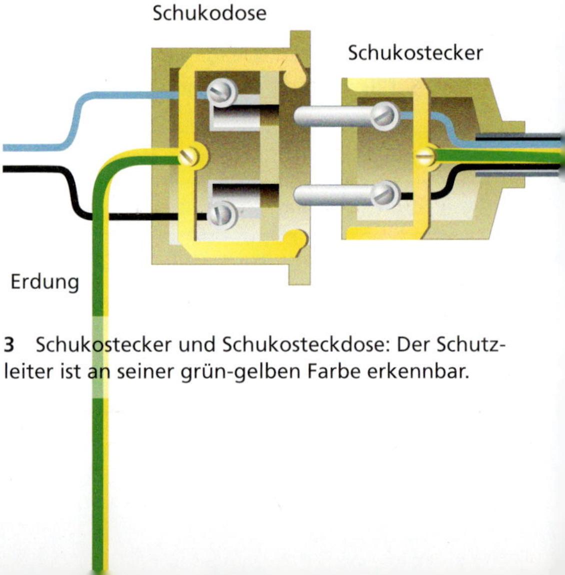

3 Schukostecker und Schukosteckdose: Der Schutzleiter ist an seiner grün-gelben Farbe erkennbar.

Aufbau und Wirkungsweise von Sicherungen

Die wichtigsten Arten von Sicherungen sind **Schmelzsicherungen** und **Sicherungsautomaten.** Sie werden immer in Reihe zu dem betreffenden Gerät geschaltet, sodass der Strom durch Sicherung und Gerät fließt.
Wie sind Sicherungen aufgebaut?
Wie funktionieren sie?

Bei **Schmelzsicherungen** (Abb. 1) nutzt man die Wärmewirkung des elektrischen Stroms aus. Wird der Strom im Stromkreis zu groß, dann schmilzt der Schmelzdraht, der sich im Innern einer solchen Sicherung befindet. Der Stromkreis wird dadurch unterbrochen.

Bei **Sicherungsautomaten** werden die Wärmewirkung und die magnetische Wirkung des elektrischen Stroms genutzt.
Bei einem langsamen Anstieg der Stromstärke erwärmt sich der Metallstreifen und biegt sich. Bei Überschreitung des maximalen Werts der Stromstärke wird die Klinke 1 (Abb. 2) ausgelöst und damit der Stromkreis unterbrochen.
Bei einem schnellen Anstieg der Stromstärke, z. B. bei einem Kurzschluss, wirkt der Elektromagnet. Klinke 2 wird ausgelöst und damit der Stromkreis ebenfalls unterbrochen.
Beachte: Sicherungen dürfen auf keinen Fall geflickt oder überbrückt werden! Es besteht Lebensgefahr!

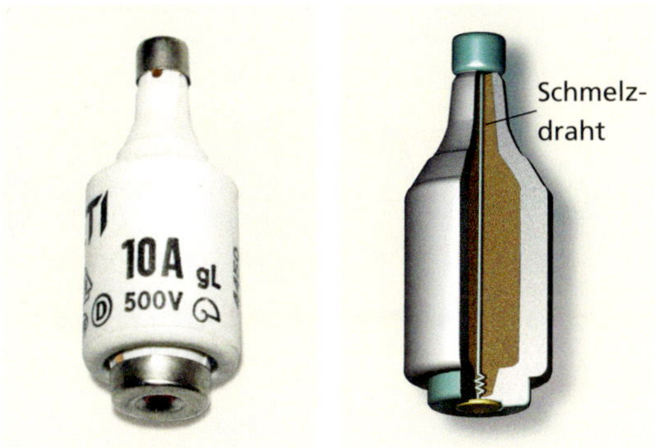

1 Schmelzsicherung (a) und ihr Aufbau (b): Aufgedruckt sind maximale Spannung und Stromstärke.

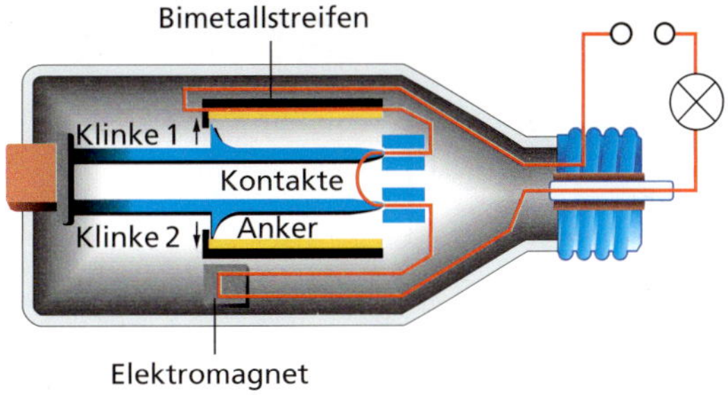

2 Aufbau und Schaltung eines Sicherungsautomaten: Es fließt nur dann ein Strom, wenn beide Klinken eingerastet sind.

Eine Wechselschaltung erspart Wege

In großen Räumen, langen Fluren oder Treppenhäusern möchte man eine Lampe von verschiedenen Stellen aus- und einschalten können. Dazu benutzt man Umschalter, auch **Wechselschalter** genannt. Es handelt sich um Schalter mit drei Anschlüssen.
Entwirf einen Schaltplan für eine solche Anlage!
Baue ein Modell auf! Probiere es aus!

Im Modell (Abb. 3) und beim Schaltplan ist der Stromkreis geschlossen. Die Lampe leuchtet. Wird einer der beiden Schalter umgeschaltet, ist der Stromkreis geöffnet. Die Lampe erlischt. Damit kann durch Betätigen eines der Schalter der Stromkreis geöffnet oder geschlossen werden. Die Verbindungen zwischen den Schaltern kann man beliebig lang machen.

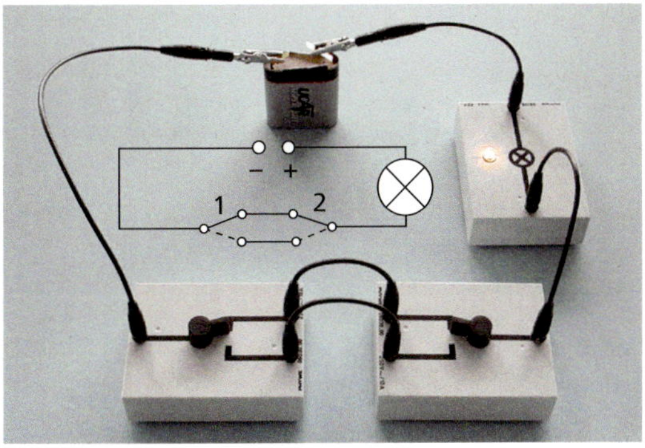

3 Modell einer Wechselschaltung. Jeder der Schalter hat drei Anschlüsse.

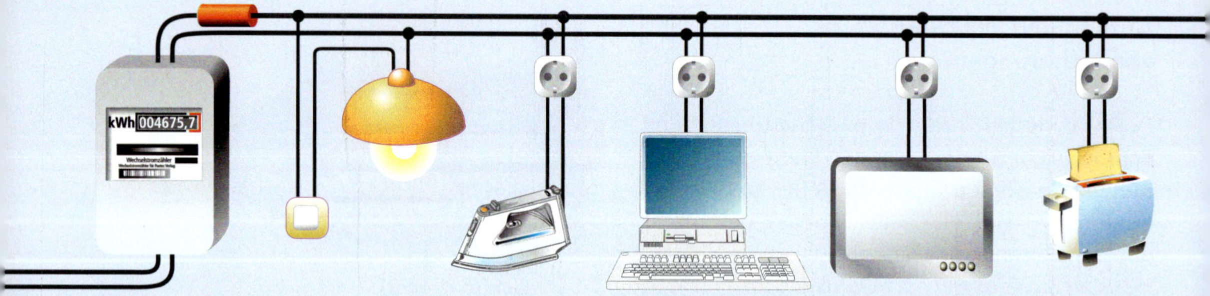

Schaltungen im Haushalt

Jedes Haus und jede Wohnung verfügt über eine umfangreiche elektrische Installation, um den sicheren Betrieb aller elektrischen Geräte und Anlagen zu gewährleisten.

1. *Beschreibe den Aufbau der oben dargestellten Hausinstallation! Wie sind die verschiedenen Geräte zueinander geschaltet? Warum wählt man diese Art der Schaltung?*

Werden elektrische Leitungen zu stark belastet, so können sie sich erhitzen und es kann sogar zu Bränden kommen. Um das zu verhindern, werden Sicherungen eingebaut. Im Haushalt sind in der Regel die Zimmer einzeln abgesichert. Geräte großer Leistung, z. B. Elektroherde oder Waschmaschinen, sind speziell abgesichert.

2. *Erkunde, welche Arten von Sicherungen in eurem Haushalt installiert sind und was eine Sicherung bewirkt!*

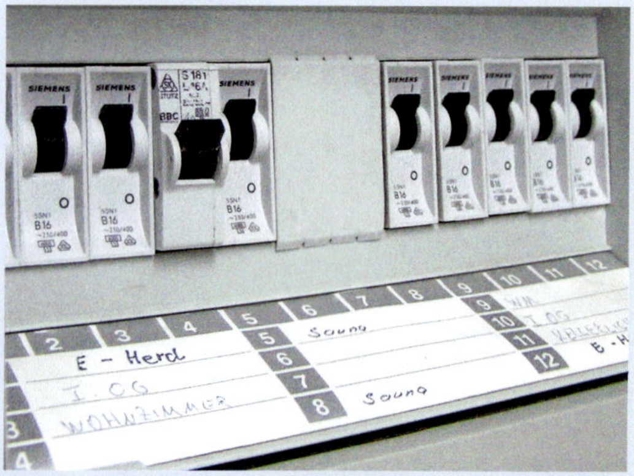

1 Sicherungskasten im Haushalt

Eine andere Form von Sicherungsautomaten zeigen die Abb. 1 und 2. Diese Form findet man heute in vielen Haushalten. Bei einem solchen Sicherungsautomaten fließt der Strom über den Kontakt K 1 (Abb. 2), einen Metallstreifen, den Kontakt K 2 und durch einen Elektromagneten. Wird der Strom zu stark, dann zieht der Elektromagnet den Sperrhaken S nach unten. Durch die Feder wird der drehbare Zylinder bewegt. Dadurch wird der Kontakt K 2 geöffnet. Der Stromkreis ist unterbrochen.

Es ist dir sicher schon passiert, dass ein elektrisch betriebenes Gerät nicht mehr funktioniert. Das kann verschiedene Ursachen haben. Um die Ursachen herauszufinden, ist es zweckmäßig, planvoll vorzugehen.

3. *Diskutiert, in welchen Schritten man vorgehen sollte, wenn man die Ursache dafür ermitteln will, warum ein elektrisches Gerät nicht funktioniert! Stellt eine Checkliste für ein zweckmäßiges Herangehen auf!*

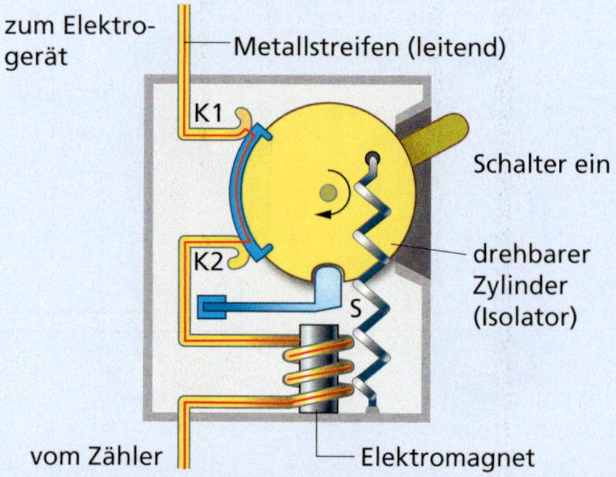

2 Aufbau eines modernen Sicherungsautomaten

Die Glühlampe und ihr Widerstand

In Glühlampen befindet sich eine Wendel (↗ Abb.), die vom elektrischen Strom durchflossen wird. Je nach der angelegten Spannung ändert sich die Stromstärke. Die Glühlampe leuchtet verschieden hell.

Der Stromfluss durch die Glühlampe ändert die Temperatur der Wendel und damit ihren elektrischen Widerstand. Im normalen Betrieb erreichen Wendeln aus Wolfram Temperaturen bis zu 2 500 °C. Das Element Wolfram hat eine Schmelztemperatur von 3 380 °C.

Wie groß ist der elektrische Widerstand der Wendel einer 40-W-Glühlampe bei Zimmertemperatur und bei Betriebstemperatur?

Was kann man daraus über die Stromstärke beim Einschalten der Glühlampe ableiten?

Vorbereitung:

Um den elektrischen Widerstand der Wendel zu bestimmen, müssen Spannung und Stromstärke gemessen werden, denn es gilt $R = \frac{U}{I}$. Bei jeder einzelnen Messung wird die Temperatur der Wendel als konstant angenommen.

Die Messung bei Zimmertemperatur kann durchgeführt werden, wenn man die Stromstärke so klein hält, dass sich die Wendel nicht oder nur geringfügig erwärmt. Dazu schaltet man die Lampe an eine elektrische Quelle mit geringer Spannung, z. B. etwa 2 V. Bei dieser kleinen Spannung leuchtet die Lampe nicht. Es fließt aber ein Strom.

Um die Betriebsspannung zu erreichen, wird die Lampe an eine Quelle von 230 V angeschlossen. Die Stromstärke, die nun durch die Lampe fließt, ist wegen der etwa 100-mal so großen Spannung ebenfalls größer. Dadurch erwärmt sich die Wendel bis zur Betriebstemperatur und glüht hell.

Die Messwertetabelle wird so entworfen, dass die gemessenen Spannungen und Stromstärken erfasst werden können. Die letzte Spalte dient der Berechnung des Widerstandes.

Das Experiment wird nach folgendem Schaltplan aufgebaut:

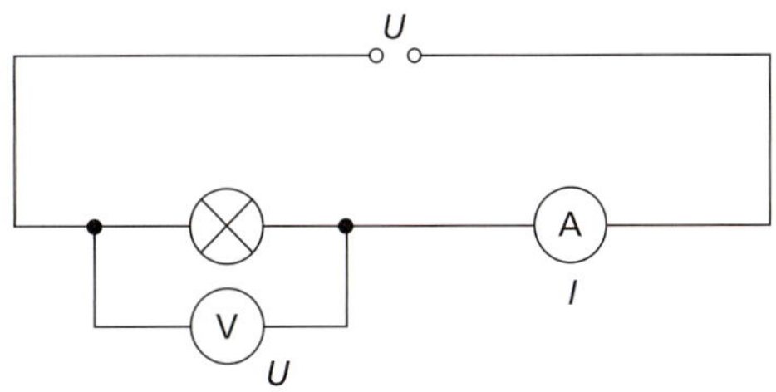

Durchführung:

Bei den jeweiligen Bedingungen werden Spannung und Stromstärke gemessen. Die Messwerte der beiden Messungen werden in die Messwertetabelle eingetragen.

Auswertung:

Bedingung	***U* in V**	***I* in mA**	***R* in Ω**
Zimmertemperatur	1,8	18	100
Betriebstemperatur	225	175	1 290

Aus Spannung und Stromstärke wird mithilfe der Gleichung $R = U/I$ jeweils der Widerstand berechnet, wobei die Einheiten zu beachten sind.

Die Antworten auf die eingangs gestellten Fragen lauten:

Bei Zimmertemperatur beträgt der elektrische Widerstand der Glühwendel einer 40-W-Glühlampe 100 Ω, bei Betriebstemperatur dagegen 1 290 Ω.

Daraus folgt: Die Stromstärke ist im Moment des Einschaltens wesentlich größer als im Betriebszustand, da bei U = konstant $I \sim \frac{1}{R}$. Das ist die Ursache dafür, dass Glühlampen meist beim Einschalten kaputtgehen. Dünne Stellen der Wendel „brennen durch“.

Widerstände als Sensoren

Mithilfe von **Sinnesorganen** und **Sinneszellen** (Rezeptoren) kann der Mensch unterschiedliche Informationen wahrnehmen, z. B. hell und dunkel unterscheiden, die Höhe und die Lautstärke eines Tons feststellen oder verschiedene Temperaturen registrieren.
Auch technische Einrichtungen können Reize aus unserer Umwelt wahrnehmen. Das geschieht mithilfe von **Sensoren.** Die Bezeichnung ist abgeleitet vom lateinischen *sensus* = Sinn.
Im täglichen Leben nutzen wir Sensoren, z. B. zur Messung der Temperatur, des Blutdrucks oder des Füllstands eines Öltanks. Temperatursensoren in Herdplatten regeln die Temperatur. Feuermelder geben Alarm, wenn die Temperatur einen bestimmten Wert übersteigt. Lampen leuchten auf, wenn sich die Helligkeit der Umgebung auf einen bestimmten Wert verringert.
Wie kann man metallische Widerstände oder Halbleiterwiderstände als Sensoren nutzen?

Widerstände können z. B. als **Temperatursensoren** bei elektrischen Thermometern genutzt werden (Abb. 1).

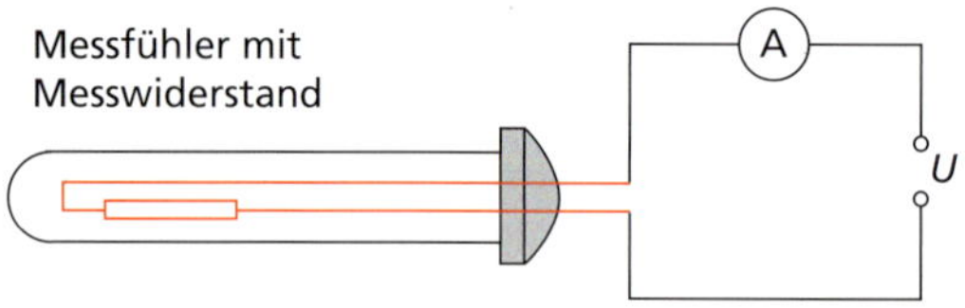

1 Aufbau eines einfachen elektrischen Thermometers

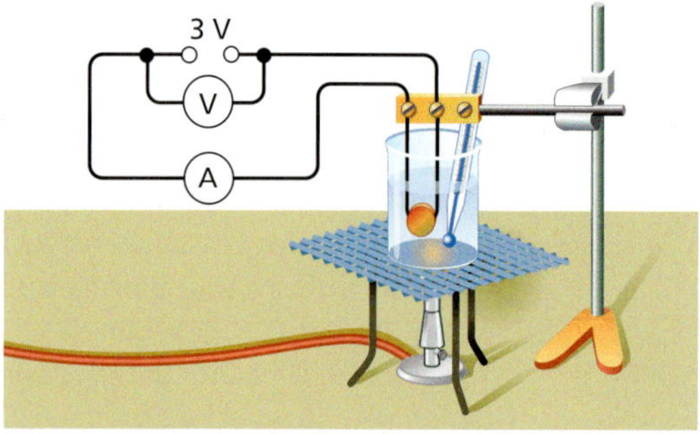

2 Versuchsaufbau zur Aufnahme einer Eichkurve. Diese ist in Abb. 3 dargestellt.

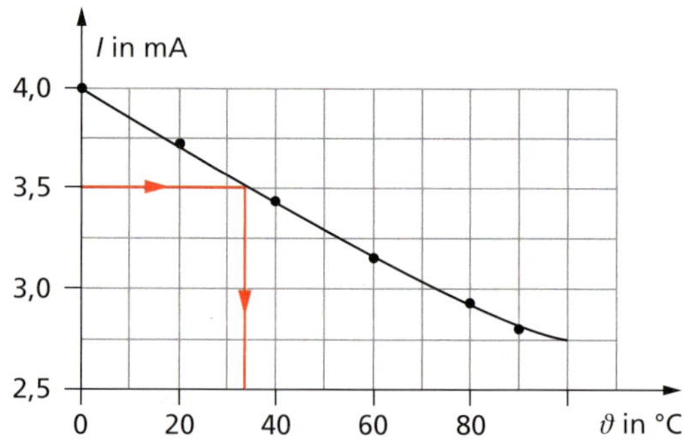

3 Beispiel für eine Eichkurve

Erhöht sich die Temperatur, so verändert sich der Widerstand des Leiters. Bei konstanter Spannung verringert sich dann wegen $I \sim \frac{1}{R}$ die Stromstärke. Damit man mit einer solchen Anordnung tatsächlich Temperaturen messen kann, muss das Thermometer geeicht werden. Abb. 2 zeigt den entsprechenden Versuchsaufbau, Abb. 3 ein Beispiel für eine Eichkurve. Damit kann einer bestimmten Stromstärke eindeutig eine bestimmte Temperatur zugeordnet werden (Abb. 3).

Ein weitverbreiteter Sensor zur elektrischen Messung von nichtelektrischen Größen ist der **Folien-Dehnungsmessstreifen** (Folien-DMS). Er besteht meist aus einem dünnen Draht, der schleifenförmig auf einem Träger aufgebracht ist (↗ Abb.).

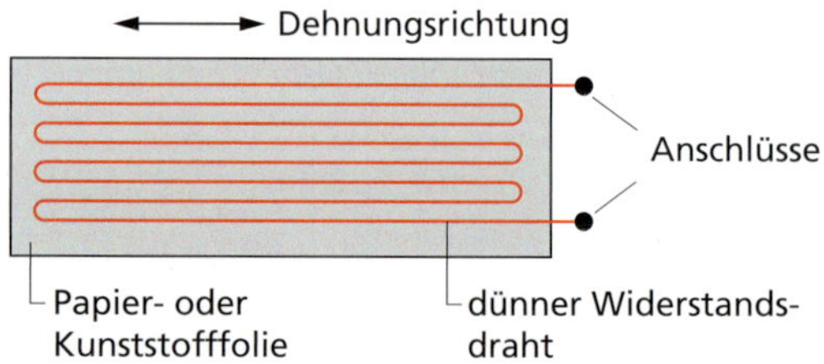

Wird ein solcher Folien-DMS gedehnt, so nimmt die Streifenlänge des Leiters zu und die Querschnittsfläche ab. Beides führt zu einer Erhöhung des Widerstands und bei konstanter Spannung zur Abnahme der Stromstärke.
Dehnungsmessstreifen nutzt man z. B. bei elektronischen Waagen mit digitaler Anzeige oder bei Blutdruckmessern, also zur elektrischen Messung der Größen Masse und Druck.

Eine Zählerscheibe dreht sich

Die elektrische Energie, die wir im Haushalt nutzen, wird mit einem Elektrizitätszähler gemessen. Dieser Zähler zeigt die elektrische Energie an, die von allen Geräten im Haushalt in Anspruch genommen wurde. In jedem Elektrizitätszähler dreht sich eine Zählerscheibe. Aus dem Typenschild kann man entnehmen, wie viele Umdrehungen einer Kilowattstunde entsprechen. Diese Angaben variieren je nach Zählertyp.

Wie kann man mithilfe eines Elektrizitätszählers (120 Umdrehungen/kWh) die elektrische Energie ermitteln, die ein Haushaltstauchsieder (1 000 W) und ein Reisetauchsieder (200 W) während einer Betriebsdauer von 10 Minuten in Wärme umwandeln?

Vorbereitung:
Will man die in Anspruch genommene Energie eines Geräts ermitteln, dann muss man dafür sorgen, dass nur dieses Gerät in Betrieb ist und alle anderen abgeschaltet sind.
Die Tauchsieder werden nacheinander über einen Zähler ans Netz geschlossen (Abb. 1). Es wird eine bestimmte Zeit lang registriert, wie viele Umdrehungen die Zählerscheibe ausführt. Aus der Anzahl der Umdrehungen kann die genutzte Energie mithilfe der Kenndaten des Zählers berechnet werden.

Durchführung:
Das Experiment wird wie in Abb. 1 aufgebaut.

1 Messung des Energieverbrauchs eines Tauchsieders mit einem Elektrizitätszähler

Nun wird der Haushaltstauchsieder 10 Minuten lang eingeschaltet und die Anzahl der Umdrehungen der Zählerscheibe registriert. Dasselbe wiederholt man mit dem Reisetauchsieder.

Tauchsieder	Umdrehungen
1 000 W	20
200 W	4

Auswertung:
Der Zähler dreht sich bei einem Verbrauch von 1 kWh 120-mal. Das bedeutet bei einem Betrieb von 10 Minuten:

a) für den Haushaltstauchsieder:
120 Umdrehungen ≙ 1 kWh
20 Umdrehungen ≙ 0,17 kWh

b) für den Reisetauchsieder:
4 Umdrehungen ≙ 0,03 kWh

Der Haushaltstauchsieder entnimmt dem Netz bei gleicher Betriebsdauer etwa fünfmal so viel Energie wie der Reisetauchsieder.

Mosaik

Gleiche Leistung – unterschiedliche Spannung

Eine Haushaltslampe und die Scheinwerferlampe eines Pkw haben zwar die gleiche Leistung von 60 W, werden aber mit unterschiedlicher Spannung betrieben: eine Glühlampe im Haushalt mit 230 V, die Scheinwerfer eines Pkw mit 12 V. Um die Leistung von 60 W zu erreichen, muss wegen

$$P = U \cdot I$$

bei einer großen Spannung die Stromstärke klein bzw. bei einer kleinen Spannung die Stromstärke groß sein. Das bedeutet: Die Stromstärke durch Glühlampen im Haushalt ist bei gleicher Leistung wesentlich kleiner als die durch die Scheinwerferlampe eines Pkw. Große Stromstärken erwärmen jedoch die Leitungen. Deshalb führen z. B. Überlandleitungen Spannungen von 380 kV. In Verteilungsnetzen wird diese Hochspannung auf 230 V transformiert.

Gewusst · Gekonnt

1. Von Stromstärke und Strom spricht man nicht nur in der Physik, sondern auch in anderen Bereichen. Wie kann man feststellen, wie groß der jeweilige Strom ist?
   a) Der Verkehrsstrom auf der Autobahn A 10 reißt nicht ab.
   b) Riesige Wassermassen strömten in der Havel in Richtung Potsdam.
   c) Beim Klingelzeichen strömen alle auf den Schulhof.

2. In der Skizze wurde dieselbe Glühlampe mit einer Flachbatterie verbunden. Was ist gleich? Was ist unterschiedlich? Begründe!

3. Wie kannst du erreichen, dass eine Lampe in einem Stromkreis mal schwach, dann sehr hell leuchtet?

4. Bei einer Fahrradbeleuchtung führt nur ein Draht zum Scheinwerfer und zum Rücklicht.
   a) Warum leuchten die Lampen trotzdem, wenn der Dynamo in Betrieb ist?
   b) Zeichne einen Schaltplan für die Beleuchtungsanlage eines Fahrrads!
   c) Was passiert, wenn die Isolierung eines Kabels an einer Stelle durchgescheuert ist und das Kabel am Rahmen anliegt? Begründe!

5. Gib die folgenden Stromstärken in den angegebenen Einheiten an!
   a) 2,4 A; 0,27 A und 0,08 A in mA
   b) 320 mA, 81 mA und 6 mA in A
   c) 14 mA, 280 mA und 4 650 mA in A
   d) 1,8 A; 0,75 A und 0,023 A in mA

6. Zwei Glühlampen sind an eine elektrische Quelle angeschlossen (Abb. a, b).

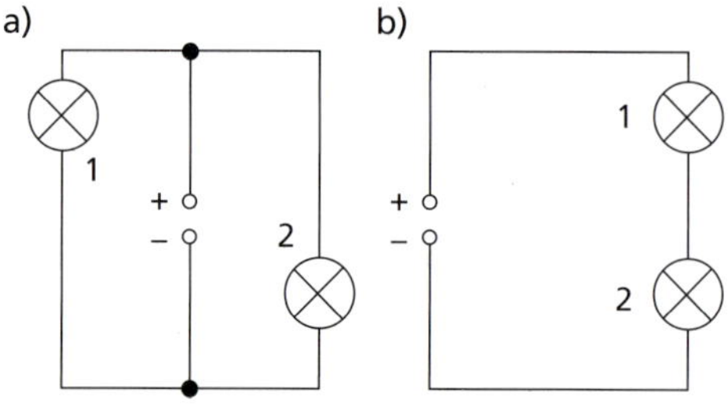

   a) Sage voraus, was passiert, wenn jeweils eine der beiden Lampen aus der Fassung geschraubt wird?
   b) Überprüfe deine Voraussage experimentell!

7. An einem Vielfachmessgerät werden nacheinander die Messbereiche eingestellt:
   a) 10 mA
   b) 100 mA
   c) 300 mA

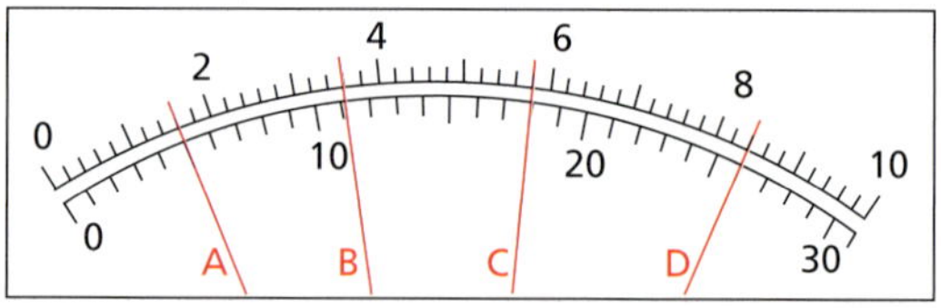

   Lies die elektrische Stromstärke jeweils für die Zeigerstellungen A bis D im Bild ab!

8. Warum solltest du am Vielfachmessgerät zunächst den größten Messbereich einstellen, wenn du die elektrische Stromstärke messen willst?

9. Begründe, warum ein Strommesser stets in Reihe zu dem elektrischen Gerät geschaltet werden muss, durch das der elektrische Strom fließt!

10. Gib folgende Spannungen in den angegebenen Einheiten an!
   a) 12,5 V; 8,3 V und 0,36 V in mV
   b) 15 000 V, 6 800 V und 230 V in kV
   c) 110 kV, 220 kV und 380 kV in V

11. Wie groß sind die elektrischen Spannungen, wenn am Vielfachmessgerät nacheinander die Messbereiche eingestellt werden?

a) 3 V
b) 10 V
c) 60 V

Lies jeweils für die Zeigerstellungen A bis D die Messwerte ab!

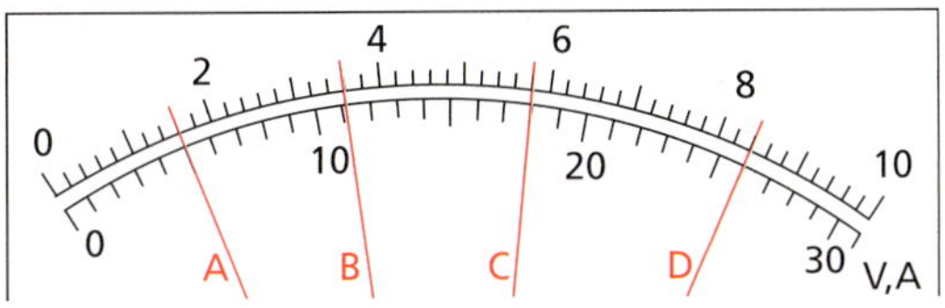

12. Warum ist auf manchen elektrischen Geräten die Betriebsspannung angegeben? Erkunde, welche Betriebsspannung Handys, CD-Player und Taschenrechner haben! Was passiert, wenn die Betriebsspannung deutlich über- oder unterschritten wird?

13. An den Steckdosen im Haushalt liegen bei uns 230 V an. In anderen Ländern sind Spannungen von 110 V oder 120 V üblich. Was passiert, wenn wir unsere elektrischen Haushaltsgeräte (z. B. Tauchsieder, Föhn) dort einschalten?
Begründe deine Antwort mit dem Antrieb des elektrischen Stroms!

14. Daniel wechselt die zwei Monozellen von je 1,5 V in seiner Maus aus. Erst nach mehrmaligem Probieren ist die Maus wieder funktionstüchtig. Was muss er beim Einlegen der Zellen beachten?

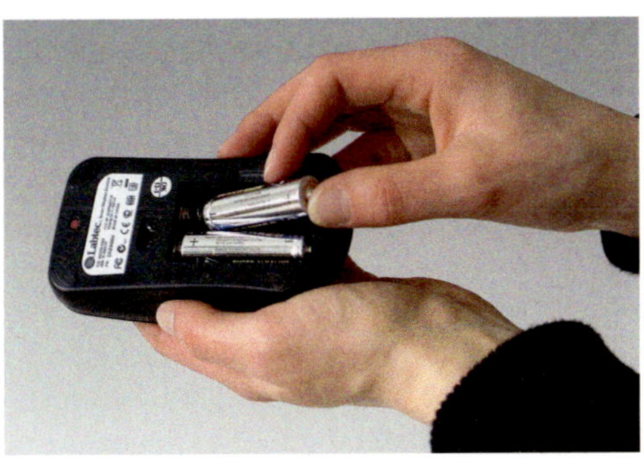

15. Bestätige in einem Experiment das Gesetz für die elektrische Stromstärke in einem unverzweigten Stromkreis!
Vorbereitung:
Wie lautet das Gesetz? Zeichne einen Schaltplan mit zwei Glühlampen!
Durchführung:
Baue die Schaltung nach dem Schaltplan auf! Miss an drei Stellen die elektrische Stromstärke und notiere die Messwerte!
Auswertung:
Beantworte die experimentelle Aufgabe!

16. Zwei Glühlampen gleicher Bauart sind in einem Stromkreis parallel geschaltet. An verschiedenen Stellen sind Strommesser eingebaut (s. Schaltskizze).

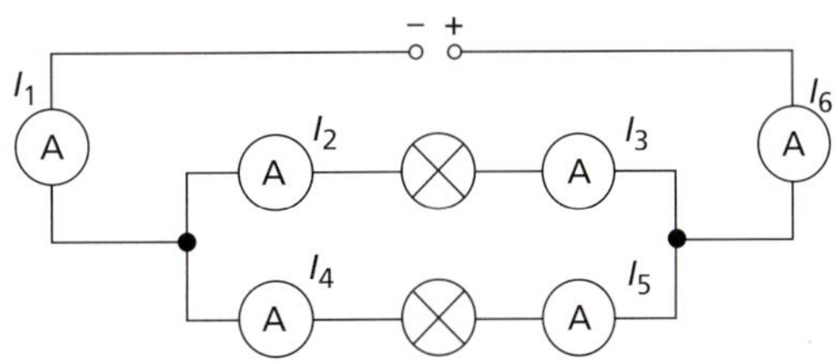

a) Welche Strommesser zeigen die gleiche Stromstärke an?
b) Was kann man über die Stromstärken I_1, I_2 und I_4 aussagen?
c) Was kann man über die Helligkeit beider Glühlampen aussagen?

17. Im Haushalt ist ein elektrischer Stromkreis mit einer Sicherung von 10 A abgesichert. Angeschaltet sind neben dem Kühlschrank (I_1 = 0,4 A) das Fernsehgerät (I_2 = 0,3 A) und ein elektrischer Heizkörper (I_3 = 3,5 A).
Außerdem sind zwei elektrische Kochplatten (I_4 = 5,2 A) in Betrieb. Was geschieht, wenn nun noch ein Mikrowellenherd (I_5 = 3,5 A) angeschaltet wird? Begründe!

18. Im Haushalt werden elektrische Geräte parallel geschaltet. Begründe!
Entwickle einen Schaltplan für die Elektrogeräte in eurem Wohnzimmer! Präsentiere ihn!

19. Untersuche experimentell den Zusammenhang zwischen Spannung und Stromstärke an einem technischen Widerstand!
Vorbereitung:
Zeichne einen Schaltplan für den experimentellen Aufbau!
Durchführung:
Baue die Schaltung nach dem Schaltplan auf. Nimm 5 Messwertepaare für Spannung und Stromstärke auf und trage die Ergebnisse in eine Tabelle ein!
Auswertung:
Stelle die Messwertepaare in einem *I-U*-Diagramm grafisch dar! Welcher Zusammenhang besteht zwischen Spannung und Stromstärke? Überprüfe den Zusammenhang rechnerisch!

20. In einem Experiment wurden für ein elektrisches Bauelement folgende Messwertepaare aufgenommen:

U in V	1	2	3	4	5	6
I in A	0,15	0,22	0,29	0,34	0,36	0,37

a) Stelle die Messwertepaare grafisch dar!
b) Gilt für dieses Bauelement das ohmsche Gesetz? Begründe!
c) Um was für ein elektrisches Bauelement könnte es sich handeln?

21. Gib folgende Widerstände in den angegebenen Einheiten an!
a) 600 Ω und 2 750 Ω in kΩ
b) 140 kΩ und 87 kΩ in Ω und in MΩ
c) 3,8 MΩ und 0,056 MΩ in kΩ und in Ω

22. Ein Konstantandraht hat einen Widerstand von 50 Ω. Welche Spannung muss an den Draht angelegt werden, damit in ihm ein Strom der Stärke a) 1 A, b) 2 A, c) 4 A, d) 5 A und e) 0,5 A fließt?

23. Bestimme experimentell den Widerstand einer 6-V-Glühlampe im kalten Zustand und im Betriebszustand!

24. Deute die unterschiedlichen Widerstände einer Glühlampe bei verschiedenen Temperaturen mit dem Teilchenaufbau der Stoffe und dem Modell der Elektronenleitung!

25. Bei einem Kurzschluss werden die beiden Pole einer elektrischen Quelle ohne Verbraucher leitend miteinander verbunden. Lediglich die Quelle selbst setzt dem Stromfluss einen elektrischen Widerstand entgegen. Bei einem 6-V-Akkumulator beträgt dieser Widerstand 0,05 Ω. Wie groß ist die Stromstärke, wenn man die beiden Anschlüsse des Akkumulators unbeabsichtigt kurzschließt?

26. In Sprachkapseln älterer Telefone wurden Kohlekörnermikrofone verwendet (↗ Abb.).

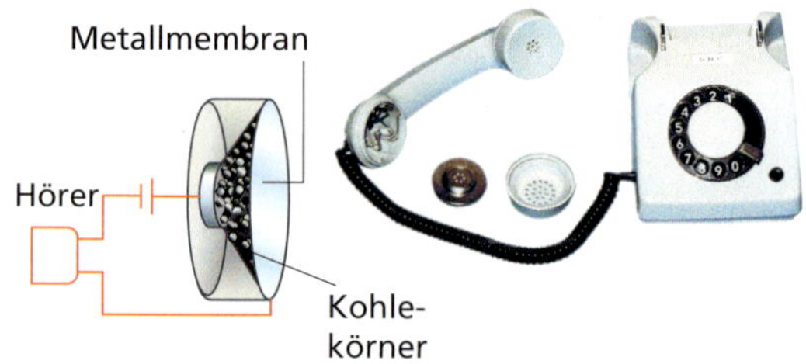

Durch Schallschwingungen (z. B. Sprache) werden unterschiedliche Druckkräfte auf die Kohlekörner ausgeübt. Durch Zusammendrücken der Körner ändert sich ihr elektrischer Widerstand.
Wie ändert sich die elektrische Stromstärke, wenn die Spannung konstant bleibt?

27. Der menschliche Körper ist sehr empfindlich für elektrischen Strom. Aufgrund von Untersuchungen wird empfohlen, Ströme bereits ab einer Stärke von 10 mA zu meiden.
Der Körperwiderstand des Menschen von Hand zu Hand beträgt bei trockener Haut bis 30 kΩ, bei feuchter Haut ca. 1 kΩ.
a) Wie groß dürfen die Spannungen höchstens sein, um Gefährdungen des Menschen auszuschließen?
b) Welche Konsequenzen ergeben sich daraus für den Umgang mit Netzspannung und anderen hohen Spannungen?

28. Stelle in einer Tabelle Geräte zusammen, die im Haushalt genutzt werden! Die gesuchten Daten befinden sich auf den Geräten, manchmal auch in den Betriebsanleitungen.

Gerät	Elektrische Leistung
…	…

29. Bestimme experimentell die elektrische Leistung eines Geräts!
Vorbereitung:
Nach welcher Gleichung kann die elektrische Leistung berechnet werden?
Welche physikalischen Größen müssen gemessen werden? Entwirf einen Schaltplan!
Durchführung:
Baue die Schaltung nach dem Schaltplan auf! Führe die notwendigen Messungen durch!
Auswertung:
Berechne die elektrische Leistung des Geräts! Welche Messfehler können bei den Messungen auftreten?

30. Auf der Glühlampe für einen Fahrradscheinwerfer steht: 6 V/2,4 W.
Berechne die Stromstärke bei vollem Betrieb der Glühlampe!

31. Warum werden die Stromkreise für den Betrieb von Waschmaschine und Kochherd im Haushalt extra abgesichert?

32. Was bedeutet die Angabe 230 V/7 W auf einer Energiesparlampe?
Vergleiche mit einer „normalen“ Glühlampe, z. B. 230 V/40 W!

33. Schau dir den Elektrizitätszähler für eure Wohnung gründlich an und notiere dir wichtige Angaben!
Was misst der Elektrizitätszähler eigentlich? In welcher Einheit wird gemessen?

34. Die Stromrechnung für private Haushalte setzt sich aus einem Grundpreis für die Bereitstellung der Energie, dem Arbeitspreis für die genutzte elektrische Energie und der Mehrwertsteuer zusammen. Berechne für folgendes Beispiel die Kosten für die genutzte elektrische Energie in einem Jahr:

Energieverbrauch:	1 585 kWh
Arbeitspreis:	0,18 Euro/kWh
Grundpreis:	42,70 Euro/Jahr
Mehrwertsteuer:	19 %

***35.** Berechne für eine Woche die Kosten für die Nutzung elektrischer Energie in deinem Haushalt! Lies dazu im Abstand von einer Woche den Zählerstand am Elektrizitätszähler ab! Multipliziere die elektrische Arbeit mit den gültigen Kosten für eine Kilowattstunde! Beachte dabei, dass Haushalte 19 % Mehrwertsteuer zu zahlen haben!

36. Aus ökonomischen und ökologischen Gründen sollte jeder sparsam mit Elektroenergie umgehen. Nenne und begründe einige Maßnahmen der rationellen und sparsamen Nutzung von Energie im Haushalt!

37. Benjamin hat eine Besorgung bis zum Dunkelwerden aufgeschoben, sodass er die Fahrradbeleuchtung einschalten muss. Er ist 30 Minuten lang unterwegs. Wie viel Energie haben seine Beinmuskeln in dieser Zeit zusätzlich aufgebracht? Die Spannung des Fahrraddynamos beträgt 6 V, die Stromstärke durch jede der zwei Lampen 0,4 A.

38. Was ist physikalisch gemeint, wenn man im Alltag Aussagen wie diese hört?

a) Die neue Waschmaschine braucht weniger Strom als die alte.
b) Abends steigt der Stromverbrauch.

Größen der Elektrik

Wichtige physikalische Größen in der Elektrizitätslehre sind die **elektrische Stromstärke,** die **elektrische Spannung** und der **elektrische Widerstand.**

Stromstärke *I*	**Spannung *U***	**Widerstand *R***
gibt an, wie viele Ladungsträger sich in jeder Sekunde durch den Querschnitt eines Leiters bewegen.	gibt an, wie stark die Ladungsträger angetrieben werden.	eines Bauteils gibt an, wie stark der elektrische Strom in ihm behindert wird.
Einheiten: ein Ampere (1 A)	**Einheiten:** ein Volt (1 V)	**Einheiten:** ein Ohm (1 Ω)
Messung: 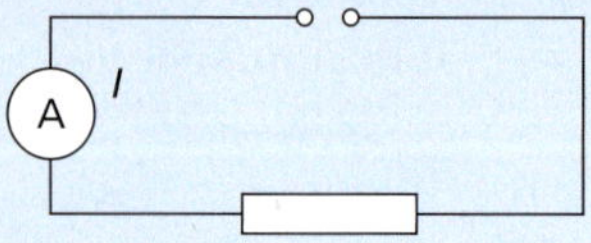	**Messung:** 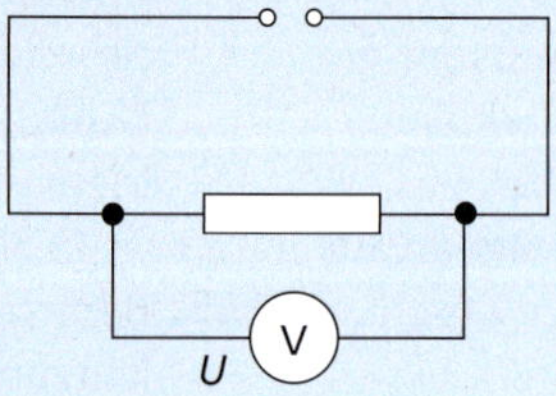	**Messung:** 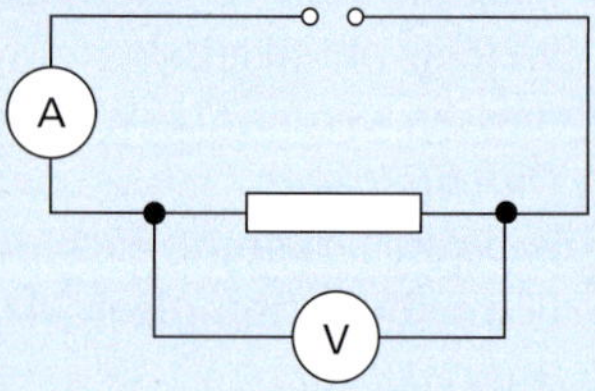

Für metallische Leiter gilt bei ϑ = konstant das **ohmsche Gesetz**, das sich in folgenden Formen darstellen lässt:

$$I \sim U \qquad \frac{U}{I} = \text{konstant}$$

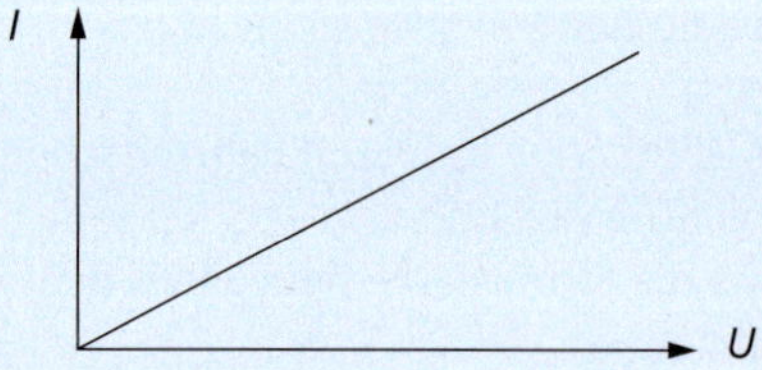

Der elektrische Widerstand eines Bauteils kann berechnet werden mit der Gleichung: $R = \frac{U}{I}$

Dabei bedeuten U die am Bauteil anliegende Spannung und I die Stromstärke durch das Bauteil. Diese Gleichung wird häufig als **ohmsches Gesetz** bezeichnet.

Die elektrische Leistung P gibt an, wie viel elektrische Energie je Sekunde in einem Gerät in andere Energieformen umgewandelt wird. Es gilt:

$$P = U \cdot I$$

Die elektrische Energie E, die in einem Gerät in der Zeit t umgesetzt wird, beträgt:

$$E = P \cdot t \quad \text{oder} \quad E = U \cdot I \cdot t$$

Gemessen wird die genutzte Energie im Haushalt mit einem **Kilowattstundenzähler.**

Aus ökonomischen und ökologischen Gründen ist es erforderlich, mit Elektroenergie sparsam umzugehen. Dazu kann jeder beitragen.

5 Bewegungen in Natur und Technik

Bewegungsarten, Bahnformen, gleichförmige Bewegungen

Vorsicht, Geschwindigkeitskontrollen!

Trotz vorgeschriebener Höchstgeschwindigkeiten halten sich einige Autofahrer nicht daran. Deshalb nimmt die Polizei regelmäßig Geschwindigkeitskontrollen vor. Mit einem Radargerät kann die Polizei die augenblickliche Geschwindigkeit eines Fahrzeugs feststellen. An manchen Stellen sind solche Geräte auch fest eingebaut. *Warum muss man mit der augenblicklichen Geschwindigkeit unter der Höchstgeschwindigkeit bleiben und kann nicht eine zu schnelle Fahrt durch eine wesentlich langsamere Fahrt ausgleichen?*

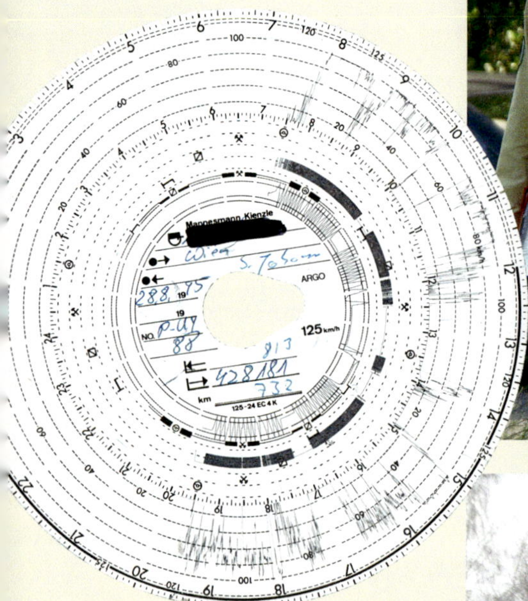

Durchschnittsgeschwindigkeit oder Momentangeschwindigkeit?

Für Lkws und Busse ist vorgeschrieben, dass sie einen Fahrtenschreiber benutzen müssen, der die Geschwindigkeit zu jedem Zeitpunkt aufzeichnet. *Welche Aussagen kann man aus dem nebenstehenden Fahrtenschreiberdiagramm ableiten? Warum sind Fahrtenschreiber für Lkws und Busse vorgeschrieben?*

Abstand schafft Sicherheit

Eine der häufigsten Unfallursachen auf Straßen und Autobahnen ist ein zu geringer Sicherheitsabstand zum Vorausfahrenden. *Warum wird diese Gefahr so häufig unterschätzt?*

Bewegung und Ruhe

Bewegung und Ruhe sind Alltagsbegriffe. Physiker haben sie aber eindeutig festgelegt.
In der Physik ist die Bewegung eines Körpers seine Ortsveränderung gegenüber einem anderen Körper, dem Bezugskörper.

> Ein Körper befindet sich in Bewegung, wenn er seine Lage gegenüber einem Bezugskörper verändert.
> Ein Körper ist in Ruhe, wenn er seine Lage gegenüber einem Bezugskörper nicht verändert.

1 Der stehende Gepard ist in Ruhe. Er ist auf kurzen Strecken das schnellste Säugetier und erreicht bis zu 120 km/h.

2 Rennautos sind gegenüber ihrer Umgebung in Bewegung.

Häufig wird als Bezugskörper die Erdoberfläche genommen. Es kann aber auch ein beliebiger anderer Bezugskörper gewählt werden, z.B. ein Auto oder ein Eisenbahnwaggon. Der gewählte Bezugskörper muss dann angegeben werden.
Sitzt ein Autofahrer in seinem fahrenden Auto still, so ist er gegenüber dem Bezugskörper Auto in Ruhe (Abb. 2). Gegenüber der Erdoberfläche sowie gegenüber der Straße, Häusern oder Bäumen ist der Autofahrer bei seiner rasant schnellen Fahrt natürlich in Bewegung (Abb. 2).

Mosaik

Du sitzt im fahrenden Zug und beobachtest deine Umgebung. Befindest du dich in Ruhe oder in Bewegung?
Bezüglich des Zugs bist du in Ruhe, denn du änderst deine Lage gegenüber dem Zug nicht. Gleichzeitig fährt aber der Zug mit hoher Geschwindigkeit auf den Gleisen entlang. Und gemeinsam mit dem Zug bewegst du dich auch gegenüber der Umgebung. Du kannst also gegenüber dem einen Körper (dem Zug) in Ruhe sein und gleichzeitig gegenüber anderen Körpern (z.B. Häusern an der Bahnstrecke) in Bewegung. Das gilt für beliebige Körper.

Wenn man in der Physik von Ruhe oder Bewegung spricht, dann ist es oft erforderlich festzulegen, worauf man diese Begriffe bezieht.

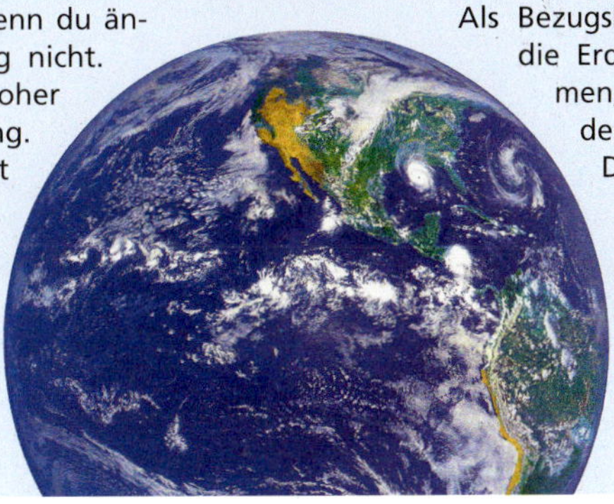

Als Bezugskörper wird häufig die Erdoberfläche genommen, ohne das besonders hervorzuheben.
Die Aussage „Ein Auto steht" bedeutet dann physikalisch: Das Auto ändert seine Lage gegenüber dem Bezugspunkt Erdoberfläche nicht.

Bahnformen und Bewegungsarten

Körper bewegen sich entlang einer Bahn. Nach der Form der Bahn kann man zwischen **geradlinigen Bewegungen, Kreisbewegungen** und **Drehbewegungen** sowie **Pendelbewegungen** unterscheiden (↗Übersicht unten). Eine Kreis- oder Pendelbewegung ist eine krummlinige Bewegung.

Körper können auf ihrer Bahn schneller oder langsamer werden.
Eine S-Bahn (Abb. 1) muss bei der Abfahrt von einer Station zunächst schneller werden. Sie beschleunigt. Dann fährt sie eine Strecke gleich schnell, bis sie wieder bremst, langsamer wird und anhält. Auch Tiere, Menschen und Autos bewegen sich in verschiedener Weise.

Nach der **Bewegungart** unterscheidet man Bewegungen, bei denen sich die Geschwindigkeit nicht ändert, und Bewegungen mit veränderlicher Geschwindigkeit. Beispiele für die verschiedenen Bewegungsarten findest du in deiner Umgebung.

1 Eine anfahrende S-Bahn beschleunigt.

> Eine Bewegung, bei der die Geschwindigkeit eines Körpers immer gleich bleibt, nennt man gleichförmige Bewegung.

Beispiele für solche gleichförmigen Bewegungen sind ein Radfahrer, ein Auto oder ein Zug, die mit bestimmter Geschwindigkeit eine Strecke entlangfahren.
Bewegungen, bei denen sich die Geschwindigkeit ändert, sind ungleichförmig.

Geradlinige Bewegung	Krummlinige Bewegung	Pendelbewegung

	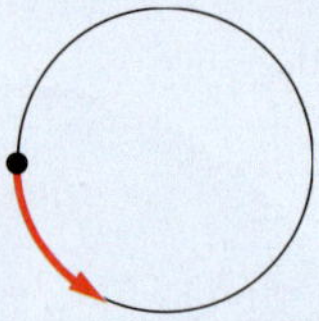	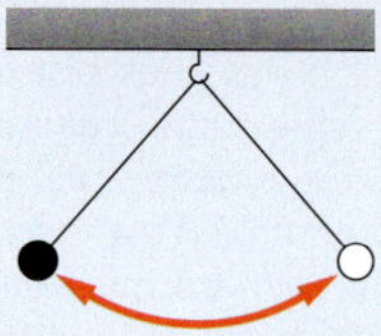
Der abgebildete Zug bewegt sich auf den Schienen immer in der gleichen Richtung. Er führt eine **geradlinige Bewegung** entlang den Schienen aus.	Die Gondeln des Riesenrades bewegen sich auf einer Kreisbahn. Sie führen eine Kreisbewegung aus. Die Kreisbewegung ist eine spezielle **krummlinige Bewegung.**	Die Kinder bewegen sich ständig zwischen zwei Punkten hin und her. Ihre Bahn ist ein Teil eines Kreises. Sie führen eine **Pendelbewegung (Schwingung)** aus.

Gleichförmige Bewegungen

Personen, Fahrzeuge oder andere Körper können sich unterschiedlich schnell bewegen.

Paul kann eine 100-m-Strecke in 180 s schwimmen. Matthias braucht für dieselbe Strecke dagegen 220 s (Abb. 1). Paul ist schneller, da er eine bestimmte Strecke in einer kürzeren Zeit zurücklegt.

Ein Pkw legt in einer Minute eine Strecke von 800 m zurück. Ein Radfahrer schafft in derselben Zeit 250 m. Der Pkw ist schneller, da er in einer bestimmten Zeit eine größere Strecke zurücklegt (Abb. 2).

Wie schnell oder wie langsam sich ein Körper bewegt, wird durch die physikalische Größe **Geschwindigkeit** beschrieben.

> Die Geschwindigkeit gibt an, welcher Weg in jeder Sekunde bzw. in jeder Stunde zurückgelegt wird.
>
> Formelzeichen: v
>
> Einheiten: ein Meter je Sekunde $\left(1\,\frac{\text{m}}{\text{s}}\right)$
>
> ein Kilometer je Stunde $\left(1\,\frac{\text{km}}{\text{h}}\right)$
>
> 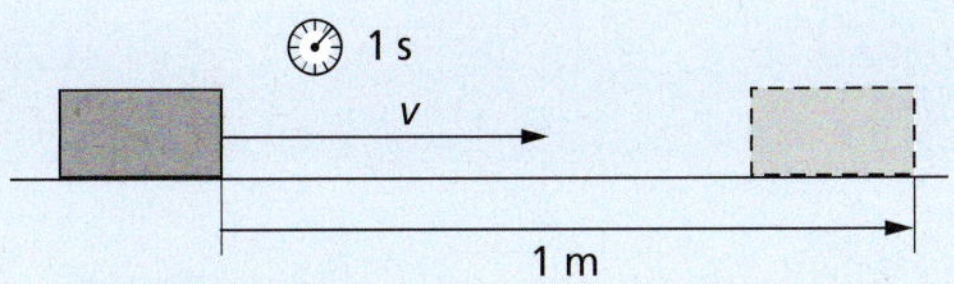
>

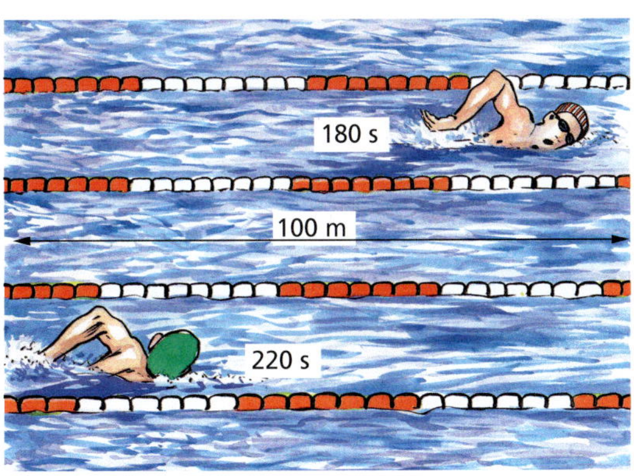

1 Die Schwimmer legen den gleichen Weg in unterschiedlichen Zeiten zurück.

2 Gleiche Zeiten – unterschiedliche Wege

Ein Körper hat eine Geschwindigkeit von 1 m/s, wenn er in einer Sekunde einen Weg von einem Meter zurücklegt. Für die Einheiten gilt:

$$1\,\frac{\text{m}}{\text{s}} = 3{,}6\,\frac{\text{km}}{\text{h}}$$

$$1\,\frac{\text{km}}{\text{h}} = \frac{1\text{ m}}{36\text{ s}} \approx 0{,}28\,\frac{\text{m}}{\text{s}}$$

Die Geschwindigkeit besitzt nicht nur einen Betrag, sondern auch eine Richtung. Sie ist eine vektorielle Größe und wird in Zeichnungen mit einem Pfeil dargestellt. Bei Bewegungen längs einer Geraden unterscheidet man die Richtung durch das Vorzeichen der Geschwindigkeit.

Geschwindigkeiten in Natur und Technik		
Schnecke	$0{,}01\,\frac{\text{m}}{\text{s}}$	$0{,}04\,\frac{\text{km}}{\text{h}}$
Fußgänger	$1{,}4\,\frac{\text{m}}{\text{s}}$	$5\,\frac{\text{km}}{\text{h}}$
Radfahrer	$4{,}2\,\frac{\text{m}}{\text{s}}$	$15\,\frac{\text{km}}{\text{h}}$
Rennpferd	$25\,\frac{\text{m}}{\text{s}}$	$90\,\frac{\text{km}}{\text{h}}$
Auto	$36\,\frac{\text{m}}{\text{s}}$	$130\,\frac{\text{km}}{\text{h}}$
Intercity (IC)	$44\,\frac{\text{m}}{\text{s}}$	$160\,\frac{\text{km}}{\text{h}}$
Flugzeug	$250\,\frac{\text{m}}{\text{s}}$	$900\,\frac{\text{km}}{\text{h}}$
Schall in Luft	$340\,\frac{\text{m}}{\text{s}}$	$1\,224\,\frac{\text{km}}{\text{h}}$
Mond um Erde	$1\,000\,\frac{\text{m}}{\text{s}}$	$3\,600\,\frac{\text{km}}{\text{h}}$
Erde um Sonne	$29\,800\,\frac{\text{m}}{\text{s}}$	$107\,300\,\frac{\text{km}}{\text{h}}$
Licht	$300\text{ Mio. }\frac{\text{m}}{\text{s}}$	$1\,080\text{ Mio. }\frac{\text{km}}{\text{h}}$

Messen und Berechnen der Geschwindigkeit von Körpern

Die Geschwindigkeit eines Körpers kann mit einem **Tachometer** (Abb. 1) gemessen werden. Der Tachometer zeigt die momentane Geschwindigkeit an. Auch bei einem Fahrradcomputer wird die Momentangeschwindigkeit angezeigt.
Man kann die Geschwindigkeit eines Körpers ebenfalls ermitteln, wenn man weiß, welcher Weg in einer bestimmten Zeit zurückgelegt wird.

> Die Geschwindigkeit eines Körpers kann berechnet werden mit der Gleichung:
>
> $v = \frac{s}{t}$ — s zurückgelegter Weg, t benötigte Zeit

Bei einer **gleichförmigen** Bewegung ist die Geschwindigkeit immer gleich groß (v = konstant). Die berechnete Geschwindigkeit gilt für jeden beliebigen Ort der Bewegung.

Die Gleichung gilt sowohl für **geradlinige Bewegungen** als auch für **Kreisbewegungen.** Für solche gleichförmigen Kreisbewegungen können der Weg mithilfe des Radius r der Kreisbahn und die Zeit durch die Umlaufzeit T (Zeit für einen Umlauf) ausgedrückt werden:

$$v = \frac{2\pi \cdot r}{T}$$

1 Mit dem Tachometer eines Pkw wird die augenblickliche Geschwindigkeit gemessen.

Eine gleichförmige Bewegung liegt vor, wenn
- ein Körper in gleichen Zeiten gleiche Wege zurücklegt,
- der Quotient aus zurückgelegtem Weg und dafür benötigter Zeit immer konstant ist,
- die in einem Weg-Zeit-Diagramm dargestellten Messwertepaare auf einer Geraden liegen, die durch den Ursprung des Koordinatensystems verläuft (↗ S. 163, Abb. 1).

Für eine Spielzeugeisenbahn wurden folgende Werte gemessen:

Weg s in cm	0	50	100	150	200	250
Zeit t in s	0	5,1	9,9	15,2	20,1	25,0

Die Werte sind in Abb. 1 auf S. 163 dargestellt.
Aus den Messwerten kann man eine konstante Geschwindigkeit von ca. 10 $\frac{\text{cm}}{\text{s}}$ berechnen und im v-t-Diagramm darstellen (Abb. 2).

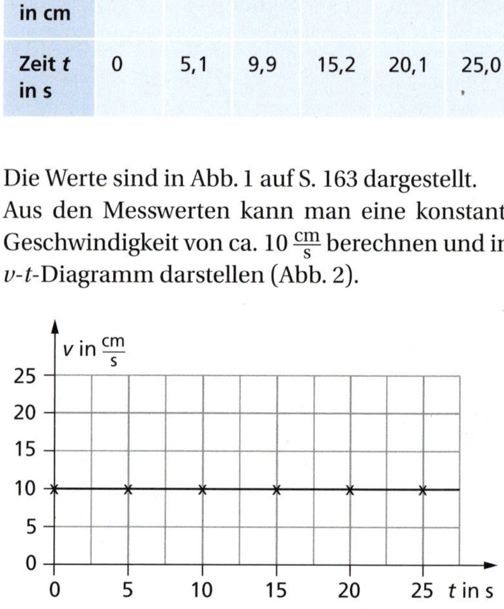

2 Geschwindigkeit-Zeit-Diagramm bei konstanter Geschwindigkeit

Darstellung gleichförmiger Bewegungen

Ein Körper bewegt sich gleichförmig, wenn seine Geschwindigkeit immer gleich groß ist.

> Für die gleichförmige Bewegung eines Körpers (v = konstant) gilt das Weg-Zeit-Gesetz:
>
> $s \sim t$ oder $s = v \cdot t$

Ob eine Bewegung gleichförmig oder ungleichförmig verläuft, kann man in unterschiedlicher Weise feststellen.

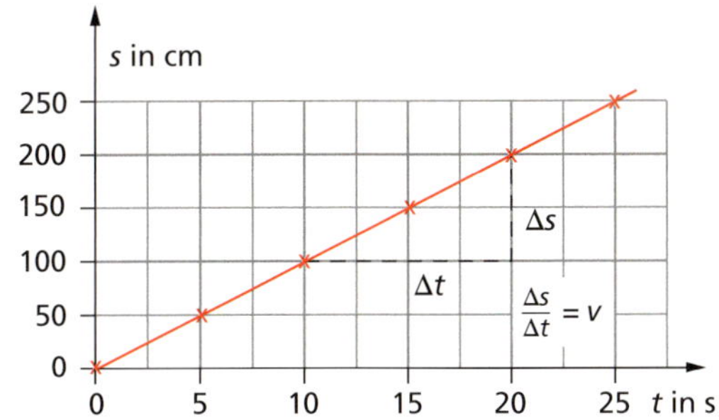

1 Weg-Zeit-Diagramm für eine gleichförmige Bewegung: Der Graph ist eine Gerade.

Der Quotient $\frac{s}{t}$, also die Geschwindigkeit, ist im s-t-Diagramm der Anstieg des Graphen (Abb. 1). Je größer die Geschwindigkeit ist, desto steiler verläuft der Graph im s-t-Diagramm.

> Der Anstieg des Graphen im s-t-Diagramm ist bei einer gleichförmigen Bewegung gleich der Geschwindigkeit.

Mosaik

Beschleunigte Bewegungen

Körper können bei einer Bewegung ihre Geschwindigkeit ändern, also schneller oder langsamer werden.
Ein frei fallender Fallschirmspringer wird immer schneller. Er führt eine beschleunigte Bewegung aus.
Im Unterschied dazu wird ein bremsendes Auto immer langsamer. Es bewegt sich verzögert. Die meisten Bewegungen in Natur und Technik sind solche beschleunigten bzw. verzögerten Bewegungen.

Wie schnell ein Körper seine Geschwindigkeit ändert, wird in der Physik durch die Größe **Beschleunigung** beschrieben. So ändert zum Beispiel ein fallender Stein seine Geschwindigkeit in einer Sekunde um etwa 10 m/s. Ein schnell anfahrender Pkw erreicht in einer Sekunde eine Geschwindigkeitsänderung von etwa 3 m/s.

Durchschnitts- und Momentangeschwindigkeit

Die Geschwindigkeit bei einer **gleichförmigen Bewegung** kann mit der Gleichung $v = \frac{s}{t}$ berechnet werden. Sie ist konstant, gilt für jeden Ort bzw. jeden Zeitpunkt der Bewegung und entspricht der Momentangeschwindigkeit des Körpers. Das ist die Geschwindigkeit eines Körpers zu einem bestimmten Zeitpunkt.
Die **Momentangeschwindigkeit** eines Körpers hat zu jedem Zeitpunkt eine bestimmte Richtung und einen bestimmten Betrag. Sie ist eine **gerichtete Größe** (Abb. 2).
Ist eine Bewegung **ungleichförmig** ($v \neq$ konstant), so kann man aus dem zurückgelegten Weg und der benötigten Zeit eine mittlere Geschwindigkeit, auch **Durchschnittsgeschwindigkeit** genannt, berechnen.

> Die Durchschnittsgeschwindigkeit eines Körpers kann berechnet werden mit der Gleichung:
>
> $\bar{v} = \frac{\Delta s}{\Delta t}$ — Δs insgesamt zurückgelegter Weg; Δt Zeitintervall (benötigte Zeit)

Wird das Zeitintervall Δt für die Messungen der Zeit sehr klein gewählt, so kann man sich mit der Durchschnittsgeschwindigkeit der Momentangeschwindigkeit annähern.
Im Unterschied zur Momentangeschwindigkeit ist die Durchschnittsgeschwindigkeit keine gerichtete Größe. Sie ist ein Mittelwert. Er besagt nichts darüber, wie schnell sich ein Fahrzeug zu einem bestimmten Zeitpunkt bewegt.

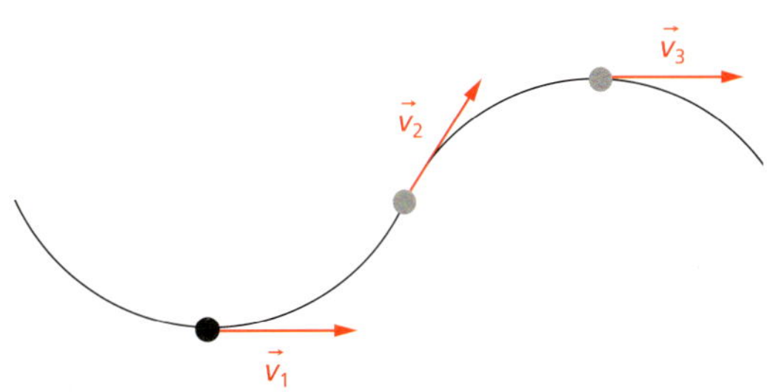

2 Die Geschwindigkeit ist eine gerichtete Größe. Sie ist durch Betrag und Richtung bestimmt.

Interpretieren von Diagrammen

Diagramme sind ein wichtiges Hilfsmittel in Wissenschaft und Technik. Zum einen lässt sich in einem Diagramm der Zusammenhang zwischen zwei Größen anschaulich darstellen. Zum anderen ermöglicht das Interpretieren von Diagrammen, Zusammenhänge zu erkennen. Darüber hinaus ist es möglich, mithilfe eines Diagramms Vorhersagen zu machen. Als Beispiel betrachten wir das nachfolgende Weg-Zeit-Diagramm, das die Bewegung eines Autos beschreibt.

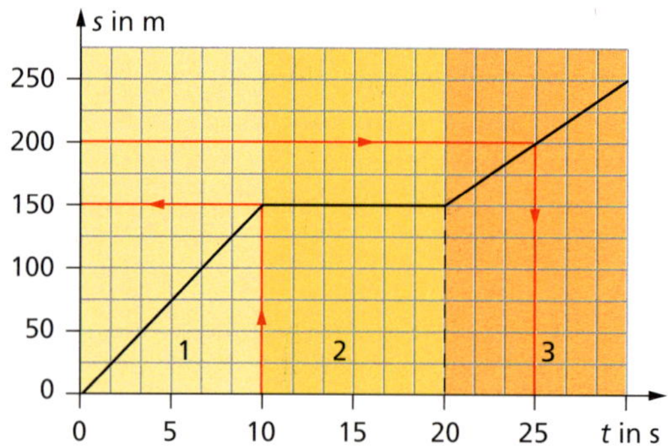

Beim Interpretieren eines solchen Diagramms sollte man folgendermaßen vorgehen:

1. Nenne die physikalischen Größen, die auf den Achsen abgetragen sind!

Im Diagramm ist der Zusammenhang zwischen dem Weg *s* und der Zeit *t* dargestellt.

2. Beschreibe den Zusammenhang zwischen den Größen, die auf den Achsen abgetragen sind! Unterscheide dabei, wenn es zweckmäßig ist, zwischen verschiedenen Abschnitten!

In **Abschnitt 1** nimmt der Weg mit der Zeit gleichmäßig zu. Das bedeutet: Das Auto bewegt sich gleichförmig.

In **Abschnitt 2** ändert sich der Weg nicht. Das Auto steht.

In **Abschnitt 3** vergrößert sich wiederum der Weg gleichmäßig mit der Zeit. Das Auto bewegt sich mit bestimmter Geschwindigkeit.

3. Nenne charakteristische Werte! Gehe, wenn möglich, auf die Bedeutung der Fläche unter dem Graphen und des Anstiegs des Graphen ein!

Von 0 bis 10 s bewegt sich das Auto gleichförmig und legt dabei einen Weg von 150 m zurück. Dann steht es 10 s lang und fährt 20 s gleichförmig weiter. In Abschnitt 3 ist allerdings die Geschwindigkeit kleiner als in Abschnitt 1, da der Anstieg des Graphen dort kleiner ist.

Manchmal ist es auch zweckmäßig, die Schritte 2 und 3 zusammenzufassen.

Ablesen von Werten

Aus einem Diagramm kann man den Wert einer Größe ablesen, wenn die andere Größe bekannt ist. So ergibt sich z. B. aus dem Diagramm links für eine Zeit von 10 s ein Weg von 150 m. Für einen Weg von 200 m erhält man als zugehörige Zeit 25 s.

Berechnen von Größen (Vorhersagen)

Mit den in einem Diagramm dargestellten Werten lassen sich auch Größen berechnen, so beispielsweise aus einem *s*-*t*-Diagramm unterschiedliche Geschwindigkeiten.
So ergibt sich für Abschnitt 1 des dargestellten Diagramms: In 10 s wurden 150 m zurückgelegt. Demzufolge ist:

$$v_1 = \frac{s}{t} = \frac{150\,\text{m}}{10\,\text{s}} = 15\,\frac{\text{m}}{\text{s}}$$

Für Abschnitt 2 erhält man $v_2 = 0$ und für den dritten Abschnitt $10\,\frac{\text{m}}{\text{s}}$. Die Durchschnittsgeschwindigkeit für 30 s beträgt $\bar{v} = \frac{250\,\text{m}}{30\,\text{s}} = 8{,}3\,\frac{\text{m}}{\text{s}}$.

Physik in Natur und Technik

Ein etwas anderer Fahrplan

Als Grundlage aller anderen Zugfahrpläne nutzt man einen grafischen Fahrplan (Abb. 1). Bei einem solchen Fahrplan werden in einem Netz von waagerechten Zeitlinien und senkrechten Weglinien die Zugfahrten als Zeit-Weg-Linien (Zuglinien) vereinfacht dargestellt.
Welche Informationen kann man einem solchen grafischen Fahrplan entnehmen?

2 Der ICE ist ein moderner Hochgeschwindigkeitszug.

In einem grafischen Fahrplan ist dargestellt, zu welcher Zeit sich jeder einzelne Zug an welchem Ort befindet. So befindet sich z. B. der IR 623 um 10.10 Uhr am Bahnhof A und um 10.40 Uhr am Bahnhof C.
Erkennbar sind auch die Haltepunkte und die Haltezeiten. So steht beispielsweise der P 3618 von 10.00 Uhr bis 10.10 Uhr auf dem Bahnhof C.

Die Schnittpunkte der Zuglinien mit den senkrechten Linien der Bahnhöfe stellen die Durchfahrtszeiten bzw. die Ankunfts- und Abfahrtszeiten dar. So durchfährt z. B. der IC 76 um 10.00 Uhr den Bahnhof D, um 10.20 Uhr den Bahnhof B und um 10.30 Uhr den Bahnhof A. Der Schnittpunkt zweier Zuglinien gibt den Ort und die Zeit für die Begegnung der betreffenden beiden Züge an.
Der grafische Fahrplan ermöglicht auch Aussagen über die Fahrtrichtung und über die Geschwindigkeit der Züge. Der IR 623 fährt von Bahnhof A in Richtung D, die anderen beiden Züge fahren in der entgegengesetzten Richtung.
Im Unterschied zu einem *s*-*t*-Diagramm ist bei einem grafischen Fahrplan die Geschwindigkeit eines Zuges umso größer, je flacher der Graph verläuft. So braucht z. B. der IC 76 von C nach B (15 km) 10 min, was einer Geschwindigkeit von 90 km/h entspricht. Der P 3618 dagegen braucht von C nach B (15 km) 30 min. Daraus ergibt sich eine Geschwindigkeit von 30 km/h.

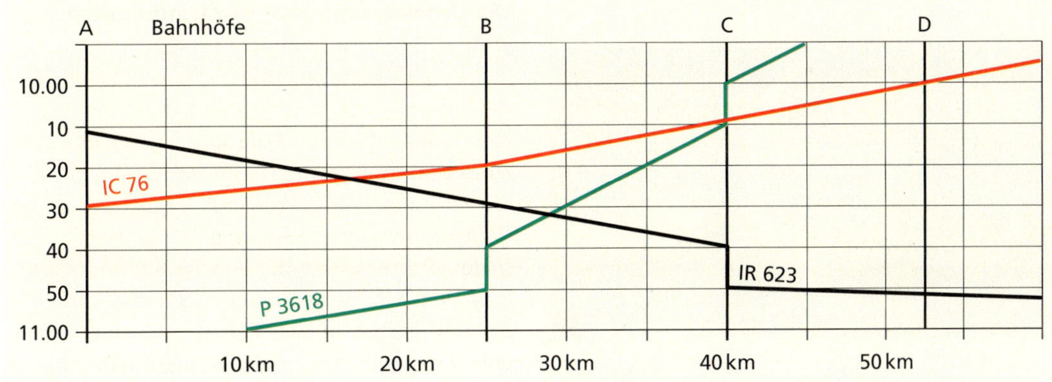

1 Ausschnitt aus einem grafischen Fahrplan: Eingezeichnet sind die Graphen für drei Züge.

Wie genau ist der Tachometer?

Thomas möchte die Genauigkeit der Geschwindigkeitsanzeige seines Fahrradcomputers überprüfen. Dabei geht er so vor: Zwei Freunde messen mit einer Stoppuhr die Zeit, die er mit dem Fahrrad für eine Strecke von 100 m benötigt. Thomas braucht für die Strecke genau 18 s. Sein Tachometer zeigt auf der Messstrecke konstant 23 km/h an.

Zeigt der Tachometer des Fahrradcomputers die tatsächliche Geschwindigkeit? Wie kann man die Genauigkeit der Anzeige verbessern?

Analyse:

Es wird davon ausgegangen, dass der Radfahrer auf der Messstrecke eine gleichförmige Bewegung ausführt. Dann kann aus den Messwerten für Weg und Zeit die tatsächliche Geschwindigkeit berechnet und mit der Tachometeranzeige verglichen werden.

Gesucht: v_{Messung} in km/h

Gegeben: $s = 100\text{ m}$

$t = 18\text{ s}$

$v_{\text{Tacho}} = 23\ \frac{\text{km}}{\text{h}}$

Lösung:

Die Geschwindigkeit v_{Messung} kann wie folgt berechnet werden:

$$v_{\text{Messung}} = \frac{s}{t}$$

$$v_{\text{Messung}} = \frac{100\text{ m}}{18\text{ s}} = 5{,}6\ \frac{\text{m}}{\text{s}} \approx 20\ \frac{\text{km}}{\text{h}}$$

$$\underline{v_{\text{Messung}} \neq v_{\text{Tacho}}}$$

1 Fahrradcomputer können die augenblickliche Geschwindigkeit, aber auch den zurückgelegten Weg und die Fahrzeit anzeigen.

Ergebnis:

Der Tachometer des Fahrradcomputers geht nicht genau. Er zeigt eine größere Geschwindigkeit an, als das Fahrrad in Wirklichkeit fährt. Die Abweichung beträgt mehr als 10 %.

Der Fahrradcomputer muss neu programmiert werden, damit er die tatsächliche Geschwindigkeit anzeigt. Aber auch dann hat er – wie jedes Messinstrument – noch einen bestimmten Messfehler.

O Schreck – die „Schrecksekunde"

Beim Fahren im Straßenverkehr ist unbedingt zu beachten, dass auch ein Radfahrer eine „Schrecksekunde" hat, bevor er bei Gefahr reagieren kann.

Welchen Weg legt ein Radfahrer in der „Schrecksekunde" zurück, wenn er mit einer Geschwindigkeit von 18 km/h fährt?

Analyse:

Zur Lösung der Aufgabe nehmen wir an, dass sich der Radfahrer eine Sekunde lang mit der konstanten Geschwindigkeit von 18 km/h bewegt.

Erst dann würde er reagieren, also z. B. beginnen, zu bremsen oder auszuweichen.

Gesucht: s

Gegeben: $t = 1\text{ s}$

$v = 18\ \frac{\text{km}}{\text{h}}$

Lösung:

Die Umrechnung der Geschwindigkeit in $\frac{\text{m}}{\text{s}}$ ergibt:

$$v = \frac{18\text{ m}}{3{,}6\text{ s}} = 5{,}0\ \frac{\text{m}}{\text{s}}$$

Das bedeutet: Der Radfahrer legt in einer Sekunde einen Weg von 5 m zurück.

Ergebnis:

In der „Schrecksekunde" legt der Radfahrer einen Weg von 5 m zurück. Das entspricht immerhin fast der Breite von zwei Fahrspuren einer Straße, ehe er zu bremsen oder auszuweichen beginnt. Bei einem Auto mit 50 km/h beträgt der Weg in der Sekunde bereits etwa 14 m.

Gewusst · Gekonnt

1. In einem Braunkohletagebau wird der Abraum mithilfe von langen Förderbändern transportiert.

a) Befindet sich der Abraum auf dem Förderband in Ruhe oder in Bewegung oder trifft sogar beides zu? Begründe!

b) Beschreibe den Bewegungszustand der Person im Vordergrund! Begründe!

2. Auf Spielplätzen gibt es Laufräder für Kinder. Das Kind auf dem Rad muss kräftig treten, um nicht herunterzufallen.
Ist das Kind in Ruhe oder in Bewegung? Begründe!

3. Hamster haben als Haustiere in ihrem Käfig meistens ein Laufrad.

Befinden sie sich beim Laufen im Laufrad in Ruhe oder in Bewegung? Begründe deine Meinung!

4. Auf den Fotos sind Körper in Bewegung abgebildet.
Welche Bahnformen haben die Bewegungen der entsprechenden Körper?

5. Welche Abschnitte der folgenden Bewegung laufen gleichförmig?

a) Du fährst mit dem Aufzug vom Erdgeschoss in den 7. Stock eines Gebäudes.

b) Ein Flugzeug startet und fliegt dann ruhig über dem Meer.

c) Ein Fallschirmspringer springt aus dem Flugzeug und fällt dann frei.

d) Eine Betonplatte wird von einem Kran gehoben.

6. Gib an, ob die folgenden Bewegungen gleichförmig verlaufen!
Begründe deine Antworten!

a) Abfahrt mit einem Schlitten vom Berg

b) Transport von Gepäck auf einem Förderband

c) Bewegung eines Weitspringers

d) Abschuss und Bewegung eines Balls

***7.** Bewegt sich die Erde oder befindet sie sich in Ruhe? Begründe!

***8.** Bewegungen können gleichförmig oder ungleichförmig verlaufen. Erkunde, wie sich die Erde um die Sonne bewegt!

9. Susann benötigt zum Durchfahren einer Strecke mit dem Fahrrad die doppelte Zeit wie Franziska.
Was kannst du über die Geschwindigkeit von Susann im Vergleich zu der von Franziska aussagen? Begründe deine Antwort!

10. Vater und Sohn gehen vom Bahnhof stets zu Fuß nach Hause. Der Vater benötigt für die Strecke 15 Minuten, der Sohn 20 Minuten. Wer geht mit einer größeren Geschwindigkeit? Begründe!

11. Gib die Geschwindigkeiten $0{,}5\,\frac{\text{m}}{\text{s}}$; $3\,\frac{\text{m}}{\text{s}}$; $20\,\frac{\text{m}}{\text{s}}$ und $100\,\frac{\text{m}}{\text{s}}$ in $\frac{\text{km}}{\text{h}}$ an!

12. Gib die Geschwindigkeiten $5\,\frac{\text{km}}{\text{h}}$; $36\,\frac{\text{km}}{\text{h}}$; $130\,\frac{\text{km}}{\text{h}}$ und $1\,000\,\frac{\text{km}}{\text{h}}$ in $\frac{\text{m}}{\text{s}}$ an!

13. Ein Betonteil wird vom Kran mit einer Geschwindigkeit von 2 m/s gehoben.
Wie hoch wird das Betonteil gehoben, wenn der Hebevorgang 10 s dauert?

14. In einem Warenhaus ist die Rolltreppe 12 m lang. Die Fahrt eines Kunden dauert 30 s.
Mit welcher Geschwindigkeit hat sich der Kunde auf der Rolltreppe bewegt?

15. Nadine, Tina und Marvin haben verschiedene ferngesteuerte Autos. Sie wollen ermitteln, welches Fahrzeug das schnellste ist.
Dazu führen sie zu Hause verschiedene Messungen durch.

Auto von	Weg *s* in m	Zeit *t* in s
Nadine	4	2
Tina	10	3
Marvin	10	3

Ordne die Autos nach ihrer Geschwindigkeit!

16. Die Magnetschwebebahn Transrapid legt die 31 km lange Strecke vom Flughafen Schanghai (China) bis zum Stadtzentrum in 7 min und 40 s zurück. Wie groß ist die Durchschnittsgeschwindigkeit des Zugs?

17. Ein Pkw benötigt für eine Strecke von 140 km eine Zeit von 2 Stunden und 20 Minuten.
Mit welcher Durchschnittsgeschwindigkeit fährt der Pkw?

18. Die Abbildung unten zeigt einen Ausschnitt aus dem Fahrplan der Deutschen Bahn.

a) Was kann man einem solchen Fahrplan entnehmen?

b) Wie groß ist die Durchschnittsgeschwindigkeit des EC 42 zwischen Berlin und Frankfurt (Oder)?

c) Vergleiche die Durchschnittsgeschwindigkeit des E 3301 mit der des Personenzugs Nr. 5905 zwischen Fürstenwalde und Frankfurt (Oder)!

***19.** Eine S-Bahn fährt um 8.10 Uhr in Potsdam Hbf ab und kommt nach 27 km um 8.48 Uhr am Berliner Hbf an. Wie schnell ist sie?

200 Berlin – Fürstenwalde – Frankfurt (Oder) → 200

Berlin – Fürstenwalde Berliner S-Bahn-Tarif (nicht in EuroCity und Schnellzügen)
Berlin – Fürstenwalde — Frankfurt (Oder) Regionallinie R 13

km	Zug / von	5941	5901	5903	5905	5907	E 3301	5909	E 3303	EC 41	5911	E 3305	5913	E 3307	5915	E 3309	D 247
		2.	17 2.	17 2.	🚲	2.	🚲	2.	🚲	6	2.	🚲	2.	🚲	2.	🚲	🛏 50
0	**Berlin** Hbf 90 6	0 45			5 31		**6 38**		**7 38**	**8 10**		**8 38**		**9 38**		**10 38**	
	Berlin-Karlshorst 204.1 4	0 52			5 39	6 06	**6 46**		**7 46**	|		**8 46**		**9 46**		**10 46**	
	Berlin-Lichtenberg 6	|			|	|	|		|	|		|		|		|	**10 39**
24	**Erkner** 90 ○	1 03			5 50	6 22	|		|	|		|		|		|	|
24	**Erkner**	1 03	Ⓐ 4 27	Ⓐ 5 27	5 53	6 27	|	7 27	|	|	8 32	|	9 27	|	10 27	|	|
29	Fangschleuse	1 09	4 32	5 32	5 58	6 32	|	7 32	|	|	8 37	|	9 32	|	10 32	|	|
36	Hangelsberg	1 14	4 37	5 37	6 03	6 37	|	7 37	|	|	8 42	|	9 37	|	10 37	|	|
46	**Fürstenwalde** (Spree) 204.23 6 ○	1 20	4 44	Ⓐ 5 44	6 10	6 44	**7 10**	7 44	**8 10**	VARSOVIA	8 49	**9 10**	9 44	**10 10**	10 44	**11 10**	MOSKWA-EXPRESS
46	**Fürstenwalde** (Spree) 6	1 21	4 47	5 47	6 11	6 47	**7 11**	7 47	**8 11**	|		**9 11**	9 47	**10 11**		**11 11**	|
54	Berkenbrück	|	4 53	5 53	6 16	6 53	|	7 53	|	|		|	9 53	|		|	|
62	Briesen (Mark)	|	5 00	6 00	6 23	7 00	|	8 00	|	|		|	10 00	|		|	|
67	Jacobsdorf (Mark)	|	5 04	6 04	6 28	7 04	|	8 04	|	|		|	10 04	|		|	|
70	Pillgram	|	5 07	6 07	6 31	7 07	|	8 07	|	|		|	10 07	|		|	|
75	Frankfurt (Oder)-Rosengarten	|	5 12	6 12	6 37	7 12	|	8 12	|	|		|	10 12	|		|	|
80	**Frankfurt** (Oder) ○	1 40	Ⓐ 5 17	6 17	6 42	7 17	**7 30**	8 17	**8 30**	**8 57**		**9 30**	10 17	**10 30**		**11 30**	**11 45**

20. Gute Fußballer können beim Abschuss dem Ball eine Geschwindigkeit von $90\,\frac{\text{km}}{\text{h}}$ verleihen.

Wie viel Zeit hat ein Torwart, um bei einem 11-m-Schuss auf den Abschuss zu reagieren?

21. Für ein Fahrzeug wurden folgende Messwerte aufgenommen:

Weg *s* in km	6	12	18	24	30	36
Zeit *t* in min	2	4	6	8	10	12

a) Zeichne das Weg-Zeit-Diagramm!
b) Ermittle die Wege für eine und für sieben Minuten!
c) Ermittle die Zeit für 33 km!
d) Wie bewegt sich dieses Fahrzeug?
e) Berechne die Geschwindigkeit dieses Fahrzeugs!
f) Was für ein Fahrzeug könnte das sein (evtl. Geschwindigkeit in Kilometer je Stunde umrechnen)?

22. Der Bus 109 fährt um 15.58 Uhr vom S-Bahnhof Charlottenburg ab und kommt um 16.16 Uhr am Flugplatz Tegel an. Die Entfernung beträgt etwa 5,4 km.
a) Mit welcher Durchschnittsgeschwindigkeit bewegt sich der Bus auf der Strecke?
b) Diskutiert sinnvolle Möglichkeiten, wie man die Durchschnittsgeschwindigkeit eines Busses vergrößern könnte!

23. Für einen Radfahrer wurde folgendes Weg-Zeit-Diagramm aufgenommen:

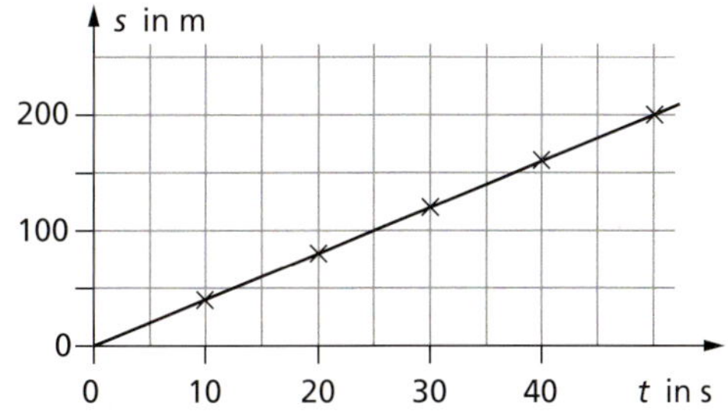

a) Welchen Weg hat er nach 25 s zurückgelegt?
b) Welche Zeit braucht er für 150 m?
c) Wie groß ist seine Geschwindigkeit?

24. Die Bewegung eines Radfahrers kann mit dem nachfolgenden Diagramm beschrieben werden.

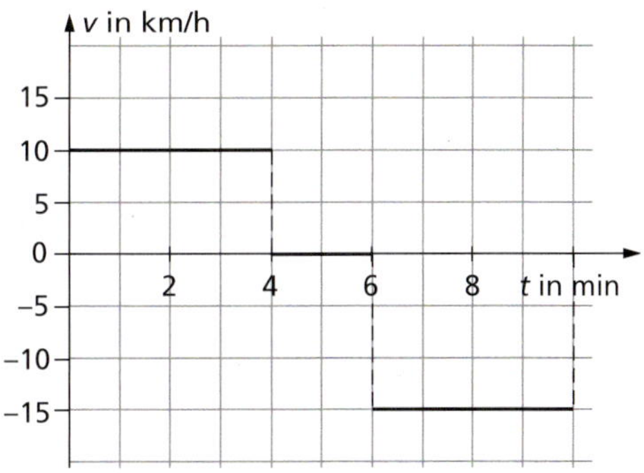

a) Interpretiere dieses Diagramm!
b) Zeichne das dazugehörige *s*-*t*-Diagramm!

25. Interpretiere das folgende Weg-Zeit-Diagramm! Es beschreibt vereinfacht die Bewegung eines Linienbusses.

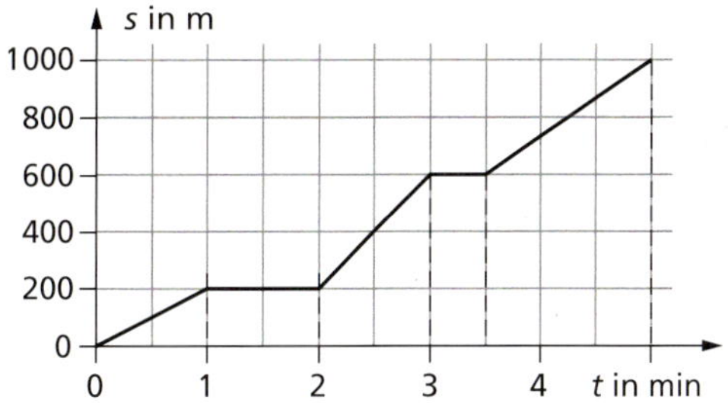

Bewegungen in Natur und Technik

Körper können sich in Ruhe oder in Bewegung befinden. Ein Körper befindet sich in Bewegung, wenn er seine Lage gegenüber einem Bezugskörper (z. B. der Erdoberfläche) ändert. Bewegungen können in unterschiedlicher Art und auf verschiedenen Bahnen erfolgen.

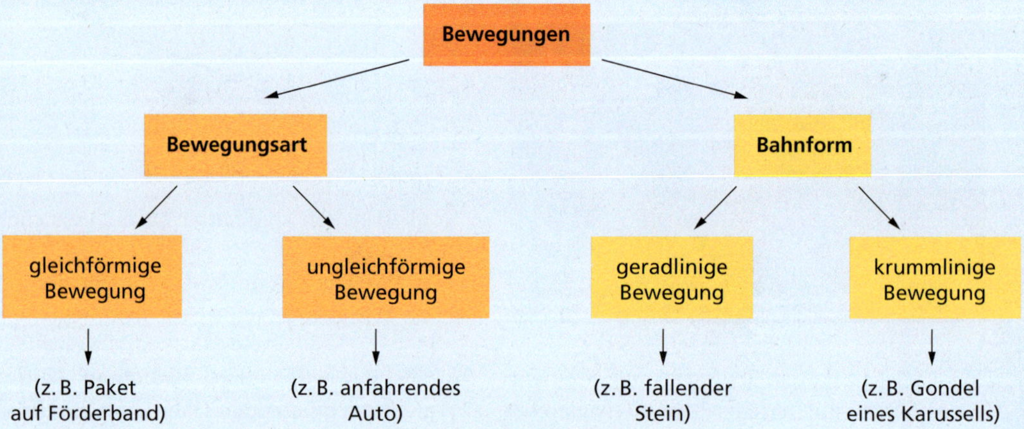

Die **Geschwindigkeit *v*** gibt an, wie schnell sich ein Körper bewegt.

Für die gleichförmige Bewegung gilt: $\text{Geschwindigkeit} = \frac{\text{zurückgelegter Weg}}{\text{dafür benötigte Zeit}}$ $\quad v = \frac{s}{t}$

Weg-Zeit-Diagramm (*s*-*t*-Diagramm)

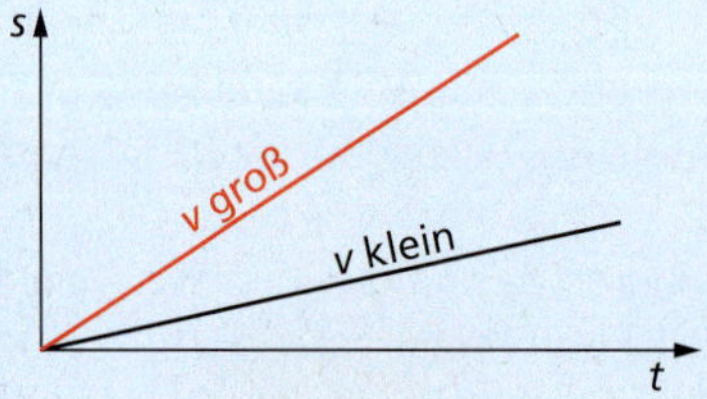

$s = v \cdot t$

Geschwindigkeit-Zeit-Diagramm (*v*-*t*-Diagramm)

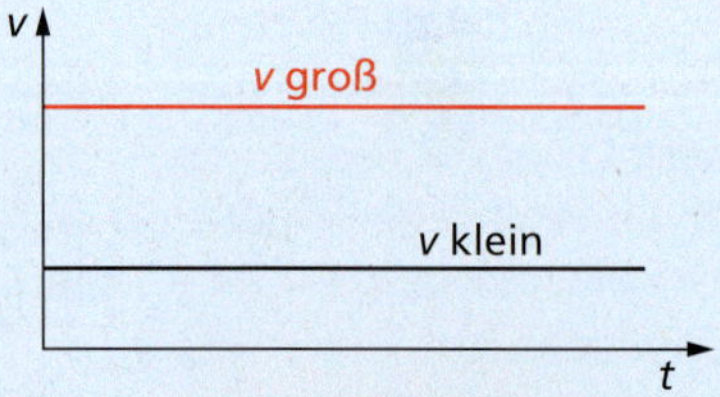

$v = \text{konstant}$

Bei ungleichförmigen (beschleunigten, verzögerten) Bewegungen ist zwischen **Durchschnittsgeschwindigkeit** und **Momentangeschwindigkeit** zu unterscheiden.

Durchschnittsgeschwindigkeit

$\bar{v} = \frac{s}{t}$ $\quad s$ gesamter Weg, t benötigte Zeit

Momentangeschwindigkeit

$v = \frac{\Delta s}{\Delta t}$ $\quad \Delta s$ Wegintervall, Δt kurzes Zeitintervall

Wahlbereich 6

Auftrieb in Flüssigkeiten und Gasen

Ein Surfbrett, ein Baumstamm, ein Eiswürfel oder ein viele Tonnen schweres Schiff schwimmen auf der Wasseroberfläche. Körper aus unterschiedlichen Stoffen tauchen dabei unterschiedlich tief ein. Ebenso liegt ein beladenes Schiff tiefer im Wasser als ein unbeladenes.
Andere Körper dagegen, wie Steine, Metallschrauben oder ein voll Wasser laufendes Schiff, gehen unter.

1. *Untersuche, ob Körper aus verschiedenen Stoffen in Wasser schwimmen! Nutze dabei auch Körper verschiedener Form. Versuche allgemein zu formulieren, unter welchen Bedingungen ein Körper in Wasser schwimmt!*

Das archimedische Gesetz

Die Frage, warum manche Körper schwimmen und andere nicht, hat Naturforscher schon vor vielen Jahrhunderten beschäftigt.

Damit ein Körper schwimmt, muss der nach unten gerichteten Gewichtskraft eine Kraft entgegenwirken. Diese Kraft nennt man **Auftriebskraft** F_A, die Erscheinung selbst **Auftrieb.** Eine Auftriebskraft wirkt nicht nur auf schwimmende Körper, sondern auf jeden Körper, der sich in einer Flüssigkeit befindet (Abb. 2).

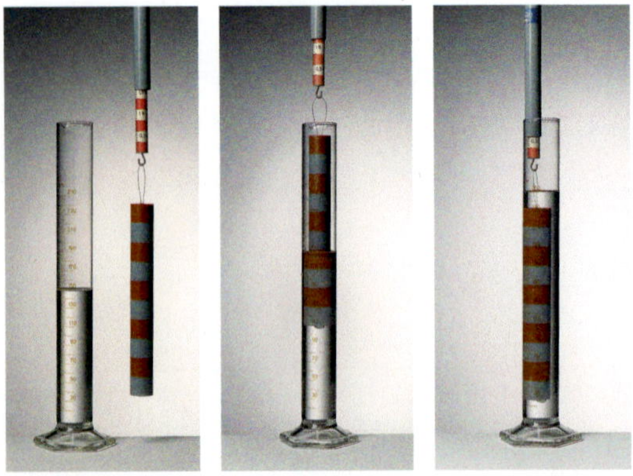

1 Je tiefer ein Körper in Wasser eintaucht, desto größer ist die Auftriebskraft, die er erfährt.

2 Taucht ein Körper in Wasser ein, dann verringert sich seine Gewichtskraft scheinbar durch die nach oben gerichtete Auftriebskraft.

Sie ist umso größer, je tiefer der Körper in die Flüssigkeit eintaucht (Abb. 1). Das kannst du auch selbst experimentell untersuchen.

2. *Drücke einen kleinen Ball unter Wasser und lass ihn dann los. Beobachte und beschreibe deine Beobachtung! Wie kann man den Vorgang erklären?*

3. *Untersuche genauer, wie sich die Auftriebskraft auf einen Körper mit der Eintauchtiefe verändert! Nutze dazu eine Experimentieranordnung, so wie sie in Abb. 1 dargestellt ist. Gehe dabei so vor:*
   a) *Miss die Gewichtskraft des Auftriebskörpers mit einem Federkraftmesser, wenn sich der Auftriebskörper in Luft befindet (Abb. 1)!*
   b) *Miss dann die Kraft bei unterschiedlicher Eintauchtiefe des Körpers! Erfasse die Messwerte in einer Messwertetabelle nach folgendem Muster:*

Eintauchtiefe in cm	Kraft F in N	Auftriebskraft $F_A = F_G - F$
…	…	

Stelle den Zusammenhang zwischen Eintauchtiefe und Auftriebskraft grafisch dar! Formuliere den Zusammenhang zwischen den Größen in Worten!

Man kann auch den Zusammenhang zwischen dem Volumen des Körpers, der eingetaucht ist, und der Auftriebskraft untersuchen. Dann ergibt sich ein Gesetz, das bereits von dem griechischen Gelehrten ARCHIMEDES (287–212 v. Chr.) entdeckt wurde. Es wird deshalb **archimedisches Gesetz** genannt und lautet:

> Die auf einen Körper wirkende Auftriebskraft F_A ist gleich der Gewichtskraft F_G der verdrängten Flüssigkeit.
>
> $$F_A = F_G$$

Dieses Gesetz gilt nicht nur, wenn ein Körper in eine Flüssigkeit eintaucht. Es gilt auch für Körper, die sich in einem Gas befinden, z. B. in Luft. So wirkt auf einen Luftballon eine nach oben gerichtete Auftriebskraft. Bei bestimmter Gasfüllung kann sie sogar so groß sein, dass sich der Luftballon nach oben bewegt.

4. *Ein Ballon könnte auch schweben, also in einer bestimmten Höhe bleiben. Das kann man bei Heißluftballons beobachten.*
   Welche Aussage kannst du für diesen Fall zum Betrag der Gewichtskraft und der Auftriebskraft machen?

Die Ursache für die Auftriebskraft

Die Ursache dafür, dass auf einen Körper in Wasser eine Auftriebskraft wirkt, sind die unterschiedlichen Kräfte, die auf einen solchen Körper wirken. Diese Kräfte ergeben sich, weil der Druck in Wasser und anderen Flüssigkeiten von der Tiefe abhängig ist. Der Druck p ist definiert als Quotient aus Kraft F, die auf eine bestimmte Fläche wirkt, und dieser Fläche A:

$$p = \frac{F}{A}$$

Untersucht man den Druck, der auf einen Körper in Wasser ausgeübt wird, dann stellt man fest: Je größer die Eintauchtiefe ist, desto größer ist der Druck (Abb. 1). In Flüssigkeiten nennt man ihn **Schweredruck.**

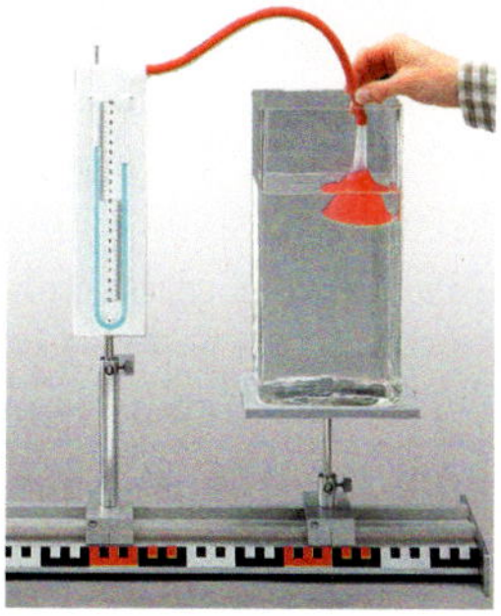

Eintauchtiefe in cm	Druck in mm Wassersäule
0	0
5	50
10	105
15	145
20	200
25	245
30	305

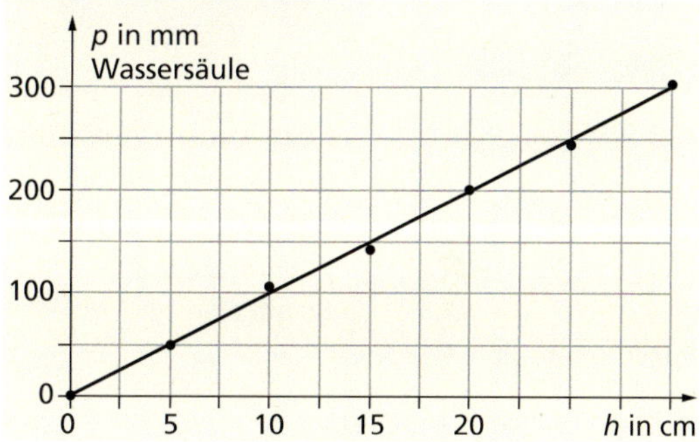

1 Untersuchung des Drucks in Wasser

Auf die linke und die rechte Fläche des Körpers (Abb. 2) wirken gleich große Kräfte, denn es gilt $F = p \cdot A$ und in einer bestimmten Tiefe hat der Druck p einen bestimmten Wert. Die nach oben wirkende Kraft F_1 ist aber wegen des unterschiedlichen Drucks größer als die Kraft F_2. Die Differenz aus beiden ergibt die Auftriebskraft F_A:

$$F_A = F_1 - F_2$$

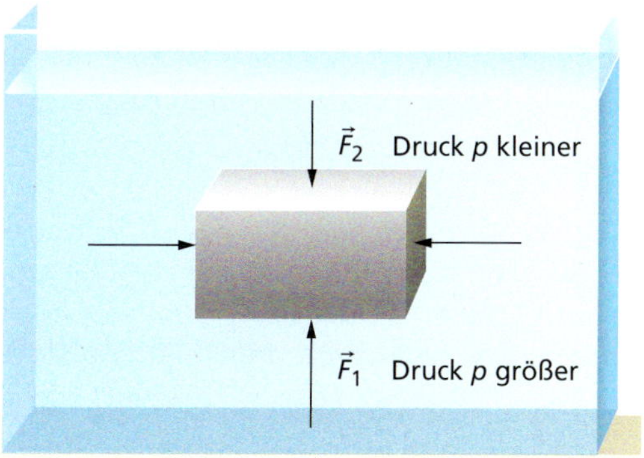

2 Die unterschiedlichen Kräfte auf den Körper ergeben sich aus den verschiedenen Drücken.

Eigenschaften des Schweredrucks

Der Schweredruck in einer bestimmten Tiefe wird durch die Gewichtskraft der Flüssigkeit hervorgerufen, die sich über der betreffenden Stelle befindet. Betrachtet man z. B. die Fläche A innerhalb einer Flüssigkeit, so befindet sich über ihr eine Flüssigkeitssäule der Höhe h. Deren Gewichtskraft F_G wirkt auf die Fläche A und erzeugt dort den Druck

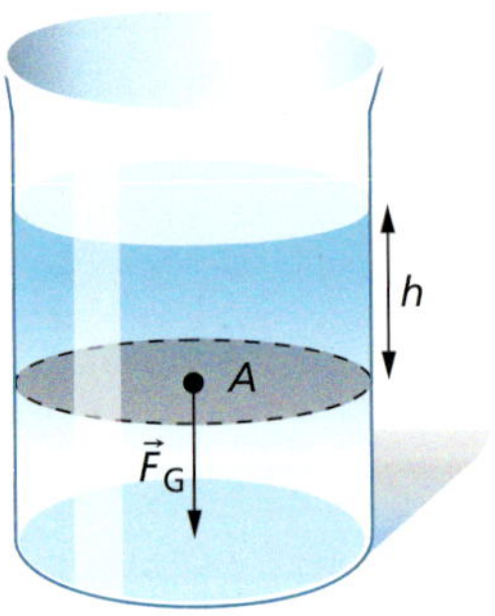

$$p = \frac{F_G}{A}.$$

Je tiefer diese Fläche liegt, umso größer ist der Schweredruck. Er nimmt mit der Tiefe gleichmäßig zu.
Es gilt also: $p \sim h$

Für Wasser gilt:

> In Wasser nimmt der Schweredruck mit jedem Meter Tiefe um $\frac{1\,\text{N}}{\text{cm}^2}$ zu.

In anderen Flüssigkeiten ergibt sich ein anderer Wert, weil der Schweredruck in einer bestimmten Tiefe von der Dichte der betreffenden Flüssigkeit abhängig ist. So ist z. B. die Dichte von Salzwasser größer als die von Leitungswasser. Demzufolge sind Druck und damit auch die Auftriebskraft in Salzwasser größer als in Leitungswasser.

5. *Beim Tauchen im Wasser merkt man die Kräfte auf das Trommelfell im Ohr. Wie entstehen diese Kräfte? Wie verändern sich die Kräfte, wenn man tiefer taucht? Begründe!*

6. *1960 erreichten die Tiefseetaucher PICCARD und WALSH im Stillen Ozean eine Tiefe von ca. 11 000 m. Die Tauchkugel, mit der sie das schafften, bestand aus Stahl von 12 cm Stärke. Die Scheiben der Fenster waren sogar 15 cm dick.*
Bestimme den Schweredruck für diese Tiefe und begründe damit, warum solche starken Wände und Fenster notwendig waren!

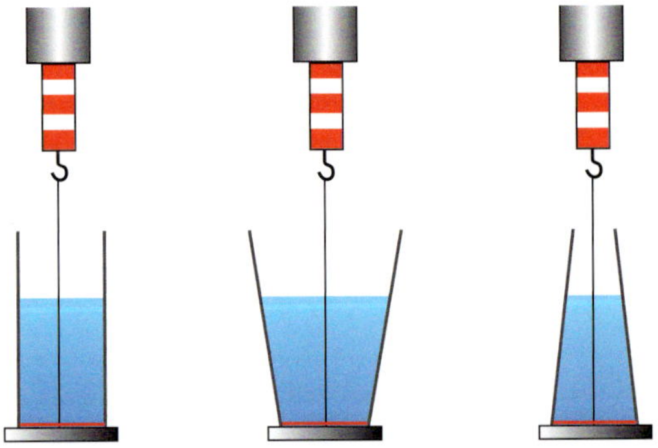

1 Die Druckkraft auf die gleich großen Bodenflächen ist bei gleicher Höhe der Wassersäulen gleich.

Beim Schweredruck tritt eine Merkwürdigkeit auf: Untersucht man den Schweredruck in einer bestimmten Tiefe bei unterschiedlich geformten Gefäßen (Abb. 1), dann zeigt sich:

> Der Schweredruck in einer Flüssigkeit ist unabhängig von der Gefäßform.

Eine Folgerung, die sich daraus ergibt, ist: Wenn zwei beliebige Gefäße miteinander verbunden sind, dann steht in den beiden Gefäßen der Flüssigkeitsspiegel immer gleich hoch. Das kennst du von einer Teekanne oder einer Gießkanne.

7. *Solche miteinander verbundenen Gefäße sind Geruchsverschlüsse bei Waschbecken oder Toiletten. Erkunde, wie ein solcher Geruchsverschluss aufgebaut ist und wie er funktioniert!*

8. *Eine Schlauchwaage sichert, dass eine Mauer „im Lot“ steht. Dazu werden die Höhen an verschiedenen Stellen verglichen. Wie funktioniert eine Schlauchwaage?*

Sinken, Schweben, Steigen, Schwimmen

Je nachdem, wie groß die Gewichtskraft eines Körpers F_G und die an ihm wirkende Auftriebskraft F_A sind, kann der Körper in einer Flüssigkeit oder einem Gas sinken, schweben, steigen oder schwimmen.
Da das Volumen des eingetauchten Körpers und das der verdrängten Flüssigkeit bzw. des verdrängten Gases immer den gleichen Wert hat, sind die Dichten der Stoffe, aus denen die Körper bestehen, letztlich entscheidend dafür, ob ein Körper sinkt, steigt oder schwebt. Für den Körper ist dabei die **mittlere Dichte** wichtig.

In der nachfolgenden Übersicht sind die Bedingungen für das Sinken, Schweben, Steigen und Schwimmen eines Körpers angegeben.

9. *Lege ein gekochtes Ei in ein Glas mit Wasser. Streue langsam Salz in das Wasser und rühre um! Erkläre deine Beobachtung!*

10. *Warum sinkt eine Stahlschraube im Wasser nach unten und warum schwimmt ein Schiff aus Stahl sicher auf dem Wasser?*

11. *Unterseeboote (U-Boote) können im Wasser schwimmen, sinken, schweben oder steigen. Sie besitzen Tauchzellen, die mit Wasser oder mit Luft gefüllt sein können. Das Wasser kann durch Ventile einströmen und durch Pressluft wieder herausgedrückt werden.*
    a) *Erkläre das Schwimmen, Sinken, Schweben und Steigen eines U-Boots!*
    b) *Informiere dich im Internet über U-Boote. Nutze www.schuelerlexikon.de!*

Sinken	Schweben	Steigen	Schwimmen
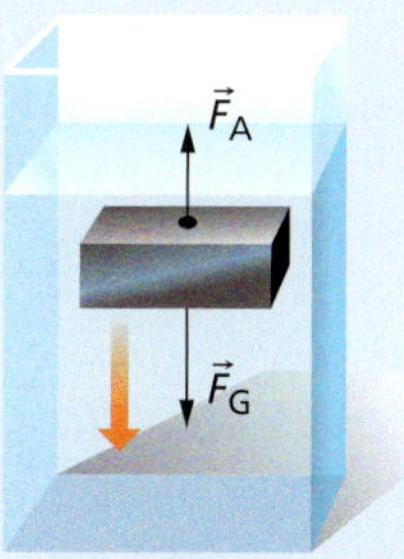	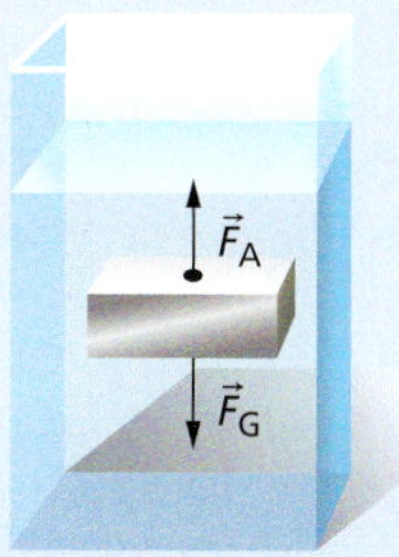		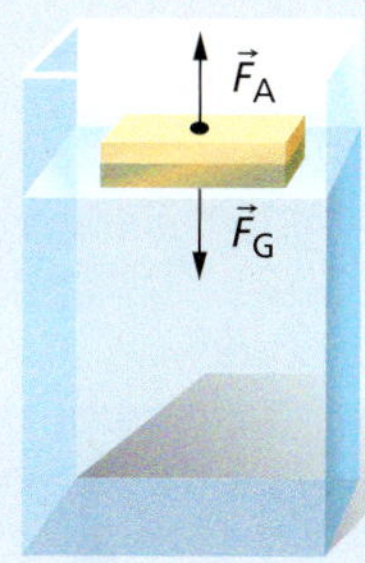
$F_A < F_G$	$F_A = F_G$	$F_A > F_G$	$F_A = F_G$ Ein Teil des Körpers befindet sich außerhalb der Flüssigkeit.
$\varrho_{Fl} < \varrho_{\text{Körper}}$	$\varrho_{Fl} = \varrho_{\text{Körper}}$	$\varrho_{Fl} > \varrho_{\text{Körper}}$	$\varrho_{Fl} > \varrho_{\text{Körper}}$

Ein Stein sinkt im Wasser nach unten.	Ein Taucher schwebt im Wasser in einer bestimmten Tiefe.	Ein Fisch steigt aus großer Tiefe nach oben.	Ein Schiff schwimmt auf dem Wasser.

Heißluftballons und Luftschiffe

Ein Menschheitstraum war schon immer, sich wie ein Vogel in die Lüfte zu erheben. Leider verhindert die Erdanziehung die einfache Erfüllung dieses Wunschs. Es gelingt nur, wenn man eine größere Auftriebskraft nach oben erzeugen kann. Dafür gibt es unterschiedliche Möglichkeiten.
In Luft wirkt wie in Wasser eine Auftriebskraft auf jeden Körper. Wegen der kleinen Dichte der Luft ist sie allerdings viel kleiner als in Wasser.

Zum ersten Mal erhob sich am 21. November 1783 ein Heißluftballon in die Luft. Nach seinen Erfindern, den Gebrüdern MONTGOLFIER, wurden solche Ballons als Montgolfiere bezeichnet (Abb. 1). Der Ballon bestand aus einer mit Papier beklebten und bemalten Stoffhülle, einem Korb aus stoffbespannten Weidenruten und einem Feuerrost im Innern. Die Luft im Ballon wurde mit einem Strohfeuer erhitzt. Der erste Flug dauerte 25 Minuten.

12. *Erläutere, unter welchen Bedingungen ein Heißluftballon steigt, schwebt oder sinkt!*

13. *Diskutiere Möglichkeiten, wie man einen in einer bestimmten Höhe schwebenden Heißluftballon zum Steigen bringen kann!*

Das Prinzip, die kleine Dichte heißer Luft zu nutzen, um einen ausreichenden Auftrieb zu erzeugen, wird auch bei modernen Heißluftballons angewendet (Abb. 3). Statt heißer Luft kann man den Ballon auch mit einem Gas füllen, das eine geringere Dichte als Luft hat. Dies ist das Prinzip des Zeppelins, benannt nach seinem Erfinder, dem württembergischen General GRAF FERDINAND VON ZEPPELIN (1838–1917).

2 Das Luftschiff LZ 129 „Hindenburg" über dem Bodensee

14. *Erkunde mithilfe des Internets,*
    a) *wann und wo die ersten Zeppeline gebaut wurden,*
    b) *welche Rolle sie bis 1937 spielten,*
    c) *welches Ereignis am 6. Mai 1937 stattfand,*
    d) *wozu heute Zeppeline genutzt werden!*

1 Start einer Mongolfiere im 18. Jahrhundert

3 Moderner Heißluftballon

Luftdruck und Wetter

Die Luft, die uns umgibt

Luft ist ein Gasgemisch. Seine Hauptbestandteile sind Stickstoff und Sauerstoff.

1. *Erkunde, wie Luft an der Erdoberfläche zusammengesetzt ist! Stelle die Zusammensetzung der Luft in einem Diagramm dar!*

Luft an der Erdoberfläche hat eine relativ geringe Dichte. Sie beträgt bei einer Temperatur von 0 °C $\varrho = 1{,}29\ \text{kg/m}^3$ oder $\varrho = 0{,}001\,29\ \text{g/cm}^3$. Wasser hat dagegen eine Dichte von $1{,}0\ \text{g/cm}^3$. Das bedeutet: Die Dichte von Wasser ist 775-mal größer als die Dichte von Luft.

2. *Wie kann man die Dichte eines festen Körpers (z. B. eines Steins) und wie die Dichte einer Flüssigkeit bestimmen? Beschreibe, wie du vorgehen würdest!*

Die Dichte von Luft lässt sich im Prinzip in der gleichen Weise bestimmen. Man muss die Masse der Luft und ihr Volumen ermitteln und kann daraus die Dichte berechnen.
Bei der Massebestimmung muss man allerdings einen Trick anwenden (Abb. 1): Es wird ein stabiles Gefäß genutzt, dessen Volumen man kennt oder leicht bestimmen kann. Die Masse des Gefäßes mit Luft wird gemessen. Anschließend wird

1 Bestimmung der Masse von Luft

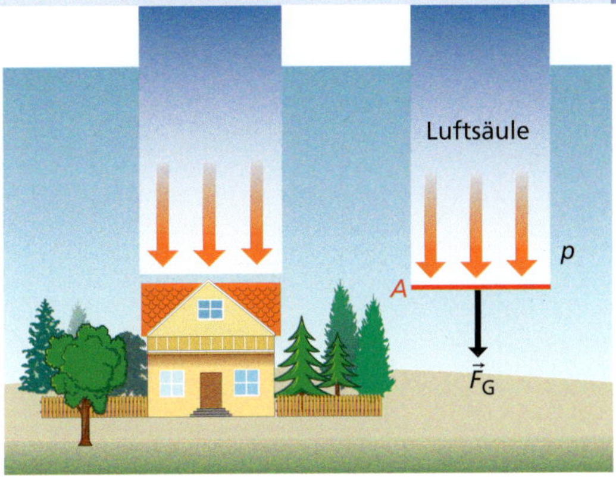

2 Die Gewichtskraft der Luft erzeugt den Luftdruck auf der Erde.

mit einer Pumpe die Luft aus dem Gefäß herausgepumpt und die Masse erneut bestimmt. Die Differenz aus beiden Messungen ergibt die Masse der Luft, die sich im Gefäß befand.

Der Luftdruck

Im Wetterbericht hast du vielleicht schon gehört, dass „der Luftdruck fällt“ oder „ein hoher Luftdruck herrscht“. Gemeint ist damit der Druck, den die Luft auf Körper auf der Erdoberfläche ausübt. Luft hat wie andere Stoffe eine Gewichtskraft. Die Luftsäule, die über der Erdoberfläche viele Kilometer hoch ist, wirkt auf eine Fläche A mit ihrer Gewichtskraft F_G (Abb. 2). Der Luftdruck ist dann der Quotient aus der Gewichtskraft der Luftsäule und der Fläche.

> Der Luftdruck, den wir auf der Erdoberfläche feststellen, ist der Schweredruck der Luft.

Der normale Luftdruck ist direkt an der Meeresoberfläche am größten und beträgt $101{,}3\ \text{kN/m}^2$ oder $10{,}13\ \text{N/cm}^2$. Auf jeden Quadratzentimeter wirkt also aufgrund des Luftdrucks eine Kraft von etwa 10 N. In der Wetterkunde verwendet man als Einheit für den Luftdruck ein Kilopascal (1 kPa), ein Hektopascal (1 hPa) oder ein Millibar (1 mbar). Für den normalen Luftdruck gilt:

$$101{,}3\ \text{kN/m}^2 = 101{,}3\ \text{kPa} = 1\,013\ \text{hPa} = 1\,013\ \text{mbar}$$

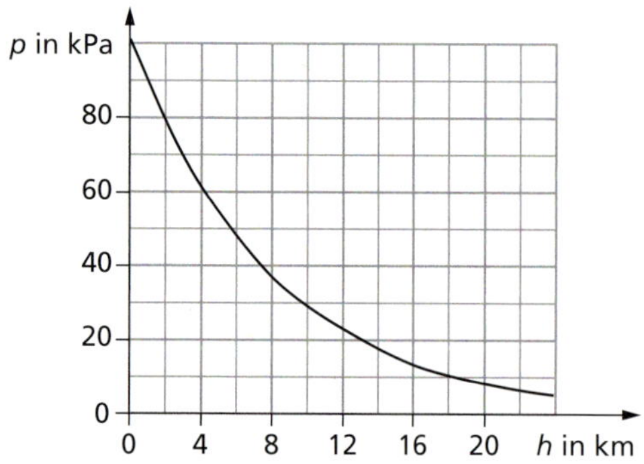

1 Der Luftdruck verringert sich mit zunehmender Höhe über dem Meeresspiegel.

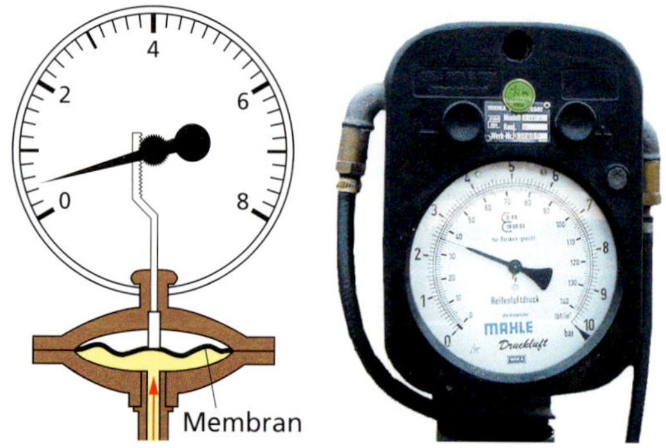

3 Ein Manometer misst den Überdruck in einem Gas, z. B. den Druck in einem Autoreifen.

Da die Luftsäule (↗ S. 177, Abb. 2) mit zunehmender Höhe kürzer wird, verringert sich mit der Höhe ihre Gewichtskraft und damit auch der Luftdruck. Er ist auf einem hohen Berg wesentlich kleiner als im Tal. Den Zusammenhang zwischen Luftdruck und Höhe über der Erdoberfläche zeigt Abb. 1.

3. *Ermittle mithilfe des Diagramms den Luftdruck*
   a) auf dem höchsten Berg Deutschlands,
   b) auf dem höchsten Berg der Erde,
   c) in der Reiseflughöhe von Flugzeugen (10 000 m)!

Der Luftdruck spielt nicht nur für das Wetter eine Rolle. Wir nutzen ihn auch im Alltag.

4. *Erkunde, was Saugfüße und gut verschlossene Konservengläser mit dem Luftdruck zu tun haben!*

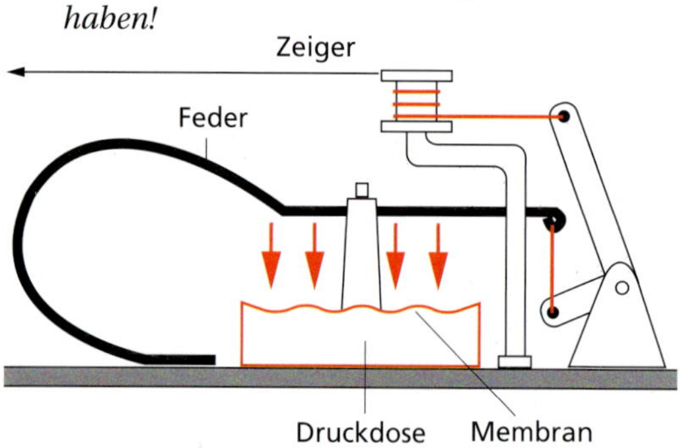

2 Die Verbiegung der Membran ist ein Maß für den Luftdruck.

Messung des Luftdrucks

Messgeräte für den Luftdruck nennt man **Barometer.** Eine häufig verwendete Form ist das Dosenbarometer (Abb. 2).
Ein Dosenbarometer besteht aus einer fast luftleeren Metalldose (Druckdose). Die Dose ist über eine Feder mit einem Hebelmechanismus verbunden, der zu einem Zeiger führt. Dadurch wird die Bewegung eines gewellten Deckels (Membran) auf den Zeiger übertragen.
Bei Normdruck wird der Zeiger auf den Wert 1 013 hPa (760 Torr) gestellt. Verändert sich der Luftdruck, dann wird die Membran mehr oder weniger verbogen. Dadurch verändert sich die Zeigerstellung. Moderne Barometer gibt es in vielen verschiedenen Bauformen. Teilweise arbeiten sie mit Drucksensoren und zeigen den Luftdruck digital an. Das bedeutet: Der Luftdruck wird als Zahlenwert mit Einheit angezeigt.
Messgeräte für die Messung des Gasdrucks in einer Gasflasche oder für den Luftdruck in einem Auto- oder Fahrradreifen nennt man **Manometer.** Abb. 3 zeigt eine Bauform eines solchen Manometers, ein Membranmanometer.

Es funktioniert folgendermaßen: Der Luftdruck im Reifen verformt über eine Membran eine Feder, die mit einem Zeiger verbunden ist. An einer Skala kann der Druck abgelesen werden. Er wird meist in bar angezeigt. Es gilt: 1 bar = 100 kPa.
Bei Autoreifen liegt der empfohlene Druck meist zwischen 2,0 und 3,0 bar.

Mosaik

Otto von Guericke – Bürgermeister und Naturforscher

Otto von Guericke (↗Abb. rechts) studierte in Leipzig, Helmstedt und Jena Jura, anschließend in den Niederlanden Mathematik, Mechanik und Bauwesen.
In seiner Heimatstadt Magdeburg, in die er 1626 zurückkehrte, wurde er Ratsherr und später auch Bürgermeister.
Daneben führte er auch viele naturwissenschaftliche Untersuchungen durch. Beispielsweise beschäftigte er sich mit der Frage, ob es einen leeren Raum, ein Vakuum, gibt. Seine Idee war, ein Fass restlos mit Wasser zu füllen und anschließend das Wasser herauszupumpen. Wenn das Wasser entfernt ist, dann müsste in dem Fass ein leerer Raum sein.
Die Realisierung seiner Idee stieß aber auf große Schwierigkeiten: Sobald ein Teil des Wassers aus dem Fass herausgepumpt war, strömte Luft durch alle Ritzen pfeifend in das Fass hinein. Es gelang nicht, die Ritzen völlig abzudichten. Bei Verwendung einer dünnwandigen Kugel aus Kupfer wurde diese durch den Luftdruck völlig zusammengedrückt. Erst eine wesentlich stabilere Konstruktion aus zwei eisernen Halbkugeln hielt dem Druck stand.
1654 führte Otto von Guericke vor dem Regensburger Reichstag sein berühmtes Experiment vor (Abb. 1): Die Luft aus den zu einer Kugel zusammengesetzten Halbkugeln wurde herausgepumpt. 16 Pferde waren nicht imstande, den Druck der Luft zu überwinden, der die Halbkugeln zusammenhielt.
Otto von Guericke untersuchte nicht nur Wirkungen des Luftdrucks. Er ist auch der Erfinder der Luftpumpe und des Wasserbarometers, bestimmte die Masse von Luft und schuf die erste Elektrisiermaschine. Er hat damit wichtige Beiträge zur Entwicklung der Physik geleistet.

1 Das berühmte Experiment mit den Magdeburger Halbkugeln: 16 Pferde waren nicht imstande, die Halbkugeln auseinanderzuziehen.

Wettererscheinungen und Größen zu ihrer Beschreibung

Jeder von uns kennt solche Wettererscheinungen wie Wind oder Sturm, Regen, Nebel, Hagel oder Schneefall. Das Wetter beeinflusst nicht nur unser Wohlbefinden. Es hat auch Auswirkungen auf die Natur, die Landwirtschaft oder den Tourismus. Wettererscheinungen werden von Menschen schon seit vielen Jahrhunderten beobachtet und es wurde immer versucht, Regeln und Zusammenhänge zu erkennen.

5. *Solche Regeln, die auf Beobachtungen des Wettergeschehens beruhen, werden* ***Bauernregeln*** *genannt. Sucht Beispiele für solche Bauernregeln! Wie sicher sind Wettervorhersagen auf der Grundlage von Bauernregeln?*

Regelmäßige Wetteraufzeichnungen und Messungen werden in Mitteleuropa seit etwa 1850 durchgeführt. Heute gibt es ein weltweites Netz von Wetterstationen. Hinzu kommen Wettersatelliten, die z. B. die Wolkenverteilung registrieren.

6. *Erfasse in einer Übersicht, mit welchen Messgeräten man solche für das Wetter wichtigen Größen wie die Temperatur, den Luftdruck, die Luftfeuchtigkeit, die Niederschlagsmenge oder die Windgeschwindigkeit messen kann!*

Die täglichen Beobachtungen und Messergebnisse werden in Wetterkarten zusammengefasst.

1 Durch Wetterstationen werden die Windstärke, die Temperatur, der Luftdruck, die Regenmenge und die Luftfeuchtigkeit gemessen.

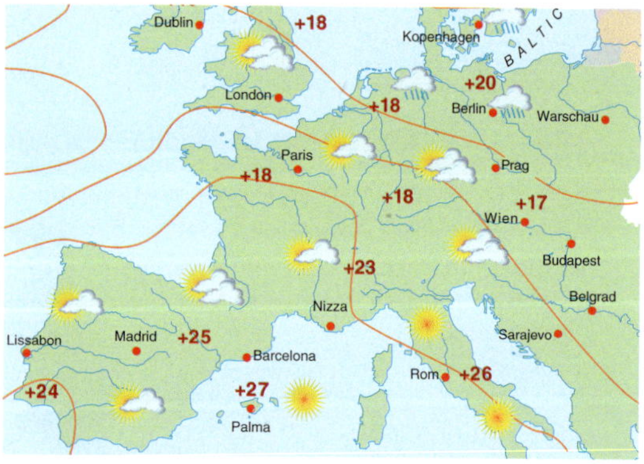

2 Wetterkarte für Europa

7. *Sammelt und vergleicht Wetterkarten, die in Tageszeitungen oder im Internet veröffentlicht werden! Was kann man einer solchen Wetterkarte entnehmen?*

Die tägliche, monatliche oder jährliche Niederschlagsmenge wird in Millimetern angegeben.

8. *Die Niederschlagsmenge wird in Litern je Quadratmeter ($1\,l/m^2$) oder in Millimetern (1 mm) gemessen.*
Begründe, dass $1\,l/m^2$ einem Millimeter entspricht! Erkunde, wie groß die mittlere jährliche Niederschlagsmenge für Berlin ist!

9. *Erkunde eine Woche lang für eine bestimmte Tageszeit den Luftdruck und erfasse, welches Wetter dann herrscht! Gibt es einen Zusammenhang?*

3 Mit dieser Heimwetterstation kann man verschiedene Größen messen. Solche Wetterstationen gibt es in verschiedenen Varianten.

Wetter und Niederschläge

Luft enthält **Wasserdampf,** der für uns nicht sichtbar ist. Er gelangt durch Verdunsten von Wasser in die Atmosphäre. Der Anteil an Wasserdampf, der sich in der Atmosphäre befindet, wird als **Luftfeuchtigkeit** bezeichnet. Die Luftfeuchtigkeit wird meist in Prozent angegeben und kann mit einem **Hygrometer** gemessen werden. Sie kann in Abhängigkeit von den Wetterbedingungen in weiten Grenzen schwanken. Bei uns liegt sie meist zwischen 30 und 70 %.

10. Bestimme mit einem Hygrometer die Luftfeuchtigkeit
   a) an verschiedenen Tagen zu einer bestimmten Uhrzeit,
   b) in verschiedenen Räumen der Wohnung!

Kondensiert der sich in der Luft befindende Wasserdampf, so bilden sich **Wolken,** in Erdbodennähe **Nebel** und am Erdboden **Tau.**
Wolken bestehen aber nicht nur aus Wasserdampf. Sie entstehen erst, wenn Wasserdampf an winzigen Staubkörnchen kondensiert. Dabei entstehen Wassertröpfchen. Solange sie sehr klein sind, fallen sie nicht zur Erde.

1 Am Himmel kann man viele unterschiedliche Wolken beobachten. International unterscheiden die Meteorologen 10 verschiedene Wolkenarten.

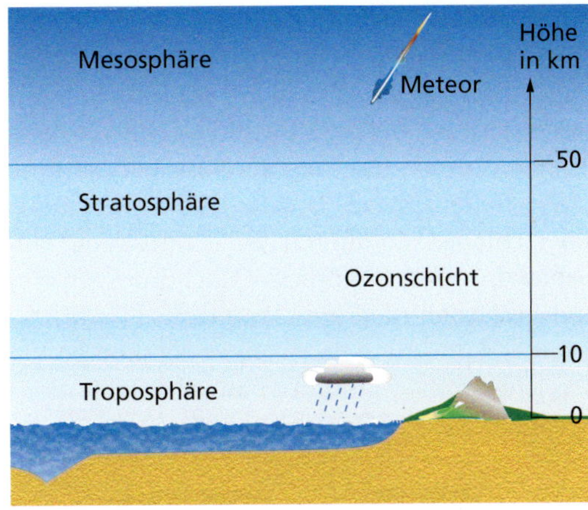

2 Alle Wettererscheinungen gehen in der unteren Atmosphäre (Höhen bis etwa 10 km) vor sich.

Aufwinde halten sie in der Schwebe. Erst wenn sie hinreichend groß und schwer sind, beginnt es zu regnen. In einigen Kilometern Höhe hat die Atmosphäre in der Regel Temperaturen von weniger als 0 °C. In dieser Höhe dienen die Staubkörnchen als „Kristallisationskerne" für **Schneekristalle.** Auch **Hagelkörner** entstehen in sehr großer Höhe. Bei niedrigen Temperaturen gefrieren die Wassertropfen zu Eis. Da große Hagelkörner schnell zur Erde fallen, bleibt ihnen keine Zeit mehr zum Schmelzen.
Von **Reif** spricht man, wenn in wolkenlosen kalten Nächten die Luft in Bodennähe unter den Gefrierpunkt abkühlt und die Feuchtigkeit (Tau) an der Oberfläche von Gräsern, Ästen oder Gebäuden gefriert.
Der Bereich der Atmosphäre, in dem sich alle Wettererscheinungen abspielen, ist die **Troposphäre.** Es ist der Bereich bis etwa 10 km Höhe.

11. Erkunde den Aufbau der Atmosphäre! Wie hoch reicht sie insgesamt?

12. Wir sprechen vom Wetter, von der Witterung und vom Klima. Was ist damit jeweils gemeint?

13. Auf der Erde werden verschiedene Klimazonen unterschieden. Welche sind das? In welcher Klimazone liegt Deutschland?

Wind, Wetter, Klima

Die Entstehung von **Wind** ist ein sehr komplizierter Prozess, bei dem sowohl globale als auch regionale Besonderheiten Einfluss haben. Eine große Rolle spielen Druck- und Temperaturunterschiede. Sie führen zur Entstehung von Gebieten hohen Luftdrucks (Hochdruckgebiete) und Bereichen niedrigen Luftdrucks (Tiefdruckgebiete). Luft strömt dabei am Boden immer von Bereichen hohen Luftdrucks in solche mit niedrigem Luftdruck, vom Hoch zum Tief.

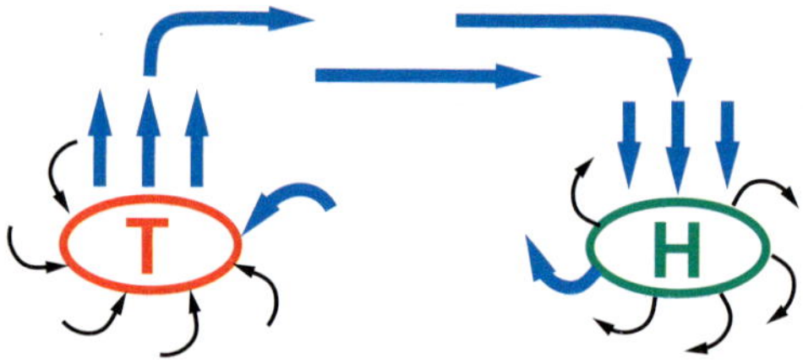

1 Luftströmungen zwischen Tief- und Hochdruckgebieten

Die Windstärke hängt von den Druck- und Temperaturunterschieden ab.

Windstärken nach Beaufort

Windstärke	Geschwindigkeit in $\frac{m}{s}$	Bezeichnung und Auswirkungen
0	0,0 … 0,2	still; Rauch steigt gerade empor
2	1,6 … 3,3	leichte Brise; Wind am Gesicht fühlbar
4	5,5 … 7,9	mäßige Brise; bewegt Zweige und dünnere Äste
6	10,8 … 13,8	starker Wind; starke Äste in Bewegung
8	17,2 … 20,7	stürmischer Wind
10	24,5 … 28,4	schwerer Sturm; entwurzelt Bäume, Schäden an Häusern
12	> 32,6	Orkan

2 An Berghängen, die von der Sonne bestrahlt werden, erwärmt sich Luft und steigt nach oben.

14. *Erkunde, welche höchsten Windgeschwindigkeiten in Deutschland bisher registriert wurden! Wo war das?*

Neben den Luftströmungen zwischen Hochs und Tiefs gibt es auch Luftströmungen, die infolge regionaler Besonderheiten zustande kommen. Dazu zählen Aufwinde (Abb. 2) oder Föhn.

15. *Recherchiere: Was ist Föhn und wie kommt er zustande?*

Während das Wetter den augenblicklichen Zustand der Wettererscheinungen an einem bestimmten Ort kennzeichnet, versteht man unter Klima den langjährigen Witterungsverlauf an einem Ort oder in einem größeren Bereich.
Intensiv wird in der Wissenschaft und in der Öffentlichkeit diskutiert, wie sich langfristig unser Klima entwickeln könnte. Durch wissenschaftliche Untersuchungen ist belegt:

- In den letzten Jahrzehnten wurde eine Erhöhung der mittleren Temperatur an der Erdoberfläche von 0,5 bis 0,7 °C registriert.
- In Klimaberechnungen wird für die nächsten Jahrzehnte von einer weiteren durchschnittlichen Erwärmung von 1,5 bis 3,0 °C ausgegangen.

16. *Erkunde, welche langfristigen Folgen eine Erwärmung der Erdoberfläche haben könnte!*

Spezielle Kräfte in der Physik

Kräne, Masten oder Brücken müssen nicht nur stabil konstruiert sein. Sie müssen auch eine große Standfestigkeit haben und den unterschiedlichsten Belastungen standhalten. Deshalb werden dafür bestimmte Konstruktionen gewählt (Abb. 1, 2).

1. *Stellt in einer Übersicht zusammen, welchen Belastungen*
   a) ein Kran auf einer Baustelle,
   b) eine Straßenbrücke
   ausgesetzt sein kann! Überlegt dabei auch, wie die verschiedenen Belastungen zusammenwirken können!

2. *Erkundet mithilfe von Nachschlagewerken oder im Internet: Wo befinden sich die längsten Brücken der Welt und wie lang sind sie? Welche sind die höchsten Brücken der Welt?*

Um bei Kränen, Hochspannungsmasten oder Brücken eine hohe Stabilität zu gewährleisten, nutzt man bestimmte Anordnungen von Trägern und Verbindungsteilen, also bestimmte Gitterkonstruktionen. Sie sind vor allem bei Kränen gut zu sehen (Abb. 1).

3. *Sieh dir einen Kran und eine Brücke genauer an! Skizziere, wie Kran bzw. Brücke aufgebaut sind! Was sind die „tragenden" Elemente? Präsentiere die Ergebnisse deinen Mitschülern!*

1 Kräne oder Masten müssen nicht nur standfest sein, sondern auch große Lasten tragen.

2 Brücken müssen stabil sein und wechselnden Belastungen standhalten.

Kräne müssen nicht nur stabil konstruiert, sondern vor allem auch standfest sein. Das bedeutet: Sie dürfen auf keinen Fall kippen, auch wenn die Last ans Kranende verschoben wird oder wenn starker Wind weht. Entscheidend für die Standfestigkeit eines Krans oder eines anderen beliebigen Bauwerks ist die Lage seines Schwerpunkts bezüglich seiner Auflagefläche (Abb. 3). Der Schwerpunkt oder Massenmittelpunkt *S* befindet sich bei regelmäßig geformten Körpern in der Körpermitte. Bei einem Kran kann er auch außerhalb des Körpers liegen.

4. *Baut oder nutzt ein Kranmodell! Untersucht an diesem Modell, unter welchen Bedingungen ein Kran noch standfest ist! Entwickelt und erprobt Vorschläge, wie man die Standfestigkeit eines Krans erhöhen kann!*

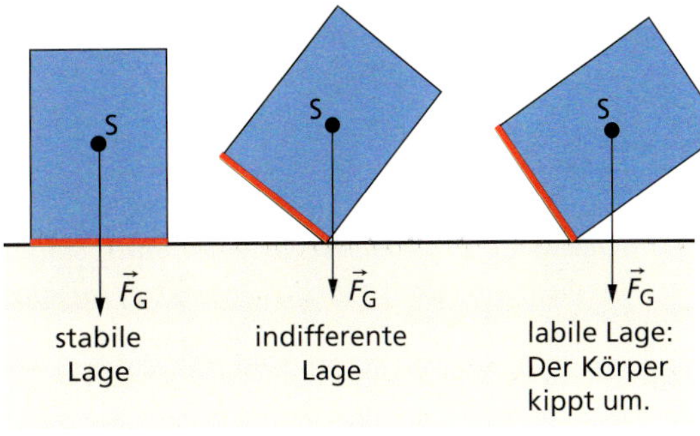

3 Ein beliebiger Körper kann sich in verschieden stabilen Zuständen befinden.

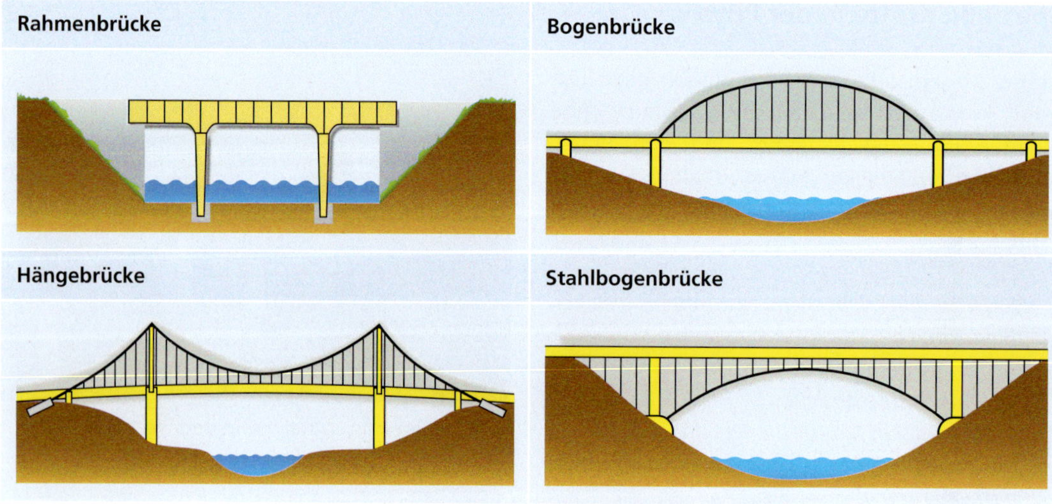

Brücken werden in sehr verschiedener Weise gebaut. Die Abbildungen zeigen einige Beispiele.

5. *Erkunde, welche weiteren Brückenformen üblich sind! Skizziere sie!*

6. *Diskutiert an ausgewählten Arten von Brücken, auf welche Teile einer Brücke Zugkräfte bzw. Druckkräfte wirken und welches jeweils die „tragenden" Teile sind!*

Einfache und relativ kurze Brücken werden meist aus Trägern zusammengebaut. Die nachfolgende Skizze zeigt zwei Beispiele:

Es sind noch viele andere Varianten denkbar. Typisch sind aber Dreieckskonstruktionen.

7. *Veranstaltet einen Wettbewerb zum Thema „Wer baut die stabilste Trägerbrücke?"!*
   Damit die Brücken vergleichbar sind, solltet ihr euch auf bestimmte Bedingungen einigen.

Alte Steinbrücken haben eine ganz charakteristische Form. Überraschend ist dabei: Sie sind stabil, selbst wenn die Steine nicht durch Mörtel miteinander verbunden sind. Das Geheimnis solcher Brücken ist: Sie haben die Form einer gespiegelten Kettenlinie (Abb. 1).

8. *Baut eine solche Brücke aus Bausteinen! Geht dabei so vor:*
   a) *Legt zunächst ein großes Blatt Papier auf ein Holzbrett! Stellt dieses Brett senkrecht, bringt eine Kette an und markiert auf dem Papier die Kettenlinie!*
   b) *Dreht das Brett mit dem Papier, stellt es schräg und baut die Brücke (Abb. 1b)! Stellt dann das Brett vorsichtig senkrecht! Belastet die Brücke!*

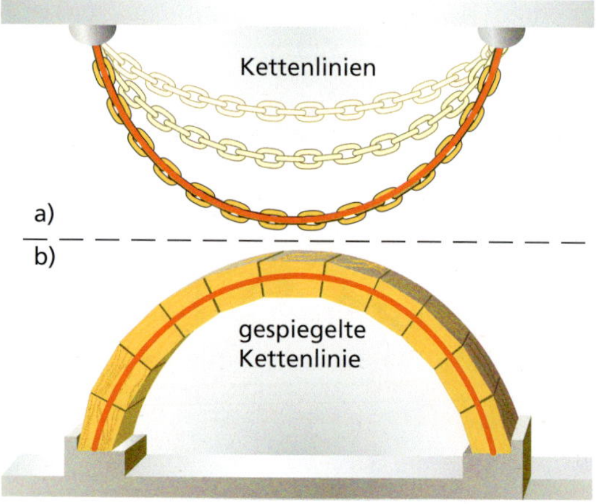

1 Eine Brücke aus Bausteinen ist stabil, wenn sie die Form einer Kettenlinie hat.

Z Ziel erreicht

Kennst du dich aus?

Test bestanden?

Mit den Aufgaben „Teste dich selbst“ auf den Seiten 191–194 kannst du herausfinden, ob du grundlegende Inhalte erfasst hast und Zusammenhänge kennst. Die Lösungen dieser Aufgaben sind auf Seite 194 angegeben.

Zusammenhänge erfassen – Durchblick bewahren

Im bisherigen Physikunterricht hast du viele Erscheinungen, Sachverhalte und Gesetze kennengelernt, die dir vielleicht zusammenhanglos erschienen. Es gibt aber in der Physik einige grundlegende Konzepte, die es erleichtern, physikalische Inhalte zu systematisieren, zu strukturieren und miteinander zu vernetzen. Sie werden als **Basiskonzepte** bezeichnet. Du findest sie auf den Seiten 187–190.

Heureka – ich hab's!

Dieser Ausspruch geht der Legende nach auf dem berühmten griechischen Gelehrten ARCHIMEDES zurück, als er eine besonders pfiffige Idee zur Lösung eines Problems hatte.
Ob du fit für die Lösung von Aufgaben und Problemen bist, kannst du nachfolgend prüfen.
Die Aufgaben „Ziel erreicht?“ auf den Seiten 195–198 bieten dir eine weitere Möglichkeit, dein Wissen und Können zu testen.

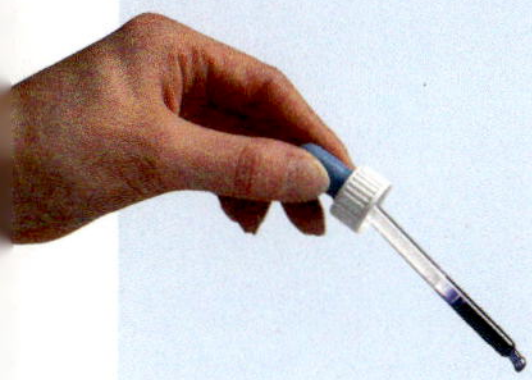

Basiskonzept Materie

Materie ist all das, was in der uns umgebenden Welt in Form von Stoffen (Wasser, Luft, Plastik, Eisen ...) existiert.

Kräfte, Arbeit und Energie

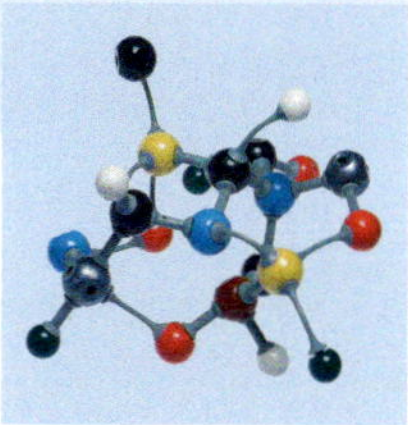

- Alle Körper, die wir in der Physik betrachten, bestehen aus Teilchen.
- Zwischen den Teilchen wirken anziehende bzw. abstoßende Kräfte. Durch diese Kräfte werden Form und Volumen eines Körpers bestimmt.
- Wirken auf einen Körper von außen Kräfte, so können sich Form und Volumen ändern.

Temperatur, thermische Energie und Wärme

- Je höher die Temperatur eines Körpers ist, desto heftiger bewegen sich die Teilchen des Stoffs, aus denen er besteht.
- In Abhängigkeit von der Temperatur können sich Stoffe im festen, flüssigen oder gasförmigen Aggregatzustand befinden.

Leben mit Elektrizität

- Teilchen bestehen aus Atomen oder Molekülen. In der Atomhülle befinden sich negativ geladene Elektronen.
- Durch Zufuhr oder Abgabe von Elektronen können Körper negativ oder positiv geladen sein.
- Elektrischer Strom ist die gerichtete Bewegung von Ladungsträgern (Elektronen).

Basiskonzept Wechselwirkung

Von einer Wechselwirkung spricht man, wenn sich zwei oder mehrere Körper gegenseitig beeinflussen, z. B. Kräfte aufeinander ausüben.

Kräfte, Arbeit und Energie

- Zwischen Körpern wirken Kräfte, z. B. die Gewichtskraft als Anziehungskraft der Erde auf einen Körper oder Reibungskräfte zwischen den Oberflächen zweier Körper.
- Reibungskräfte bewirken, dass die Bewegung eines Körpers verhindert oder gehemmt wird.
- Kräfte bewirken die Veränderung der Form oder des Bewegungszustands von Körpern.

Temperatur, thermische Energie und Wärme

- Zwischen Körpern unterschiedlicher Temperatur erfolgt eine Wärmeübertragung.
- In einem Körper strömt Wärme von Stellen höherer Temperatur zu solchen niedrigerer Temperatur.
- Zwischen verschiedenen Körpern, die sich in engem Kontakt befinden, erfolgt durch Wärmeübertragung ein Temperaturausgleich.

Leben mit Elektrizität

- Elektrisch geladene Körper üben Kräfte aufeinander aus: Gleichnamig geladene Körper stoßen einander ab, ungleichnamig geladene Körper ziehen einander an.
- Bei der gerichteten Bewegung von Elektronen in einem Leiter stoßen die Elektronen mit Atomen zusammen. Das zeigt sich als elektrischer Widerstand.

Bewegungen in Natur und Technik

- Wie sich ein Körper bewegt, hängt davon ab, welche Kräfte auf ihn wirken.

Basiskonzept System

Unter einem System wird in der Physik ein gedanklich abgeschlossener Bereich verstanden, in dem verschiedene Vorgänge ablaufen.

Kräfte, Arbeit und Energie

- In einem abgeschlossenen System bleibt die Gesamtenergie erhalten.
- Die Energie eines Systems kann durch Arbeit am System oder durch Arbeit vom System verändert werden. Dabei gilt: $W = \Delta E$

Temperatur, thermische Energie und Wärme

- Befinden sich in einem abgeschlossenen System Körper unterschiedlicher Temperatur, so erfolgt zwischen den Körpern eine Wärmeübertragung. Dabei ändert sich die thermische Energie der Körper. Es gilt: $Q = \Delta E$
- Körper, die sich in engem Kontakt zueinander befinden, tauschen Wärme aus und nehmen allmählich die gleiche Temperatur an.

Leben mit Elektrizität

- Wird z. B. durch Reibung bei Körpern eine Ladungstrennung hervorgerufen, dann bleibt die gesamte Ladung immer erhalten.
- Werden zwei unterschiedlich geladene Körper leitend miteinander verbunden, so erfolgt ein Ladungsausgleich.

Bewegungen in Natur und Technik

- Ruhe und Bewegung sind davon abhängig, auf welches System (Bezugskörper) man die Betrachtungen bezieht.

Basiskonzept Energie

Energetische Betrachtungen, insbesondere die Nutzung des Energieerhaltungssatzes, spielen in vielen Bereichen der Physik, aber auch in der Technik und im Alltag eine wichtige Rolle.

Kräfte, Arbeit und Energie

- In einem abgeschlossenen System bleibt die Gesamtenergie erhalten.
- Energie kann von einer Energieform in andere umgewandelt werden.
- Energie kann transportiert und gespeichert werden.
- Bei ihrer Nutzung wird Energie entwertet.
- Formen mechanischer Energie sind die potenzielle und die kinetische Energie.

Temperatur, thermische Energie und Wärme

- Aufgrund ihrer Temperatur besitzen Körper thermische Energie. Sie ist umso größer, je höher die Temperatur des Körpers ist.
- Thermische Energie kann durch Wärme von einem Körper auf einen anderen übertragen werden. Dabei gilt: $Q = \Delta E$

Leben mit Elektrizität

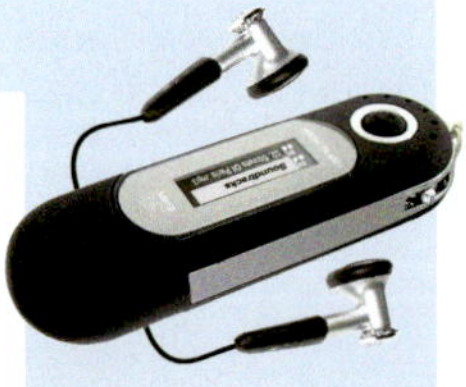

- Elektrische Energie ist die für uns wichtigste Energieform.
- Elektrische Energie wird mit elektrischem Strom transportiert.
- Die in Verbrauchern umgesetzte elektrische Energie beträgt $E = U \cdot I \cdot t$.
  Sie wird mit Kilowattstundenzählern gemessen.

Bewegungen in Natur und Technik

- Bewegte Körper besitzen kinetische Energie. Diese ist umso größer, je größer die Masse und die Geschwindigkeit des Körpers sind.

Teste dich selbst

Beachte, dass bei den nachfolgenden Aufgaben auch mehr als eine Lösung richtig sein kann. Notiere die Lösungen der Aufgaben in deinem Heft. Die richtigen Lösungen findest du auf Seite 194.

Kräfte, Arbeit und Energie

1. Kräfte werden gemessen mit
a) Waagen,
b) Federkraftmessern,
c) Barometern.

2. Die Abbildung zeigt eine elastische Feder und Verformungen der Feder durch Kräfte. Welche Aussage trifft zu?

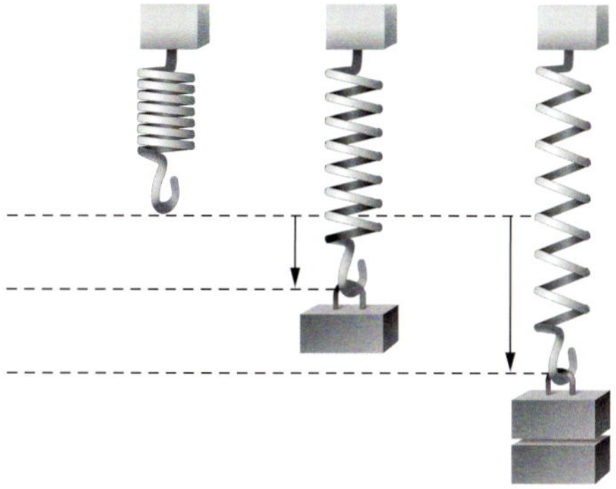

a) Je größer die wirkende Kraft, desto größer die Verlängerung der Feder.
b) Die Masse der Wägestücke hat keinen Einfluss auf die Verlängerung der Feder.
c) Wird die wirkende Kraft verdoppelt, verdoppelt sich die Verlängerung der Feder.

3. Welche der folgenden Aussagen hat etwas mit Kräften im physikalischen Sinn zu tun?
a) Eine Kraftbrühe schmeckt lecker.
b) Felix trainiert regelmäßig mit seinem Expander.
c) Sophie beschleunigt auf den letzten Metern des Laufs, überholt ihre Freundin und gewinnt damit den Spurt.
d) Bei nachlassender Sehkraft helfen Brillen oder Kontaktlinsen.

4. Ein Paket hat eine Masse von 8,5 kg. Es hat demzufolge eine Gewichtskraft von
a) 8,5 N b) 85 N c) 850 N

5. Beim Radfahren wirkt die Rollreibungskraft. Sie hemmt die Bewegung des Radfahrers und ist umso größer,
a) je schwerer Rad und Radfahrer sind,
b) je breiter die Fahrradreifen sind,
c) je schneller gefahren wird.

6. In der Internationalen Raumstation (ISS), welche die Erde in etwa 300 km Höhe umkreist, befinden sich ständig drei Astronauten. Für sie gilt:
a) Ihre Masse ist in der Raumstation genauso groß wie auf der Erde.
b) Ihre Gewichtskraft ist in der Raumstation genauso groß wie auf der Erde.
c) Sie sind in der Raumstation schwerelos.

7. In welchen Fällen verrichtest du mechanische Arbeit?
a) Du steigst eine Treppe hinauf.
b) Du stehst mit einer schweren Schultasche an der Haltestelle.
c) Du trittst kräftig in die Pedale deines Fahrrads.

8. Mehrere gleich schwere Pakete werden auf einem Regal anders einsortiert. Die Abstände zwischen den Ablagebrettern sind jeweils gleich.

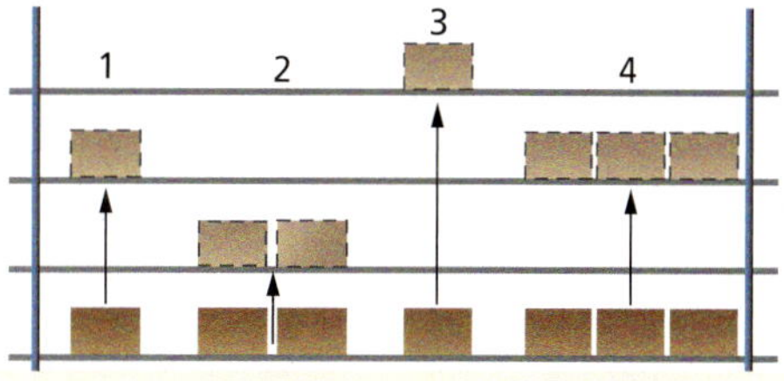

a) Bei 1 und 2 wird die gleiche Arbeit verrichtet.
b) Die Arbeit ist bei 3 am größten.
c) Die Arbeit ist bei 4 doppelt so groß wie bei 1.

9. Rick und Tim steigen nebeneinander eine Treppe hoch. Rick ist 5 kg schwerer als Tim. Wenn beide gleichzeitig oben angekommen sind, gilt:
a) Beide haben die gleiche Leistung vollbracht.
b) Rick hat die größere Leistung vollbracht.
c) Tim hat die größere Leistung vollbracht.

10. Schubkarren erleichtern den Transport schwerer Lasten. Welche Begründung ist zutreffend?
a) Die Last wirkt am längeren Hebelarm.
b) Die Muskelkraft greift am längeren Hebelarm an.
c) Die Schubkarre ist ein zweiseitiger Hebel.

11. Beim Sprung eines Wasserspringers vom 10-m-Turm
a) bleibt die mechanische Energie erhalten,
b) wird kinetischer Energie in potenzielle Energie umgewandelt,
c) wird potenzielle in kinetische Energie umgewandelt.

12. Wenn ein Ball herunterfällt, dann vergrößert sich bei der Abwärtsbewegung
a) seine mechanische Energie,
b) seine potenzielle Energie,
c) seine kinetische Energie.

13. Ein Pkw (1,5 t) und ein Lkw (15 t) haben die gleiche kinetische Energie. Das ist nur möglich,
a) wenn beide gleich schnell fahren,
b) wenn der Pkw etwa zehnmal so schnell wie der Lkw ist,
c) wenn der Pkw etwa dreimal so schnell wie der Lkw ist.

14. Beim Heben eines 10 kg schweren Pakets um 2 m beträgt die verrichtete Arbeit
a) 2 Nm b) 20 Nm c) 200 Nm

Temperatur, thermische Energie und Wärme

15. Eine Temperatur von 25 °C ist gleich
a) 298 K
b) 258 K
c) 273 K

16. Eine Temperatur von 373 K ist gleich
a) 0 °C
b) 100 °C
c) 200 °C

17. Die Siedetemperatur von Wasser beträgt
a) 90 °C
b) 373 K
c) 100 °C

18. Die Anomalie des Wassers bewirkt, dass
a) das Wasser im Sommer an der Oberfläche wärmer ist als in tiefer liegenden Schichten,
b) im Winter das Wasser am Grund eines Sees eine Temperatur von nicht weniger als 4 °C hat,
c) sich bei Frost Eis an der Wasseroberfläche bildet.

19. Auf dem Tisch steht eine Teetasse mit heißem Tee.

Dann gilt:
a) Die Temperatur des Tees verringert sich, seine thermische Energie bleibt nach dem Energieerhaltungssatz gleich.
b) Die Temperatur des Tees verringert sich, weil er Wärme an die Umgebung abgibt.
c) Die Temperatur des Tees verringert sich, weil die Umgebung kühler ist.

20. Der etwa 300 Meter hohe Eiffelturm in Paris ist eine Stahlkonstruktion. Wenn an einem Sommertag ständig die Sonne scheint, dann
a) nimmt seiner Höhe geringfügig zu,
b) biegt er sich etwas nach der sonnenabgewandten Seite,
c) passiert überhaupt nichts. Es vergrößert sich lediglich seine Temperatur.

21. Wenn Flüssigkeiten weit unter der Siedetemperatur in den gasförmigen Zustand übergehen, spricht man von Verdunsten. Es gilt:
a) Beim Trocknen einer nassen Straße wird die Umgebung wärmer.
b) Beim Trocknen einer nassen Straße wird der Umgebung Wärme entzogen.
c) Wenn wir schwitzen, kühlt sich unser Körper ab.

22. Auf einer Heizplatte wird eine Flüssigkeit erhitzt.

Dann gilt für die Temperatur dieser Flüssigkeit:
a) Die Temperatur der Flüssigkeit steigt immer weiter an.
b) Die Temperatur der Flüssigkeit steigt bis zum Sieden an und bleibt dann trotz Wärmezufuhr gleich.
c) Die Temperatur vergrößert sich bis zur Schmelztemperatur.

23. Beim Trocknen der Haare mit einem Föhn erfolgt die Übertragung von Wärme durch
a) Wärmestrahlung,
b) Wärmeströmung,
c) Wärmeleitung und Wärmeströmung.

Leben mit Elektrizität

24. Eine Kugel ist negativ geladen. Das heißt:
a) Sie besitzt einen Elektronenmangel.
b) Sie besitzt einen Elektronenüberschuss.
c) Sie besteht aus Atomen, in denen mehr Protonen als Elektronen vorhanden sind.

25. Ein Kunststoffstab wird kräftig mit einem Lappen gerieben. Der Kunststoffstab ist dann negativ geladen. Welche Aussage ist für den Lappen richtig?
a) Der Lappen ist auch negativ geladen.
b) Der Lappen ist nicht geladen.
c) Der Lappen ist positiv geladen.

26. Bei welcher Schaltung wird die Glühlampe leuchten?

a) b) c)

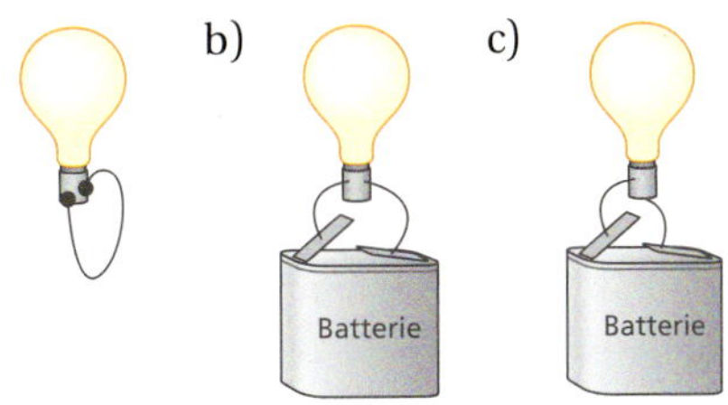

27. Wenn der Schalter in der Abbildung geschlossen wird, leuchten beide Glühlampen. Was passiert mit der Glühlampe A, wenn Glühlampe B durchbrennt? Der Schalter bleibt geschlossen.

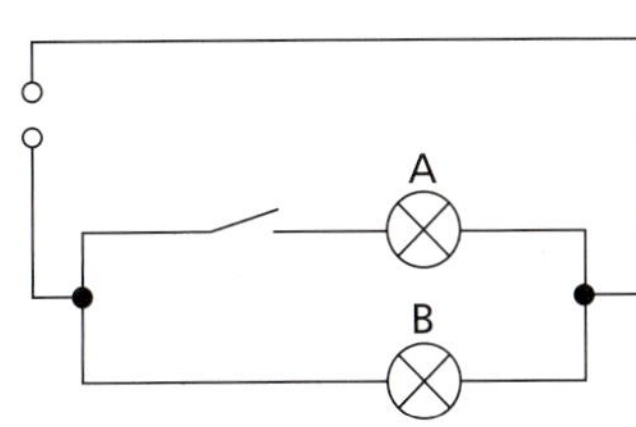

a) Glühlampe A leuchtet auch nicht, weil der Stromkreis nicht geschlossen ist und damit kein Strom fließen kann.
b) Glühlampe A brennt durch, weil an ihr dann die doppelte Spannung anliegt.
c) Glühlampe A leuchtet weiter, weil sie mit der elektrischen Quelle verbunden bleibt.

28. Ein elektrisches Gerät ist folgendermaßen geschaltet:

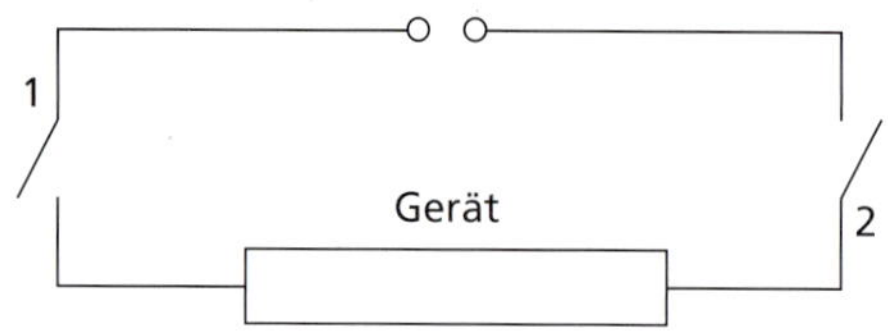

Unter welchen Bedingungen arbeitet das Gerät:
a) im skizzierten Zustand,
b) wenn Schalter 1 oder 2 geschlossen ist,
c) wenn Schalter 1 und 2 geschlossen sind.

29. Legt man an eine 230-V-Glühlampe eine immer größere Spannung, dann erhält man folgendes *I*-*U*-Diagramm:

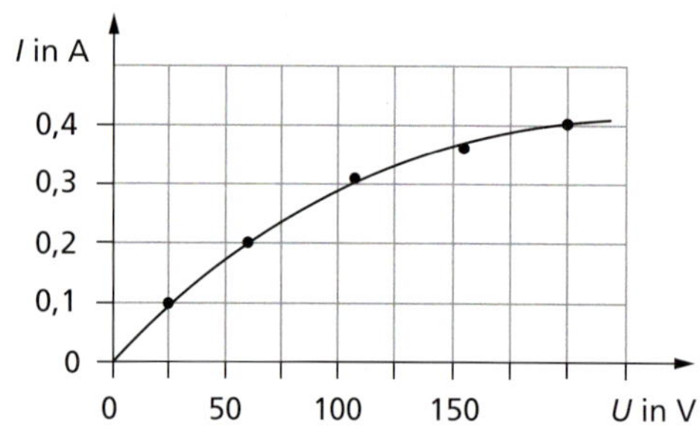

Daraus ist erkennbar:
a) Mit Vergrößerung der Spannung vergrößert sich die Stromstärke.
b) Für den Zusammenhang zwischen Spannung U und Stromstärke I gilt: $I \sim U$
c) Mit Vergrößerung der Spannung verringert sich die Zunahme der Stromstärke.

30. Eine Energiesparlampe mit einer Leistung von 21 W leuchtet etwa so hell wie eine Glühlampe mit 100 W. Das bedeutet:
a) Der Wirkungsgrad einer Energiesparlampe ist etwa fünfmal so groß wie der einer Glühlampe.
b) Die Kosten sind bei einstündigem Betrieb bei einer Glühlampe etwa fünfmal so hoch wie bei einer Energiesparlampe.
c) Die genutzte elektrische Energie ist bei beiden Lampen gleich groß.

Bewegungen in Natur und Technik

31. Eine im fahrenden Zug sitzende Person ist
a) gegenüber dem Zug in Ruhe,
b) gegenüber der Erdoberfläche in Bewegung,
c) gegenüber der Lokomotive in Bewegung.

32. Ein Körper bewegt sich gleichförmig, wenn
a) er in jeder Sekunde den gleichen Weg zurückgelegt,
b) er in einer Minute einen bestimmten Weg zurückgelegt,
c) wenn für seine Bewegung $s \sim t$ gilt.

33. Für die Bewegung eines Radfahrers ergibt sich das folgende Diagramm:

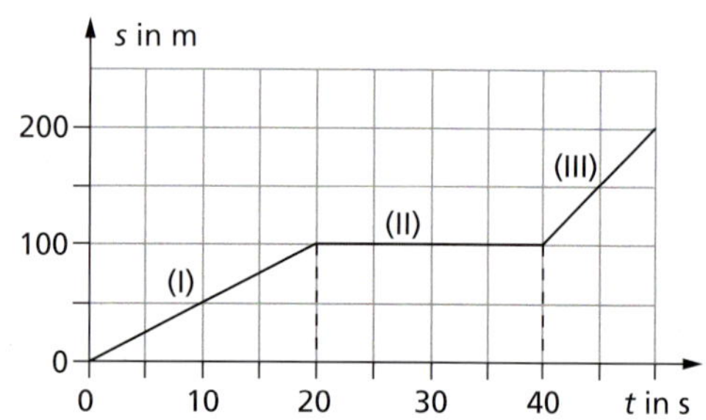

Welche der folgenden Aussagen ist richtig?
a) In Abschnitt I bewegt sich der Radfahrer gleichförmig.
b) In Abschnitt II legt er in 20 Sekunden einen Weg von 100 m zurück.
c) In Abschnitt III ist seine Geschwindigkeit größer als in Abschnitt I.

34. Die Schallgeschwindigkeit in Luft beträgt
a) 330 m/s
b) 273 m/s
c) 1 200 km/h

Lösungen

1b; 2a, c; 3b, c; 4b, 5a; 6a, c; 7a, c; 8a; 9b; 10b; 11a, c; 12c; 13c; 14c; 15a; 16b; 17b, c; 18b; 19b, c; 20a, b; 21b, c; 22b; 23b; 24b; 25c; 26c; 27c; 28c; 29a, c; 30a, b; 31a, b; 32a, c; 33a, c; 34a, c

Ziel erreicht?

Mit Fachwissen umgehen

1. Wippen mit Köpfchen
Alexander und seine beiden Kinder wollen wippen. Durch Probieren haben sie die Position gefunden, in der das problemlos geht.

a) Begründe, warum Alexander so nah an die Drehachse herangerückt ist!
b) Ermittle durch inhaltlich-logisches Schließen, in welchem Abstand sich Alexander von der Drehachse befinden muss, wenn seine Kinder an dem einen Ende der 5 m langen Wippe sitzen! Alexander hat eine Masse von 70 kg, die Kinder haben zusammen eine Masse von 35 kg.

2. Kochen mit Köpfchen
Beim Kochen von Kartoffeln wurde ein Diagramm aufgenommen,

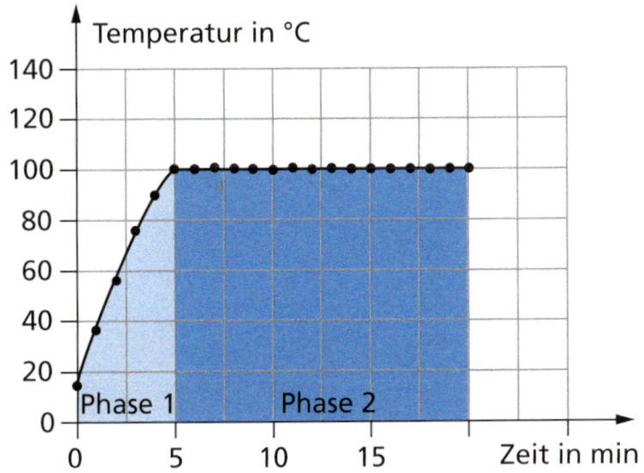

a) Interpretiere das Diagramm. Begründe, wozu die zugeführte Energie in Phase 1 und Phase 2 benötigt wird.
b) Warum ist es bei diesem Vorgang empfehlenswert, die Energiezufuhr nach 5 min zu drosseln? Begründe!

3. Ein anschauliches Teilchenmodell
a) Welche der folgenden Aussagen, die den flüssigen Aggregatzustand eines Stoffs mithilfe des Teilchenmodells beschreiben, sind richtig, welche falsch?
(1) Alle Teilchen bewegen sich gleich schnell.
(2) Alle Teilchen sind gleich groß.
(3) Zwischen den Teilchen wirken Kräfte.
(4) Alle Teilchen haben den gleichen Abstand voneinander.
b) Erkläre mit dem Teilchenmodell, warum du eine vollständig mit Wasser gefüllte Plastikflasche kaum zusammendrücken kannst, eine mit Luft gefüllte Flasche dagegen sehr leicht!

4. Wirkungen des Stroms
Die Geräte in der Abbildung nutzen Wirkungen des elektrischen Stroms.

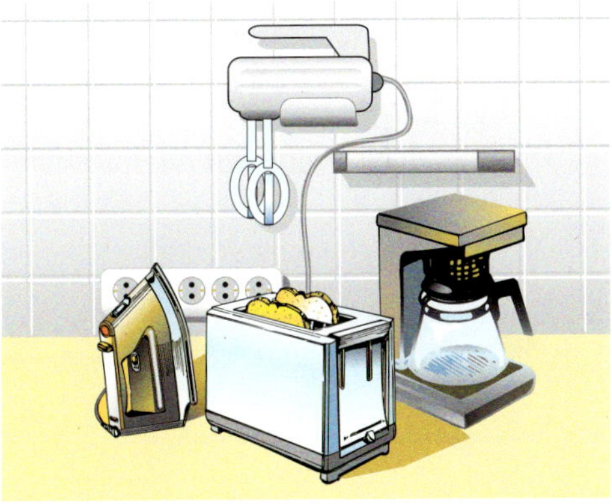

a) Stelle in einer Tabelle die Geräte und die genutzten Wirkungen zusammen.
b) Wie sind die Geräte geschaltet, wenn sie gleichzeitig betrieben werden? Begründe!
c) Der Toaster und die Kaffeemaschine sind in Betrieb. Begründe, was mit dem Toaster passiert, wenn die Kaffeemaschine plötzlich einen Defekt hat!

Methoden der Physik nutzen

5. Erwünschte und unerwünschte Reibung
Entscheide für eine Reihe von Sportarten, ob in bestimmten Situationen eine große oder eine kleine Reibung erwünscht ist und durch welche Maßnahmen man das erreichen kann! Nutze folgendes Muster:

Sport-art	Situation	Reibung		Maßnahmen
		klein	groß	
Hand-ball	Haken schlagen		X	gut haftende Sohlen

Betrachte folgende Sportarten: 100-m-Lauf, Abfahrtslauf, Rudern, Autorennen, Fußball.

6. Pfiffige Idee gefragt
Jule will eine 50 kg schwere Kiste auf eine 1 m hohe Rampe bringen. Sie weiß aber, dass sie nur eine Kraft von 250 N aufbringen kann. Entwickle ausgehend von deinen physikalischen Kenntnissen eine Möglichkeit, die Jule nutzen könnte! Präsentiere sie deinen Mitschülern!

7. Energie auf dem Weg
Die Abbildung zeigt einen vereinfachten Heizungskreislauf.

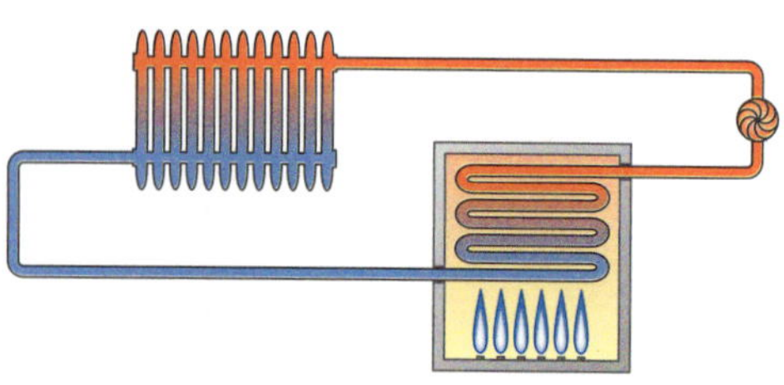

Beschreibe den Kreislauf. Woher kommt die Energie für die Heizung? Zeichne eine Energietransportkette und beziehe auch Energieentwertungen mit ein!

8. Gefährliche Ströme
Vorsicht bei der Nutzung von elektrischen Geräten im Bad!

a) Begründe, warum die Berührung mit elektrischem Strom beim Baden gefährlich ist.
b) Welche Schlussfolgerungen leitest du daraus für die Benutzung eines Föhns oder anderer elektrischer Geräte im Bad ab?

9. Verschiedene Schaltungen von Bauteilen
Zeichne einen Schaltplan für die jeweilige Schaltung. Beschreibe und vergleiche die beiden Schaltungen.

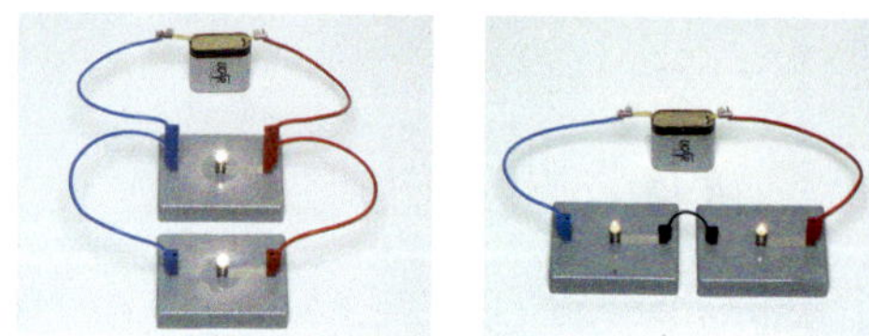

10. Bleistiftminen leisten Widerstand
a) Zeichne mit einem Bleistift verschieden dicke und verschieden lange Striche auf Papier!
b) Sage voraus, durch welche Striche die Stromstärke am größten sein wird, wenn du die Enden mit den Anschlüssen einer Batterie verbindest! Notiere deine Voraussagen und begründe sie!
c) Überprüfe erst jetzt deine Voraussagen im Experiment! Waren sie richtig?
d) Formuliere Gesetze und interpretiere sie!

11. Eine problematische Schaltung
Birgit und Sven haben die folgende Schaltung entworfen:

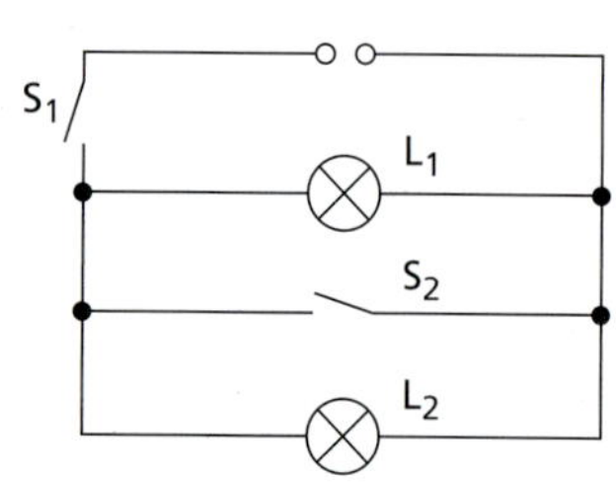

a) Ihre Lehrerin verbietet ihnen aber, diese Schaltung aufzubauen. Warum wohl?
b) Gib eine Schaltung mit Spannungsquelle, zwei gleichen Lampen und zwei Schaltern an, die sicher funktioniert!

Informationen erschließen und austauschen

12. Windkraft – ja bitte!

In den letzten Jahren hat sich die Anzahl der Windkraftwerke in Deutschland erheblich vergrößert. Es gibt allerdings nicht nur Befürworter, sondern auch Gegner der Nutzung von Windkraft. Erkundet unter Verwendung aktueller Materialien:

- Wie hat sich in den letzten 10 Jahren der Umfang der Windkraftnutzung für die Elektroenergieversorgung entwickelt?
- Welche Leistung hat heute eine moderne Windkraftanlage?
- Welche Argumente sprechen für, welche gegen die Nutzung von Windkraft?

Stelle zum Thema „Nutzung von Windkraft“ eine Präsentation zusammen!

13. Kraft sparen

Kraftumformende Einrichtungen werden von Menschen schon seit vielen Jahrhunderten genutzt. Sie spielen auch im Zeitalter der Elektronik und der Computertechnik eine wichtige Rolle. Stelle unter Nutzung aktueller Materialien eine Übersicht darüber zusammen, wo heute kraftumformende Einrichtungen verwendet werden! Bereite einen Kurzvortrag (maximal 5 Minuten) vor! Tauscht eure Erkenntnisse aus!

14. Die Strahlung der Sonne

Ohne Sonnenstrahlung würde auf der Erde kein Leben existieren. Sonnenstrahlung ist aber auch mit Gefahren verbunden.

a) Erkunde, aus welchen Anteilen sich Sonnenstrahlung zusammensetzt!
Nutze dazu verschiedene Informationsquellen!

b) Wenn Sonnenstrahlung auf Körper trifft, lassen sich verschiedene Wirkungen wie Sonnenbrand, Fotosynthese und eine starke Erwärmung eines Körpers beobachten. Ordne diesen drei Wirkungen die dafür verantwortlichen Anteile der Sonnenstrahlung zu!

c) Geldscheine kann man mit ultraviolettem Licht auf Echtheit prüfen. Beschreibe eine Möglichkeit, wie man Sonnenstrahlung für diesen Zweck nutzen könnte!

15. Viel Essen – viel Energie?

In Lebensmitteln steckt chemische Energie, die wir für unsere Körperfunktionen brauchen.

a) Beschreibe, für welche Körperfunktionen Energie gebraucht wird.

b) Stelle für einen Tag zusammen, was du gegessen und welche Energiemenge du damit aufgenommen hast. Tabellen für den Energiegehalt bekommst du im Internet oder in der Apotheke.

c) Vergleiche die Energiemenge mit der deiner Mitschüler.

d) Bewerte, ob du gesund lebst.

16. Richtig oder falsch?

Welche der folgenden Aussagen sind richtig, welche falsch? Begründe deine Entscheidung und korrigiere die falschen Aussagen.

a) Das Schaltzeichen für eine Batterie sieht folgendermaßen aus: —|├—

b) Körper aus Kupfer leiten den elektrischen Strom schlechter als Körper aus Plastik.

c) In einer Solarzelle wird Lichtenergie in elektrische Energie umgewandelt.

17. Kurze und lange Signale

Mit langen und kurzen Lichtsignalen, die man mithilfe eines Tasters erzeugt, kann man Nachrichten übermitteln. Die Idee geht auf F. B. MORSE (1791–1872) zurück, der auch ein nach ihm bezeichnetes Alphabet entwickelte.

a) Informiere dich im Internet über das Morsealphabet.

b) Baue ein Licht-Morsegerät. Nutze Glühlampe, Taster, elektrische Quelle und Klingeldraht als Verbindungsleiter.

c) Verschlüssele weitere Nachrichten und tausche sie mit deinen Mitschülern aus.

Sachverhalte erkennen und bewerten

18. Warum sparen?

Wieso soll man eigentlich Energie sparen? Energie kann doch nicht verloren gehen.
Bewerte beide Aussagen im Zusammenhang und nutze Beispiele als Belege für deine Urteile.

19. Überall Energie

Bewerte folgende Aussagen aus physikalischer Sicht:

20. Eine merkwürdige Geschichte

In der folgenden Geschichte wird über drei Vorgänge berichtet, die aus physikalischer Sicht so nicht stattfinden können. Finde diese Vorgänge und begründe, warum sie nicht möglich sind!

Physikprofessor Schlaumeier hat schon viele seltsame Dinge erfunden. In seiner Berghütte will er nun einen Superball herstellen. Er hat diesen Ort gewählt, weil nur in über 1 500 m Höhe das Wasser bei 120 °C siedet. Diese Temperatur ist notwendig, um den Spezialgummi für den Ball zu kochen. Endlich war es so weit: Er nahm den Ball vorsichtig aus dem heißen Wasser. Da hörte er draußen ein lautes Geräusch. Er ging schnell nach draußen, konnte aber im ersten Moment nichts sehen, weil seine Brille durch die Kälte sofort beschlug. Dann sah er die Ursache des Geräuschs: Ein Ast war auf das Hüttendach gefallen. Beruhigt ging er wieder in die Hütte. Der Ball war inzwischen abgekühlt. Der Professor konnte jetzt ausprobieren, ob der Ball tatsächlich ein Superball ist. Er ließ ihn aus 1,5 m Höhe auf den Fußboden fallen und der Ball sprang tatsächlich bis zur Decke der Hütte. Zufrieden packte der Professor seine Sachen zusammen.

21. Sichere Schaltungen

Bei vielen Haushaltsgeräten, z. B. bei Mikrowellen oder Waschmaschinen, werden Sicherheitsschaltungen verwendet. Die Geräte arbeiten erst dann, wenn nicht nur das Gerät verschlossen ist, sondern auch noch eingeschaltet wird. Erreicht wird das durch eine UND-Schaltung.

a) Informiere dich darüber, wie eine UND-Schaltung aufgebaut ist!

b) Bewerte die Schaltung, die ein Schüler vorgeschlagen und als Sicherheitsschaltung bezeichnet hat!

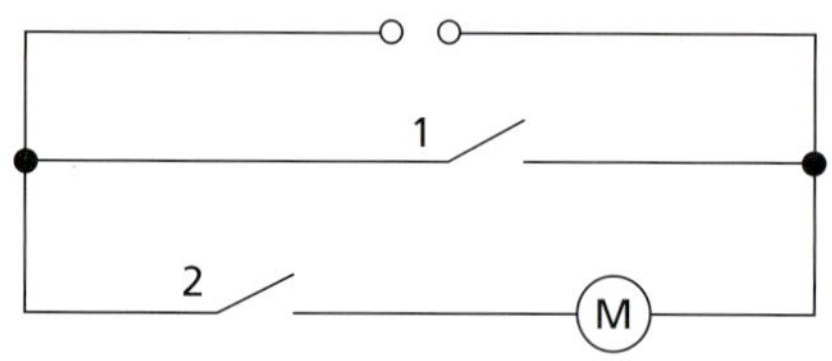

c) Was würde passieren, wenn man die verschiedenen Schaltmöglichkeiten realisieren würde?

22. Perfekte Fahrradbeleuchtung

Nachdem Jannik seine Fahrradbeleuchtung repariert hat, kommt er zu dem Schluss, dass man in Stromkreisen grundsätzlich die zweite Zuleitung sparen könnte. Bewerte die Schlussfolgerungen von Jannik.

23. Teures Stand-by

Der Stand-by-Betrieb von Geräten gehört zu den „versteckten Energiefressern“. Nimm an, dass sich in jedem zweiten der etwa 45 Mio. Haushalte in Deutschland täglich 8 Stunden lang ein Fernsehgerät im Stand-by befindet ($U = 230$ V, $I = 20$ mA). Wie viel Elektroenergie wird dadurch in einem Jahr unnötig genutzt? Bewerte dein Ergebnis unter dem Aspekt der rationellen Energienutzung!

Geschwindigkeiten in Natur und Technik

Bewegung einer Schnecke
(1 mm/s)

Normale Gehgeschwindigkeit
(1,4 m/s = 5 km/h)

100-m-Läufer (10 m/s)

Autobahn-Richtgeschwindigkeit
(130 km/h = 36 m/s)

Reisegeschwindigkeit eines
Passagierflugzeugs
(250 m/s = 900 km/h)

Überschall-Jagdflugzeug
(3 Mach = 3 600 km/h)

Satellit auf Erdumlaufbahn
(7,9 km/s)

Bewegung der Erde um
die Sonne (30 km/s)

Geschwindigkeit der Sonne
um das galaktische Zentrum (220 km/s)

Elektronen in einer Fernsehbild-
röhre (83 000 km/s bei 20 kV)

Fluchtgeschwindigkeit von Galaxien
(bis 270 000 km/s)

Lichtgeschwindigkeit (300 000 km/s)
Die Lichtgeschwindigkeit im Vakuum
ist die höchstmögliche Geschwindigkeit.